西安交通大学对口支援新疆大学系列教材项目

单片机原理与应用

主　编　汪烈军
副主编　贾振红
参　编　冯　筅　石　飞　李新刚

西安交通大学出版社
XI'AN JIAOTONG UNIVERSITY PRESS

内容简介

本书是一本全面介绍怎样学习、研究单片机的教科书,是一本贴近应用开发、实用性较强的不可多得的教材。书中介绍了开发单片机产品的方法和必备的工具,以及开发单片机设计系统的全过程。主要介绍 51 系列单片机结构、单片机程序开发及软件仿真、指令系统、汇编程序设计及 C51 程序设计、定时器使用方法、中断使用方法、系统扩展技术、单片机应用设计。

本书具有较强的系统性、先进性、实用性。内容从简单到复杂,由浅入深,辅以实例和软件仿真,实例均以汇编语言和 C 语言设计对比方式给出,通俗易懂,便于自学,适合作为计算机、电子工程、通信工程、电气工程等专业单片机课程和实验教材,也可作为单片机自学教程或培训教程,对从事单片机应用开发的工程技术人员也有一定参考价值。

图书在版编目(CIP)数据

单片机原理与应用/汪烈军主编. —西安:西安交通
大学出版社,2012.8(2021.7 重印)
 ISBN 978 - 7 - 5605 - 4370 - 3

 Ⅰ.①单… Ⅱ.①汪… Ⅲ.①单片微型计算机
Ⅳ.①TP368.1

中国版本图书馆 CIP 数据核字(2012)第 098122 号

书　　名	单片机原理与应用	
主　　编	汪烈军	
责任编辑	刘雅洁	

出版发行	西安交通大学出版社
	(西安市兴庆南路 1 号　邮政编码 710048)
网　　址	http://www.xjtupress.com
电　　话	(029)82668357　82667874(发行中心)
	(029)82668315(总编办)
传　　真	(029)82668280
印　　刷	西安日报社印务中心

开　　本	787mm×1092mm　1/16　**印张** 15.75　**字数** 378 千字
版次印次	2012 年 8 月第 1 版　2021 年 7 月第 3 次印刷
书　　号	ISBN 978 - 7 - 5605 - 4370 - 3
定　　价	28.00 元

读者购书、书店添货,如发现印装质量问题,请与本社发行中心联系、调换。
订购热线:(029)82665248　(029)82665249
投稿热线:(029)82664954
读者信箱:jdlgy@yahoo.cn

版权所有　侵权必究

前　言

近几年,单片机领域不断发展,但 51 系列单片机仍然占据着低端控制领域市场的多数份额。自 51 系列单片机诞生后,已经发展出来多个衍生型号,就机器周期而言,除了传统的 12 倍振荡周期的产品外,许多公司还发展出了 6 倍振荡周期、甚至单倍振荡周期的产品;从应用方向而言,许多半导体公司也开发出专用方向的 51 内核产品,比如 AT85C51SND3Bx 系列产品就是 ATMEL 公司面向消费类电子产品 MP3 的控制芯片。

51 系列单片机在我国的各行各业得到了广泛应用。在我国大专院校的应用电子专业、通信专业、计算机专业、智能控制专业、自动化专业、电气控制专业、机电一体化专业、智能仪表专业,都开设了单片机课程。这是一门实践性和综合性都很强的学科,它需要模拟电子技术、数字电子技术、电气控制、电力电子技术等作为知识背景,同时本学科也是一门计算机软硬件有机结合的产物。

本教程采用循序渐进的方式进行讲解。在第 3、第 4 章向读者介绍了 51 单片机的主流开发工具 Keil 以及仿真软件 Proteus,使初学者在后面章节的学习过程中能够利用这两个工具进行实践操作。由于单片机的知识需要大量的实际操作才能够真正地掌握,因此建议读者在在后面章节的学习过程中不要脱离这两款开发平台。

本教材最突出之处是将单片机的汇编程序设计与 C 程序设计相结合,即通过汇编指令以及汇编程序的学习来深刻认识和理解 51 单片机的内部结构以及其工作机制,又通过 C51 程序的学习从而提高 51 单片机的开发效率。因此在本书的大部分示例程序中,既有汇编程序的解答又有 C51 程序的解答,读者可以根据自己实际的需要进行学习。

本教材共分为 15 章,具体内容安排如下。

第 1 章为 51 系列单片机概述,该章主要介绍了单片机的发展历程,以及当前主流的 51 内核单片机芯片,之后对 51 单片机项目开发的方法及流程作简要说明。

第 2 章为 51 单片机的内部硬件结构,该章主要介绍 51 单片机的内部结构组成部分,包括CPU、存储器、I/O 口、振荡电路和复位电路等。

第 3、第 4 章分别讲解了当前流行的 51 单片机开发工具 Keil 以及单片机仿真工具Proteus的使用方法,以使初学者在后面章节的学习过程中使用这两种开发工具进行实践锻炼。

第 5 章为指令系统及汇编程序设计基础,由于只有通过学习单片机的指令系统才能深刻地理解单片机的内部运行机制,因此该章介绍了 51 单片机指令的寻址方式以及根据指令的功能进行分类详解。之后讲解了常用的汇编伪指令以及单片机汇编程序中的基本结构。

第 6 章为单片机 C 程序设计基础,为了提高单片机开发效率,本章引入了与 51 单片机紧密联系的 C51 语言,在本章中主要讲解了 C51 的数据类型、变量的存储器类型、存储模式、数组、函数以及指针,由于本书不是一本专门讲解 C 语言的书籍,因此本章主要讲解的是 C51 语言中在 ANSI C 上扩充的内容以及初学者在 C 程序设计中相对较难理解的知识点,比如一些扩充关键字、变量的存储类型、存储模式以及单片机存储器的绝对地址寻址等。

第7、第8、第9章分别对51单片机的定时计数器、中断系统以及串行通信进行了详细的讲解。章节中所使用的大量例子既包括汇编程序也包括C51程序,这些例子都通过了测试,读者可根据自己的需要进行参考。

第10、第11、第12、第13章分别讲述了51单片机的I/O扩展技术、人机交互技术、模/数、数/模转换以及I2C总线技术。

第14章通过机器人循迹系统的设计的应用示例讲解51单片机的整个项目开发过程。

第15章介绍两个综合设计应用示例。

本书由汪烈军任主编,贾振红副主编。冯霓、石飞、李新刚、研究生汤俊、丁亮、汪明伟、张莉、谢卫民、钟森海参与本教材编写。全书由汪烈军统稿,贾振红教授审阅了全部初稿,并提出了修改意见。

由于作者水平有限,不妥与错误之处在所难免,恳请读者给予批评指正。

作 者
2011 年 11 月

目　录

第1章　51系列单片机概述 ··························· (1)

1.1　单片机的产生与发展 ···························· (1)

1.2　51系列单片机的介绍 ···························· (2)

1.2.1　51系列单片机简介 ························ (2)

1.2.2　51系列单片机的应用领域 ···················· (2)

1.3　部分51系列单片机介绍 ···························· (3)

1.3.1　Atmel单片机介绍 ························ (3)

1.3.2　Winbond单片机介绍 ························ (3)

1.3.3　Analog Devices单片机介绍 ···················· (4)

1.3.4　TI单片机介绍 ························ (4)

1.4　51系列单片机开发概述 ···························· (4)

1.4.1　分析测控系统 ························ (5)

1.4.2　单片机选型 ························ (5)

1.4.3　硬件资源分配 ························ (5)

1.4.4　程序设计 ························ (6)

1.4.5　仿真测试 ························ (6)

1.4.6　硬件测试 ························ (6)

习题 ··· (6)

第2章　51单片机的内部硬件结构 ··························· (7)

2.1　单片机的内部结构 ···························· (7)

2.1.1　内部结构的主要组成部分 ···················· (7)

2.1.2　引脚功能介绍 ························ (9)

2.2　中央处理器 ·································· (11)

2.3　单片机的存储器结构 ···························· (13)

2.3.1　单片机存储器结构及地址空间 ···················· (13)

2.3.2　单片机的数据存储器 ························ (13)

2.3.3　单片机的程序存储器 ························ (17)

2.4　单片机的并行I/O端口 ···························· (18)

2.5　时钟电路及时序 ···························· (20)

2.5.1　振荡器和时钟电路 ························ (20)

2.5.2　机器周期、指令周期 ························ (21)

2.5.3 指令时序 ……………………………………………………………… (22)

2.6 复位状态与复位电路 …………………………………………………… (23)

2.6.1 复位状态 ……………………………………………………………… (23)

2.6.2 复位电路 ……………………………………………………………… (24)

2.7 51单片机的中断系统 ……………………………………………………… (25)

习题 ……………………………………………………………………………… (26)

第3章 Keil C51 开发工具简介及使用 …………………………………………… (28)

3.1 Keil μVision3 简介 ………………………………………………………… (28)

3.2 Keil μVision3 安装 ………………………………………………………… (28)

3.3 Keil μVision3 集成开发环境 ……………………………………………… (32)

3.3.1 Keil μVision3 项目管理窗口 …………………………………………… (32)

3.3.2 Keil μVision3 的菜单栏 ………………………………………………… (32)

3.3.3 Keil μVision3 的管理配置 ……………………………………………… (34)

3.3.4 Keil μVision3 的各种常用窗口 ………………………………………… (37)

3.4 Keil μVision3 中的单片机硬件资源仿真 ………………………………… (41)

3.4.1 并行 I/O 口的仿真 ……………………………………………………… (41)

3.4.2 定时器/计数器的仿真 …………………………………………………… (43)

3.4.3 串行接口的仿真 ………………………………………………………… (47)

3.4.4 中断仿真 ………………………………………………………………… (50)

第4章 51单片机仿真软件 Proteus 的使用 ……………………………………… (53)

4.1 Proteus 软件界面 …………………………………………………………… (53)

4.1.1 Proteus 工作区 ………………………………………………………… (54)

4.1.2 Proteus 特性 …………………………………………………………… (55)

4.1.3 Proteus 绘制电路图 …………………………………………………… (56)

4.2 仿真实例 …………………………………………………………………… (56)

4.2.1 流水灯仿真 ……………………………………………………………… (56)

4.2.2 数码管显示仿真 ………………………………………………………… (62)

第5章 指令系统及汇编程序设计基础 …………………………………………… (68)

5.1 指令的基本格式 …………………………………………………………… (68)

5.2 指令中的符号约束 ………………………………………………………… (68)

5.3 寻址方式 …………………………………………………………………… (69)

5.3.1 立即寻址 ………………………………………………………………… (69)

5.3.2 直接寻址 ………………………………………………………………… (69)

5.3.3 寄存器寻址 ……………………………………………………………… (69)

5.3.4 寄存器间接寻址 ………………………………………………………… (70)

5.3.5 变址寻址 ………………………………………………………………… (70)

5.3.6　相对寻址 ……………………………………………………………………（70）

5.3.7　位寻址 ………………………………………………………………………（70）

5.4　指令系统 ……………………………………………………………………………（71）

5.4.1　数据传送类指令 ……………………………………………………………（71）

5.4.2　算术运算类指令 ……………………………………………………………（75）

5.4.3　逻辑运算类指令 ……………………………………………………………（78）

5.4.4　布尔操作指令 ………………………………………………………………（80）

5.4.5　无条件跳转类指令 …………………………………………………………（82）

5.4.6　条件跳转类指令 ……………………………………………………………（82）

5.4.7　子程序调用及返回类指令 …………………………………………………（84）

5.4.8　中断返回指令 ………………………………………………………………（85）

5.4.9　空操作指令 …………………………………………………………………（85）

5.5　伪指令及汇编程序设计 ……………………………………………………………（85）

5.5.1　伪指令介绍 …………………………………………………………………（85）

5.5.2　汇编程序设计基础 …………………………………………………………（87）

习题 …………………………………………………………………………………………（91）

第6章　单片机C程序设计基础 ……………………………………………………………（92）

6.1　C51语言中的关键字 ………………………………………………………………（92）

6.2　C51语言支持的数据类型 …………………………………………………………（93）

6.3　变量的存储器类型及存储模式 ……………………………………………………（94）

6.3.1　变量的存储器类型 …………………………………………………………（94）

6.3.2　变量的存储模式 ……………………………………………………………（95）

6.4　数组 …………………………………………………………………………………（96）

6.5　函数 …………………………………………………………………………………（98）

6.5.1　一般性函数 …………………………………………………………………（98）

6.5.2　中断服务函数 ………………………………………………………………（101）

6.6　指针 …………………………………………………………………………………（102）

6.6.1　指针概念 ……………………………………………………………………（102）

6.6.2　指针变量的定义 ……………………………………………………………（103）

6.6.3　指针变量的引用 ……………………………………………………………（104）

6.6.4　函数指针 ……………………………………………………………………（105）

6.6.5　抽象指针 ……………………………………………………………………（107）

6.7　绝对地址访问 ………………………………………………………………………（109）

6.7.1　数据的绝对地址访问 ………………………………………………………（109）

6.7.2　程序的绝对地址调用 ………………………………………………………（110）

习题 …………………………………………………………………………………………（111）

第 7 章　定时器/计数器 ·································· (112)

　7.1　定时器/计数器结构 ·································· (112)

　7.2　定时器/计数器的四种工作方式 ··················· (114)

　7.3　定时器/计数器初始值的计算 ····················· (116)

　　7.3.1　工作方式 0 的初值计算 ···················· (116)

　　7.3.2　工作方式 1 的初值计算 ···················· (116)

　　7.3.3　工作方式 2 的初值计算 ···················· (117)

　　7.3.4　工作方式 3 的初值计算 ···················· (118)

　7.4　应用举例 ··· (119)

　习题 ··· (126)

第 8 章　中断系统 ···································· (128)

　8.1　中断系统结构 ····································· (128)

　8.2　外部中断 ··· (129)

　8.3　定时器/计数器中断 ······························· (131)

　8.4　串行口中断 ······································· (133)

　习题 ··· (133)

第 9 章　51 系列单片机串行通信 ····················· (134)

　9.1　串行通信基础 ····································· (134)

　　9.1.1　异步通信(Asynchronous Communication) ······· (134)

　　9.1.2　同步通信(Synchronous Communication) ········ (135)

　　9.1.3　串行接口的传输方式 ························· (136)

　　9.1.4　串行通信的错误校验 ························· (136)

　　9.1.5　串行传输速率与传输距离 ····················· (137)

　　9.1.6　串行通信接口标准 ··························· (137)

　9.2　51 单片机的串行接口 ······························ (138)

　　9.2.1　51 串行接口的结构 ·························· (138)

　　9.2.2　串行接口的相关寄存器 ······················· (138)

　　9.2.3　串行接口的工作模式 ························· (139)

　　9.2.4　波特率的设置方法 ··························· (143)

　　9.2.5　多机通信 ·································· (143)

　9.3　串行口的应用 ····································· (144)

　　9.3.1　串行口的编程方法 ··························· (144)

　　9.3.2　串口编程举例 ······························ (144)

　9.4　小结 ··· (150)

　习题 ··· (151)

第 10 章　并行 I/O 口的扩展 ·· (152)

　10.1　I/O 口扩展概述 ·· (153)

　　10.1.1　I/O 接口电路的功能 ··· (153)

　　10.1.2　I/O 口扩展芯片 ··· (153)

　10.2　8255A 可编程并行 I/O 口的扩展 ··· (153)

　　10.2.1　I/O 口扩展方法 ··· (153)

　　10.2.2　常用的可编程接口芯片 ··· (153)

　　10.2.3　8255A 内部结构和外部引脚 ·· (154)

　10.3　8255A 的操作方式 ··· (156)

　　10.3.1　读写控制逻辑操作选择 ··· (156)

　　10.3.2　8255A 方式控制字及状态字 ·· (157)

　　10.3.3　8255A 的工作方式 ·· (158)

　　10.3.4　工作方式 0(基本输入输出方式) ···································· (158)

　　10.3.5　工作方式 1(选通输入输出方式) ···································· (158)

　　10.3.6　工作方式 2(双向输入输出方式) ···································· (160)

　习题 ··· (161)

第 11 章　单片机人机接口交互设计 ·· (162)

　11.1　键盘及程序设计 ··· (162)

　　11.1.1　键盘接口概述 ··· (162)

　　11.1.2　独立式按键及编程 ·· (163)

　　11.1.3　矩阵键盘及程序设计 ·· (165)

　11.2　数码管显示程序设计 ·· (170)

　　11.2.1　数码管介绍 ··· (170)

　　11.2.2　单个 LED 驱动实例 ··· (172)

　11.3　LCD1602A 液晶显示程序设计 ·· (173)

　　11.3.1　LCD1602A 液晶控制基础 ·· (173)

　　11.3.2　LCD1602A 操作程序模块 ·· (178)

第 12 章　51 单片机的 A/D、D/A 接口设计 ······································ (181)

　12.1　D/A 转换器接口 ·· (181)

　　12.1.1　D/A 转换器概述 ··· (181)

　　12.1.2　典型 D/A 转换器芯片 DAC0832 ····································· (181)

　　12.1.3　DAC0832 与单片机接口及应用举例 ·································· (183)

　12.2　A/D 转换器接口 ·· (186)

　　12.2.1　A/D 转换器概述 ··· (186)

　　12.2.2　典型 A/D 转换器芯片 ADC0809 ····································· (186)

　　12.2.3　ADC0809 与单片机接口及应用举例 ·································· (187)

第 13 章　51 系列单片机读写 I²C 总线 ·················· (190)

　13.1　I²C 总线概述 ·················· (190)

　　13.1.1　I²C 总线的特点 ·················· (190)

　　13.1.2　I²C 总线硬件结构 ·················· (190)

　　13.1.3　I²C 总线的电气结构和负载能力 ·················· (192)

　　13.1.4　I²C 总线的寻址方式 ·················· (192)

　13.2　I²C 总线时序分析及程序 ·················· (192)

　　13.2.1　起始信号 ·················· (193)

　　13.2.2　终止信号 ·················· (194)

　　13.2.3　应答信号 ·················· (195)

　　13.2.4　非应答信号 ·················· (196)

　　13.2.5　应答位检查 ·················· (197)

　13.3　I²C 总线数据传输 ·················· (198)

　　13.3.1　字节格式 ·················· (198)

　　13.3.2　数据响应 ·················· (199)

　　13.3.3　写数据 ·················· (199)

　　13.3.4　读数据 ·················· (201)

　13.4　51 单片机读写 I²C 总线的 EEPROM ·················· (204)

　　13.4.1　串行 EEPROM 简介 ·················· (204)

　　13.4.2　电路设计 ·················· (205)

　　13.4.3　程序设计实例 ·················· (205)

　习题 ·················· (210)

第 14 章　机器人循迹系统设计 ·················· (211)

　14.1　机器人的机械设计结构总体设计 ·················· (211)

　14.2　轮式机器人循迹的思想 ·················· (211)

　14.3　机器人的运动控制 ·················· (214)

　　14.3.1　H 桥原理介绍 ·················· (214)

　　14.3.2　PWM 脉宽调制 ·················· (215)

　14.4　系统程序流程图 ·················· (216)

　14.5　源程序 ·················· (217)

第 15 章　综合应用示例 ·················· (223)

　综合应用一:定时器/计数器的资源管理应用 ·················· (223)

　综合应用二:基于 DS18B20 的温度采集 ·················· (229)

附录 A　ASCII 表 ·················· (236)

附录 B　51 单片机指令系统汇总表 ·················· (237)

第1章　51系列单片机概述

单片机以其价格低廉、功能强大、体积小、性能稳定等优点,深受广大电子设计者的喜爱。目前,各种产品都能够看到单片机的身影,如门铃、报警器、温度控制器、玩具等。单片机是现代电子设计中应用最为广泛的器件之一,而51系列单片机是最早兴起的一类。51系列单片机功能完备、指令丰富、发展最为成熟。

本章主要介绍单片机的产生以及几十年的发展演化、51单片机的简介和应用领域;另外,本章还将介绍最新主流51内核单片机以及单片机的开发概述。

1.1　单片机的产生与发展

1946年,美国宾夕法利亚大学成功研制了世界上第一台电子数字计算机ENIAC。计算速度为5000次/秒,内部使用了18000多个电子管和1500多个继电器,占地面积150 m²,重约30吨。它的诞生引发了20世纪电子工业的革命,如今电子计算机以令人难以想象的速度发展,产品线不断更新换代,成为当前发展最快的行业。

近年来,为了满足小型设备或便携式设备的需求,在计算机的大家族中,单片机异军突起,发展十分迅速,基本渗透到了电子设计领域的各个方面。

单片机(Single-Chip Microcomputer)是在一块芯片上集中了中央处理器(Central Processing Unit)、只读存储器(Read Only Memory)、随机存取存储器(Random Access Memory)、定时器/计数器及I/O(Input/Output)接口等部件,这些部件构成了一个完整的微型计算机。单片机从产生到现在的短短几十年历史中,产品不断更新,出现不同种类的增强型单片机,其发展大致经历了四个阶段。

1. 4位单片机时代

第一阶段是4位单片机时代(1970年—1974年),这时的单片机已经包含多种I/O接口,如并行接口、A/D和D/A转换接口等。这些丰富的I/O口使得4位单片机具有很强的控制能力。其主要是用于收音机、电视机和电子玩具等产品中。

2. 中档8位单片机时代

第二阶段是中档8位单片机时代(1974年—1978年),Intel公司的MCS-48系列单片机是其主要的代表产品。这时的单片机内部集成了8位CPU,多个并行I/O口,8位定时器/计数器,小容量的RAM、ROM等。这些单片机中没有集成串行接口,操作仍比较简单。

3. 高档8位单片机时代

第三阶段是高档8位单片机时代(1978年—1983年),以Intel公司的MCS-51系列为典型代表。此时的单片机性能比前一代产品有明显提高,其内部增加了串行通信接口,具有多级中断处理系统,将定时器/计数器扩展为16位,并且扩大了RAM和ROM的容量等。这类单片机功能强、应用范围广,至今仍然有一定的应用市场。

4. 增强型单片机时代

第四阶段是增强型单片机时代以及16位单片机时代(1983年至今)。这一时代出现了大量的新型8位增强型单片机,其工作频率、内部存储器都有很大的提升,例如PIC系列单片机、ARM系列单片机、AVR系列单片机、C8051F系列单片机等。另外有很多集成厂商推出16位单片机,甚至32位单片机,其功能越来越强大,集成度越来越高。

总之,现在的单片机产品种类繁多,但4位、8位、16位单片机均有各自的应用领域,例如4位的单片机应用于电玩,8位单片机应用于中小规模的电子设计领域,16位单片机则应用在比较复杂的控制系统中。

1.2 51系列单片机的介绍

1.2.1 51系列单片机简介

51系列单片机是指Intel的MCS-51系列及具有兼容MCS-51内核的单片机。51系列单片机是最早、最基本的单片机,功能也简单。Intel单片机包括8031、8032、8051等系列。

现在集成电路飞速发展,各大芯片制造商提供了很多与MCS-51兼容的单片机。比如Atmel公司的AT89S系列,Silicon Laboratories公司的C8051F系列。这些单片机都采用兼容MCS-51的结构和指令系统,只是对其功能和内部资源等方面进行了不同程度的扩展。

这些单片机由于指令和结构都具有一致性,大大方便了程序的移植和系统的升级,使得其使用起来很方便。

1.2.2 51系列单片机的应用领域

51系列单片机以其高性能、高速度、价格低廉、体积小、可反复编程使用和方便功能扩张等特点,在市场上得到广泛应用,其主要有如下领域。

(1)家电产品及电玩。由于51单片机体积小、控制能力强、功能扩展方便等优点使其广泛应用于电视、电冰箱、洗衣机、玩具等方面。

(2)机电一体化设备。机电一体化设备是指把机械技术、微电子技术和计算机技术结合在一起,从而使其具有智能化特性的产品。单片机可以作为机电一体化设备的控制器,从而简化原机械产品的结构,并扩展其功能。

(3)智能测量设备。以前的测量设备体积大、功能单一,限制了测量仪的发展。采用单片机改造各种测量控制仪表,可以减少其体积,扩展功能,从而产生新一代的仪表,如各种数字万用表、示波器等。

(4)自动测控系统。采用单片机可以设计各种数据采集系统、自适应控制系统等。例如基站通风控制系统、电流的采集。

(5)计算机控制及通信技术。51系列单片机都集成有串行通信接口,可以通过该接口和计算机通信,实现计算机的程序控制和通信。

1.3　部分 51 系列单片机介绍

自第一片单片机诞生以来,51 系列单片机就不断地更新,已有几十个系列上百种型号。这些产品都属于 51 内核,各个型号基本都兼容,以下是一些典型的 51 系列单片机。

(1)美国 Intel 公司的 MCS-48 系列、MCS-51 系列、MCS-96 系列单片机;

(2)美国 Atmel 公司的 AT89 系列单片机;

(3)美国 Motorola 公司的 6801、6802、6803、6805 和 68HC11 系列单片机;

(4)美国 Zilog 公司的 Z8、Super8 系列单片机;

(5)美国 Fairchild 公司的 F8 和 3870 系列单片机;

(6)美国 TI 公司的 TMS7000 系列单片机;

(7)美国 NS 公司的 NS8070 系列单片机;

(8)日本 NEC 公司的 μPD7800 系列单片机;

(9)日本 Hitachi 公司的 HD6301、HD6305 系列单片机。

最近几年,随着半导体技术的发展,不同厂商对各自的 51 系列单片机功能进行了增强,包括执行速度、内部资源、电源系统以及指令系统等。这里主要介绍一下当前应用比较广、影响比较大的一些 51 内核单片机。这些单片机性能优越,推荐读者在自己的设计中采用。下面将介绍部分厂商的 51 单片机。

1.3.1　Atmel 单片机介绍

Atmel 公司的产品非常丰富,除了基本的 51 系列单片机外,还包括针对不同领域的专用 51 内核单片机。Atmel 公司的 51 内核单片机有如下几类。

(1)单周期 8051 单片机。这类单片机具有单周期 8051 内核,Flash ISP 在系统编程调试,片内集成了 SPI、UART、模拟比较器、PWM 及内部 RC 振荡器等资源。主要有 AT89LP213、AT89LP214、AT89LP216、AT89LP2052、AT89LP4052 等。

(2)Flash ISP 系统编程单片机。这些单片机的主要特点是内部集成了 Flash,可以实现 ISP 在系统中编程,使用方便。包括 AT89C5115、AT89C51AC2、AT89C51AC3、AT89C51ED2、AT89C51IC2 等。

(3)USB 接口单片机。这类单片机内部集成 USB 接口,基于 C51 微处理器,另外还具备 TWI、SPI、UART、PCA、ADC 等资源。包括 AT83C5134、AT83C5135、AT83C5136、AT83C5130A-M、AT83C5131A-M 等。

(4)智能卡接口单片机。这类单片机基于 C51 微处理器,带有串行接口和智能卡接口、AC/DC 转换,以及 EEPROM 等资源。包括 AT89C5121、AT89C5122、AT89C5123 等。

(5)MP3 专用单片机。这类单片机基于 C51 单片机内核,具备 USB、多媒体卡接口、ADC、DAC、TWI、UART、SPI、MP3、WMA、JEPG 及 MPEG 的编解码电路等。包括 AT85C51SND3、AT89C51SND2C、AT83SND2C、AT89C51SND1C、AT83SND1C 等。

1.3.2　Winbond 单片机介绍

Winbind 系列单片机是中国台湾的华邦电子推出的,其产品丰富。主要有如下几类。

（1）标准 51 单片机。这类单片机具有高达 40MHz 的工作频率，包括多个定时器/计数器及在系统编程等特性。包括 W78C32、W78E52B、W78E51B、W78E54B、W78E58B、W78E516、W78C51D、W78C52D、W78C54 等。

（2）宽电压单片机。这类单片机工作电压可以低至 2.4V 及 1.8V，非常适合于电池供电的手持设备。包括 W78L32、W78L51、W78LE812 等。

（3）增强 C51 单片机。这类单片机工作电压可以低至 2.7V，具有高达 40MHz 的工作频率、多个定时器/计数器、12 个中断源、内置 SRAM，以及双 UART 等资源。主要包括 W77C32、W77L32、W77LE58 等。

（4）工业温度计单片机。这类单片机具有符合工业应用的温度范围及低至 2.4V 的工作电压。包括 W78IE52、W78IE54、W77IC32、W77IE58 等。

1.3.3　Analog Devices 单片机介绍

美国 ADI（Analog Device Inc）公司生产各种高性能的模拟器件，其推出的具有 8051 内核的 ADμC800 系列单片机集成了多种精密模拟资源，包括多通道的高分辨率模数转换器 ADC 和数模转换器 DAC、基准电压源和温度传感器等。

ADμC800 系列单片机具有符合工业标准的 8052MCU 内核，包括 ADμC812、ADμC814、ADμC816、ADμC824、ADμC831、ADμC832、ADμC834、ADμC836、ADμC841、ADμC842、ADμC843、ADμC845、ADμC847、ADμC848 等。

1.3.4　TI 单片机介绍

美国德州仪器（TI）提供两类具有嵌入式 8051/8052 微控制器的产品系列，其中 MicroSystems（MSC）产品系列包括嵌入式数据获得解决方案；TUSB 产品系列包括 USB 嵌入式连接解决方案。

（1）MicroSystems 系列单片机。这类单片机是完全集成混合信号器件。该系列的产品包括整合了以下组件的 8051CPU：高精度 Delta 型 ADC、高精度 DAC、8 通道复用器、烧坏检测、可选缓冲输入、失调 DAC（数模转换器）、可编程增益放大器（PGA）、温度传感器、精密电压参考、闪速程序存储器、闪速数据存储器和数据 SRAM。该系列产品的引脚都是兼容的，大大简化了器件移植过程。包括 MSC1200、MSC1201、MSC1202 等。

（2）USB 接口系列单片机。这类微控制器系列使用标准的 805X 微控制器并将各种外围接口集成到一起，以满足各种 USB 外围设备的需求。所有这些产品都遵循 USB 2.0 规范。其中 TUSB3XXX 器件是 USB 全速适配外设，TUSB2136 和 TUSB5052 是将 8052 微控制器和全速 USB 集线器集成到一起的组合 USB 设备，TUSB6XXX 产品是 USB 2.0 高速适配设备。

1.4　51 系列单片机开发概述

单片机应用系统的开发是以单片机为核心，配备一定外部电路及程序，从而实现特定的测量及控制功能的应用系统。其中包括单片机的选型、硬件资源分配、单片机程序设计、仿真测试并最终下载到实际硬件电路执行。

1.4.1　分析测控系统

用户在进行单片机应用系统开发时,首先要对该测控系统进行可行性分析及系统总体方案设计。

1. 可行性分析

可行性分析主要是分析整个设计任务的可能性。一般来说,可以通过两种途径进行可行性分析。首先,调研该单片机应用系统或类似设计是否有人做过。如果能够找到类似的参考设计,便可以分析其设计思路,并借鉴其主要的硬件及软件设计方案。这样在很大程度上可以减少工作量及自己摸索的时间。如果没有,则需自己考虑整个应用系统的设计,然后根据现有的硬件及软件条件、自己所掌握的知识等来决定该单片机应用系统是否可行。

2. 系统总体方案设计

当完成可行性分析并确定方案可行后,便可以进入系统整体方案设计阶段。这里,主要结合国内相关产品的技术参数和功能特性、本系统的应用要求及现有条件,来决定本设计所要实现的功能和技术指标。接着,制定合理的计划,编写设计任务书,从而完成该单片机应用系统的总体方案设计。

1.4.2　单片机选型

在 51 系列单片机应用系统开发过程中,单片机是整个设计的核心,因此选择合适的单片机型号是很重要的。目前,市场上的单片机种类很多,不同厂商均推出很多不同侧重功能的单片机类型。在进行正式的单片机应用系统开发之前,需要了解各个不同单片机的特性,从中做出合理的选择。在单片机选型时,主要需注意以下几点。

(1)根据单片机系统硬件资源的要求,在性能指标满足的情况下,尽量选择硬件资源集成在单片机内的型号,例如 ADC、DAC、I²C 及 SPI 等。这样便于整个系统的软件管理,可以减少外部硬件的投入,缩小电路板的面积,从而减少投资等。

(2)仔细调查市场,尽量选用广泛应用、货源充足的单片机型号,避免使用过时且缺货的型号,这样可以使得硬件投资不会过时。

(3)对于手持式设备或其他需要低功耗的设备,尽量选择低电压、低功耗的单片机型号。

(4)在条件允许的情况下,尽量选择功能强的单片机,这样便于以后的升级扩展。

(5)对于商业性的最终产品,尽量选择体积小的贴片封装的单片机型号,这样可以减少电路板面积,从而降低成本。

1.4.3　硬件资源分配

当总体方案及单片机型号确定下来之后,需要仔细规划整个硬件电路的资源分配。一般来说,一个单片机应用系统由紧密联系的硬件及软件构成。因此,在进行设计前,需要规划哪些部分的功能用硬件来实现及用什么硬件来实现,以及哪些部分的功能用软件来实现等,这里需要注意以下几点。

(1)如果单片机的资源丰富,尽量选择使用单片机内部集成的硬件资源来实现,这样可以减少硬件投资,提高集成度。

（2）对于一些常用的功能部件,尽量选择标准化、模块化的典型电路,这样可以提高设计的灵活性和稳定性,确保成功率。

（3）合理规划单片机的硬件及软件资源,充分发挥单片机的最大功能。

（4）硬件上最好留有扩展的接口,以方便后期的维护和升级。

（5）要仔细考虑各部分接口的功耗和驱动能力,驱动能力不够将导致系统无法正确运行。

1.4.4 程序设计

在整个单片机硬件系统总体方案及硬件分配定型后,便可以着手进入具体的设计阶段。这里单片机程序设计是关键,可以根据实际的需要来选择单片机的设计语言及开发环境。在单片机程序设计时主要从下面几点考虑。

（1）采用结构化的程序设计,将各个功能部件模块化,用子程序来实现,这样便于调试和后续的修改。

（2）合理使用单片机资源,包括 RAM、ROM、定时器/计数器、中断等。

（3）尽量采用速度快的指令,以充分发挥单片机的性能优势。

（4）充分考虑软件运行时的状态,避免未处理的状态,否则程序运行时易出错。

（5）合理安排各个功能部件的时序,确保程序能够正确执行。

（6）程序中要尽量添加注释,提高程序的可读性。

1.4.5 仿真测试

单片机仿真测试与程序设计是密切相关的。在设计的过程中,需要经常对各个功能部件进行仿真测试,这样可以及时发现问题,确保模块的正确性。在整个系统的设计中,仿真测试则可以模拟实际的程序运行,观察程序运行状态和整个时序是否合理。当出现问题时需要返回程序设计阶段进行修改设计,进而重新仿真测试,直到程序运行通过为止。

1.4.6 硬件测试

当程序设计通过后,便可以将其下载到单片机系统中结合实际的硬件电路来测试。在实际电路测试阶段,主要看单片机外部硬件接口是否正常,单片机的驱动能力是否够用,以及整个电路的逻辑时序配合是否正确等。如果发现问题,则要返回设计阶段,逐个解决问题。硬件测试通过后,便可以投入使用或生产。

习　题

1-1　与通用计算机相比,单片机具体有哪些特点?

1-2　单片机选型需要注意什么?

1-3　单片机程序设计需要注意什么?

第 2 章 51 单片机的内部硬件结构

基本的 MCS-51 系列单片机根据其内部硬件的配置不同可以分为两个子类型：51 子系列单片机和 52 子系列单片机。这两种子系列的单片机在共有的硬件配置上具有相同的结构，51 子系列与 52 子系列单片机的不同之处主要表现在以下几个方面。

（1）内部数据存储器的容量不同。51 子系列单片机的内部数据存储器只占据 256 字节内部数据存储器空间中的低 128 字节，即地址为 00H～7FH。高 128 字节地址空间由特殊功能寄存器所占用。52 子系列单片机的内部数据存储器占据了整个 256 字节的内部数据存储器空间，其特殊功能寄存器与高 128 字节的内部数据存储器共享 80H～FFH 的地址，而这两种不同的物理硬件是通过寻址方式的不同来区分的。

（2）内部程序存储器的容量不同。51 子系列单片机的内部程序存储器为 4K 字节，而 52 子系列为 8K 字节。

（3）在定时器/计数器的配置上，52 子系列单片机比 51 子系列单片机多一个 16 位的定时器/计数器 T2 以及与 T2 控制相关的特殊功能寄存器。

两种子系列的具体差别，会在后面的章节中涉及到。另外，除非特别提及 51 子系列单片机或者 52 子系列单片机，否则本书中的 51 系列单片机（或称 51 单片机）是指包含两种子系列在内的具有 51 内核的所有单片机型号。

2.1 单片机的内部结构

2.1.1 内部结构的主要组成部分

51 系列单片机的内部结构是由各种逻辑单元及其之间的相互连接构成的。其主要由中央处理器（CPU）、程序存储器（ROM）、数据存储器（RAM）、串行接口、并行 I/O 口、定时器/计算器、中断系统以及数据总线、地址总线和控制总线组成。51 系列单片机的内部结构如图 2-1 所示。

下文介绍 51 单片机基本结构的主要组成部分。

1. 中央处理器（CPU）

中央处理器是整个单片机的核心部件，是单片机的大脑。51 系列单片机是 8 位数据宽度的处理器，它能处理 8 位数据宽度的二进制数据。CPU 主要由算术运算部件、控制器和存储器三个部分组成，这些将在 2.2 节详细介绍。中央处理器负责控制、指挥和调度整个单元系统使其协调工作，完成运算和输入输出功能。

2. 程序存储器（ROM）

程序存储器用于存放用户的代码、原始数据和表格。其中 51 系列单片机共有 4K 的 ROM，52 子系列单片机共有 8K 的 ROM。现在的一些增强型单片机则提供了更大的程序存

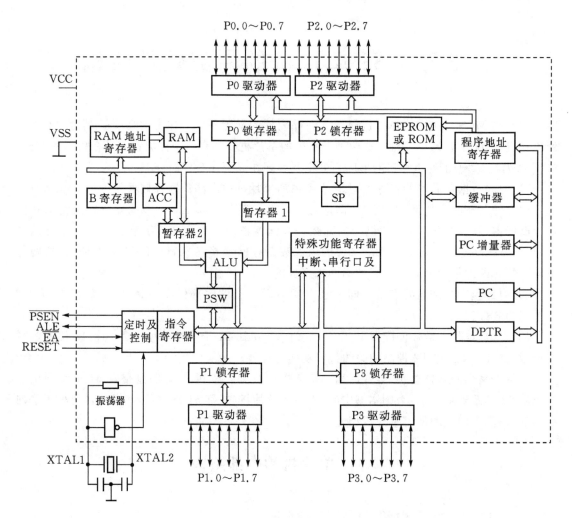

图 2-1　51 系列单片机的内部结构示意图

储器,并采用 Flash 存储器技术,存储空间甚至达到 128K。

3. 数据存储器(RAM)

数据存储器可以存放读写的数据、中间运算结果或用户定义的字符型表等。51 单片机内部有 256 字节大小的存储空间,采用统一编址,其中低 128 字节为用户数据存储单元,高 128 字节为专用寄存器单元对于 52 子系列单片机,高 128 字节数据存储器和特殊功能寄存器共享相同的 80H~FFH 地址空间)。

4. 定时器/计数器

51 单片机内部有 2 个基本的 16 位可编程定时器/计数器(52 子系列多一个定时器/计数器 T2),这些定时器/计数器既可用于定时功能又可用于计数功能,并且这些定时器/计数器支持中断操作。

5. 并行 I/O 口

单片机的并行 I/O 口主要用于和外部设备进行通信,如读入外部数据和输出内部数据。

51 单片机有 4 组 8 位 I/O 端口,共 32 位。

6. 全双工串行口

全双工串行通信接口主要用于与其他设备间的串行数据传送。51 单片机内部有一个串行口,该串行口通过软件编程设定为既可以做异步通信收发器,也可以当同步移位器使用。

7. 中断系统

51 单片机具备完善的中断系统,有两个外部中断、两个 16 位定时器/计数器中断(52 子系列多一个定时器/计数器中断)、一个串口中断,并且具有 2 个优先级别的选择。

8. 时钟电路

51 单片机内置高达 24M 的时钟电路,可以外置振荡晶振和电容,也可以外接时钟源,便可以产生整个单片机运行的脉冲时序。

2.1.2　引脚功能介绍

MCS-51 系列单片机有各种封装形式,这里将以双列直插(DIP)形式的封装来进行介绍。51 单片机的引脚配置如图 2-2 所示。

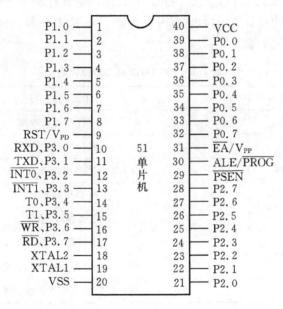

图 2-2　8051 单片机双列直插式引脚配置

虽然市场上 51 系列单片机的种类繁多,但是由于 51 系列单片机都采用的是 Intel 内核,因此引脚都基本兼容。

1. 电源引脚

电源引脚主要负责给整个单片机供电,有两根引脚。

(1)**VCC(Pin40)**　电源正极端,正常工作时接+5V 电压。

(2)**GND(Pin20)**　接地端。

2. 输入输出 I/O 口

（1）**P0 口**　即 P0.0～P0.7(Pin39～Pin32)，该端口既可以作为普遍 I/O 口也可以作为数据/地址总线的复用端口使用。

当作为普通 I/O 口使用时，该端口是既可作为输入也可作为输出的准双向 I/O 口。之所以称为准双向 I/口，是因为该端口作为输入功能使用之前，需要先向该端口的锁存器写逻辑"1"，否则可能会出现错读的现象。另外，由于该端口属于漏极开路型输出结构，所以必须外接上拉电阻才能正常地进行数据的输出，并能驱动 8 个 TTL 负载。

当作为数据/地址总线的复用端口使用时，该端口通过分时的方式既作为地址总线的低 8 位又作为 8 位的数据总线使用。

（2）**P1 口**　即 P1.0～P1.7(Pin1～Pin8)，该端口是具有输入和输出功能的 8 位准双向 I/O 口。P1 口在内部已经具有上拉电阻，能驱动 4 个 TTL 负载。

（3）**P2 口**　即 P2.0～P2.7(Pin21～Pin28)，该端口既可以作为普通 I/O 口也可以作为地址总线的高 8 位使用。当作为普通 I/O 时，为 8 位准双向口，并且内部具有上拉电阻，能驱动 4 个 TTL 负载；当作为地址总线使用时，用于输出地址总线数据的高 8 位地址。

（4）**P3 口**　即 P3.0～P3.7(Pin10～Pin17)，该端口是具有输入输出功能的 8 位准双向并行 I/O 口。P3 口内部同样具有上拉电阻，并能驱动 4 个 TTL 负载；另外，P3 口的每个引脚都具有第二功能，具体描述如表 2.1 所示。

表 2.1　P3 口引脚第二功能说明

P3 口引脚	功能名称	第二功能描述
P3.0	RXD	串行数据接收端
P3.1	TXD	串行数据发送端
P3.2	$\overline{INT0}$	外部中断请求 0
P3.3	$\overline{INT1}$	外部中断请求 1
P3.4	T0	定时器/计数器 0
P3.5	T1	定时器/计数器 1
P3.6	$\overline{WR}$	写单片机外部器件的写选通信号
P3.7	$\overline{RD}$	写单片机外部器件的读选通信号

3. 复位、控制和选通引脚

复位、控制和选通引脚的主要功能是负责单片机的复位、编程控制及外部程序存储器的选通。下面将分别进行介绍。

（1）**RST(Pin9)**　单片机内部 CPU 的复位信号输入端。在单片机的振荡器启动后，该引脚置两个机器周期以上的高电平，便可以实现复位。

（2）**ALE/$\overline{PROG}$(Pin30)**　ALE 为地址锁存使能端和编程脉冲输入端。当访问外部程序存储器时，ALE 的负跳变将低 8 位地址在外部器件进行锁存；当不访问外部存储器时，ALE 引脚将有一个 1/6 振荡频率的正脉冲信号。当访问外部数据存储器时，ALE 会跳过一个脉冲。在对程序存储器进行编程操作时，该引脚用于输入编程脉冲($\overline{PROG}$)。

（3）$\overline{\text{PSEN}}$（Pin29）　访问外部程序存储器读选通信号。当单片机访问外部程序存储器，读取指令码时，每个机器周期产生两次有效信号，即此脚输出两个负脉冲选通信号；在执行片内程序存储器读取指令时，不产生此脉冲；在读取外部数据时，也不产生 $\overline{\text{PSEN}}$ 脉冲信号。

（4）$\overline{\text{EA}}$/Vpp（Pin31）　$\overline{\text{EA}}$ 为访问内外部程序存储器选通信号，当需要单片机从内部程序存储器开始执行时，就必须将 $\overline{\text{EA}}$ 引脚接高电平，即连接到 VCC。在这种情况下，单片机开始工作时，CPU 会从片内程序存储器的 0000H 地址单元开始执行程序，当读取指令的地址超过内部程序存储器的范围时，单片机会自动跳转到外部程序存储器的相应地址处继续执行程序。当需要单片机从外部程序存储器开始执行时，就需要将 $\overline{\text{EA}}$ 引脚接低电平，即连接到 GND。在这种情况下，单片机开始工作时，CPU 会从外部程序存储器的 0000H 地址开始执行程序。

另外，当对程序存储器进行编程操作时，该引脚用于提供编程电压 Vpp。

2.2　中央处理器

中央处理器（CPU）是由算术逻辑部件、控制器和寄存器通过总线连接而成的一个整体。中央处理器是整个单片机的核心。CPU 负责控制、指挥和调度整个单元系统协调的工作，完成运算和控制输入输出等操作。

1. 算术逻辑部件 ALU

算术逻辑部件的主要功能是进行算术和逻辑运算。51 单片机的算术部件包括运算器、累加器 A、寄存器 B、暂存器、程序状态寄存器 PSW、堆栈指针 SP、数据指针 DPTR 等。可以进行加、减、乘、除四则运算，也可以进行与、或、非、异或等逻辑运算，并且还可以执行数据传送、移位、判断和程序转移等功能。

2. 控制器

控制器是用来统一指挥和控制计算机进行工作的部件。51 单片机的控制器包括时钟发生器、定时控制逻辑、指令寄存器、指令译码器、程序计数器 PC、数据指针寄存器 DPTR 和堆栈指针 SP 等。主要功能是从程序存储器中提取指令，送到指令寄存器，再送入指令译码器进行译码。控制器通过定时和控制电路，在规定时刻发出各种操作所需要的全部内部控制信息以及 CPU 外部所需要的控制信号，比如 ALE、$\overline{\text{WR}}$、$\overline{\text{RD}}$ 等等，使各部分协调工作，完成指令所规定的各种操作。

3. 通用寄存器

寄存器是用来存放信息的单元，特点就是存取速度快。51 系列单片机的寄存器可分为通用寄存器、专用寄存器和特殊功能寄存器。片内 RAM 的 00H～1FH 单元为通用寄存器，共分为四组，每组有 8 个 8 位的寄存器 R0～R7，通过对 PSW 的 RS1 和 RS2 进行设置，选择任意一组使用，同时其余三组被屏蔽。其优点就是避免进栈保护、减少堆栈深度、节省出入栈时间。

4. 专用寄存器

专用寄存器是专门为某些功能部件设计的寄存器。主要包括程序计数器 PC、累加器 A、寄存器 B、程序状态寄存器 PSW、堆栈指针 SP、数据指针 DPTR 等，下面将分别介绍这几种寄存器的功能。

（1）程序计数器 PC　程序计数器 PC 是一个 16 位的程序寄存器，专门用来存放下一条需要执行的指令的地址,能自动加 1,寻址范围为 64KB。CPU 执行指令时,根据程序计数器 PC 中的地址从存储器中取出当前执行的指令码,将其送给控制器分析执行,随后 PC 指针自动加 1,指向下一条即将执行的指令。

(2)**累加器 A**　累加器 A(或者 ACC)是运算过程中的 8 位暂存器,用于提供操作数和存放操作结果。通过内部总线直接与 ALU 连接,一般的信息交换和传递都需要经过累加器 A。

(3)**寄存器 B**　寄存器 B 是一个 8 位寄存器,一般用于乘除法操作指令,寄存器 B 中存放乘数或除数、乘积的高位字节和除法的余数。在其他情况下,也可以作为一般的寄存器使用。

(4)**程序状态字寄存器 PSW**　程序状态字寄存器 PSW 是一个 8 位的寄存器,用于存放指令执行后的有关状态,为后面的指令执行提供状态条件。PSW 中的各位状态通常是在指令执行过程中自动形成的,用户可以根据需要改变 PSW 的状态。PSW 中各位的具体描述如表 2.2 所示。

表 2.2　PSW 中状态标志位

D7	D6	D5	D4	D3	D2	D1	D0	字节地址
CY	AC	F0	RS1	RS0	OV	—	P	D0H

P　奇偶标志位。判断累加器中为 1 的位数是奇数还是偶数。若累加器 A 中为 1 位数是奇数,则 P 标志位置 1,否则 P 标志位清 0。

OV　溢出标志位。进行算术运算时,如果产生溢出,则由硬件将 OV 置 1,可以理解为溢出为真,标识运算结果超出了目的寄存器 A 所能标识的有效数范围($-128 \sim 127$),否则 OV 清 0。

RS1、RS0　工作寄存器组选择。通过对 RS1、RS0 置 1 和置 0 操作,选择工作寄存器区。这两者之间的关系如表 2.3 所示。

表 2.3　RS0 和 RS1 与寄存器 R0～R7 之间对应关系

RS1	RS0	寄存器组	R0～R7 的物理地址
0	0	0	00H～07H
0	1	1	08H～0FH
1	0	2	10H～17H
1	1	3	18H～1FH

F0　用户标志位。由用户置位或复位,可以作为一个用户自定义的状态标志。

AC　辅助进位标志。进行加法或减法运算时,若低 4 位向高 4 位有进位或借位时,AC 将被元件置 1,否则置 0;AC 位常用于十进制调整指令和压缩 BCD 运算等。

CY　进位标志。进行算术运算时,由硬件置位或复位,表示运算过程中,最高位是否有进位或借位的状态,进行位操作时,CY 被认为是位累加器,它的作用相当于 CPU 中的累加器 A。

注意:PSW 中的 4 个标志位 P、OV、AC 和 CY 是由硬件根据指令的执行情况自动置位或复位的,一般用户不要轻易修改。

5. 堆栈指针 SP

堆栈是在片内 RAM 中开辟的一个存储区域,堆栈指针 SP 专门存放堆栈栈顶的地址。堆栈指针 SP 采用 8 位增量的寄存器,堆栈深度为 0～255 个存储单元。数据进栈时,SP 自动加 1,将数据压入 SP 所指向的堆栈单元;数据出栈时,将 SP 指向的堆栈单元内的数据推出堆栈,然后 SP 自动减 1。SP 总是指向栈顶。在系统复位后,堆栈指针 SP 的初始值为 07H,即堆栈栈底为 08H 单元。这样就与工作寄存器区域重叠,所以使用时一般需要重新定义 SP,在片内 RAM 中开辟一个合适的堆栈区域。

6. 数据指针 DPTR

数据指针 DPTR 是一个 16 位的寄存器,是由两个 8 位寄存器 DPH 和 DPL 组合而成。其中 DPH 为 DPTR 的高 8 位,DPL 为 DPTR 的低 8 位。DPTR 既可以作为 16 位数据指针用,也可以作为两个 8 位寄存器 DPH 和 DPL 单独使用。DPTR 可以用来存放片内 ROM 的地址,也可以存放片外 RAM 和片外 ROM 的地址。

2.3　单片机的存储器结构

2.3.1　单片机存储器结构及地址空间

存储器是单片机的三大主要部件之一,主要用来存储程序和数据信息。MCS-51 单片机存储器采用哈佛结构,即程序和数据存储于不同的存储器模块之中,这两个模块完全独立,且具有独立的内部访问地址总线,因此程序存储器空间和数据存储器空间独立编址。

51 单片机的存储器可分为 4 个存储区域,即片内程序存储器区(片内 ROM)、片外程序存储器区(片外 ROM)、片内数据存储器区(片内 RAM)和片外数据存储器区(片外 RAM)。

这四类存储器与其对应的地址关系如表 2.4 所示。

表 2.4　存储器与物理地址对应关系

存储器	物理地址
4KB 片内程序存储器(51 子系列) 8KB 片内程序存储器(52 子系列)	0000H～0FFFH(51 子系列) 0000H～1FFFH(52 子系列)
64KB 片外程序存储器	0000H～FFFFH
128B 片内数据存储器(51 子系列) 256B 片内数据存储器(52 子系列)	00H～7FH(51 子系列) 00H～FFH(52 子系列)
64K 片外数据存储器	0000H～FFFFH

8051 单片机片内有 4KB 的程序存储器和 256 字节的数据存储器,还可以扩展至 64KB 程序存储器和 64KB 数据存储器。

2.3.2　单片机的数据存储器

数据存储器也称为"随机存取数据存储器"。51 系列单片机的数据存储器在物理硬件上分为两个地址空间,即片内数据存储区和片外数据存储区,其结构示意图如图 2-3 所示。

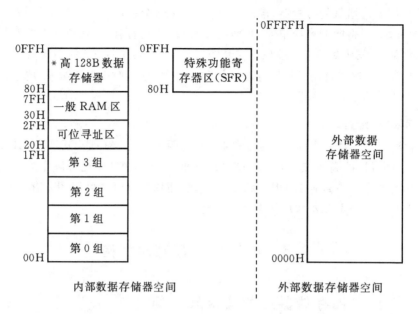

注：*高128B数据存储器只存在于52子系列单片机中

图2-3 数据存储器结构示意图

在示意图中,片内数据存储器空间地址范围为00H~0FFH,共256字节。这256字节又分为低128字节片内RAM区和高128字节片内RAM区两部分。

1. 低 128 字节片内 RAM

低 128 字节片内 RAM 地址空间为00H~7FH单元,为用户数据单元,可以存放运算结果、变量等。该区域按照其功能还可以分为以下三个部分。

00H~1FH 通用寄存器区,每组8个字节,分别为R0~R7,该部分前面已经详细介绍。

20H~2FH 位寻址区,共16字节(128位)。布尔处理的存储空间就是位寻址区。该区域既可以作为一般单元用字节寻址,也可以进行位寻址。该区域除了一般RAM进行读写外,还可按位进行置"1"、清"0"、取反、位传递等操作。位寻址区地址表如表2.5所示。

表2.5 位寻址区地址

单元地址	位地址							
2FH	7FH	7EH	7DH	7CH	7BH	7AH	79H	78H
2EH	77H	76H	75H	74H	73H	72H	71H	70H
2DH	6FH	6EH	6DH	6CH	6BH	6AH	69H	68H
2CH	67H	66H	65H	64H	63H	62H	61H	60H
2BH	5FH	5EH	5DH	5CH	5BH	5AH	59H	58H
2AH	57H	56H	55H	54H	53H	52H	51H	50H
29H	4FH	4EH	4DH	4CH	4BH	4AH	49H	48H

单元地址	位地址							
28H	47H	46H	45H	44H	43H	42H	41H	40H
27H	3FH	3EH	3DH	3CH	3BH	3AH	39H	38H
26H	37H	36H	35H	34H	33H	32H	31H	30H
25H	2FH	2EH	2DH	2CH	2BH	2AH	29H	28H
24H	27H	26H	25H	24H	23H	22H	21H	20H
23H	1FH	1EH	1DH	1CH	1BH	1AH	19H	18H
22H	17H	16H	15H	14H	13H	12H	11H	10H
21H	0FH	0EH	0DH	0CH	0BH	0AH	09H	08H
20H	07H	06H	05H	04H	03H	02H	01H	00H

30H～7FH　字节寻址区,共 80 字节,该区域是用户使用的一般 RAM 区,可以在此区域存储全局变量,开辟堆栈空间等。该部分区域既可以使用直接地址寻址又可以采用寄存器间接寻址方式访问。

2. 高 128 字节片内 RAM

高 128 字节片内 RAM 区地址空间为 80H～0FFH。对于 51 子系列单片机,这部分地址空间存放特殊功能寄存器(SFR)。对于 52 子系列单片机,这部分地址空间由高 128 字节的数据存储器和特殊功能寄存器共享。需要注意的是,如果采用直接地址寻址的方式访问该区域,则访问的是特殊功能寄存器;如果采用寄存器间接寻址方式访问该区域,则访问的是数据存储器(只对 52 子系列单片机有效)。

51 单片机内部在该区域内有 21 个特殊功能寄存器(52 子系列单片机有 31 个),如表 2.6所示。

表 2.6　特殊功能寄存器(SFR)

符号	特殊功能寄存器名称	地址	符号	特殊功能寄存器名称	地址
＊ACC	累加器	E0H	SBUF	串行口数据缓冲器	99H
＊B	乘法、除法寄存器	F0H	＊TCON	定时器/计数器控制寄存器	88H
＊PSW	程序状态字	D0H	TMOD	定时器/计数器模式寄存器	89H
SP	堆栈指针	81H	TL0	定时器/计数器 0 低 8 位	8AH
DPL	数据指针 DPTR 低 8 位	82H	TL1	定时器/计数器 1 低 8 位	8BH
DPH	数据指针 DPTR 高 8 位	83H	TH0	定时器/计数器 0 高 8 位	8CH
＊＊DP1L	数据指针 DPTR1 低 8 位	84H	TH1	定时器/计数器 1 高 8 位	8DH
＊＊DP1H	数据指针 DPTR1 高 8 位	85H	＊＊T2CON	定时器/计数器 2 控制寄存器	C8H
＊IE	中断允许控制寄存器	A8H	＊＊TL2	定时器/计数器 2 低 8 位	CCH

符号	特殊功能寄存器名称	地址	符号	特殊功能寄存器名称	地址
＊IP	中断优先级控制寄存器	B8H	＊＊TH2	定时器/计数器 2 高 8 位	CDH
＊P0	I/O 端口 0	80H	＊＊RCAP2L	定时器/计数器 2 陷阱寄存器低字节	CAH
＊P1	I/O 端口 1	90H	＊＊RCAP2H	定时器/计数器 2 陷阱寄存器高字节	CBH
＊P2	I/O 端口 2	A0H	＊＊AUXR	辅助寄存器	8EH
＊P3	I/O 端口 3	B0H	＊＊AUXR1	辅助寄存器 1	A2H
PCON	电源控制寄存器	87H	＊＊WDTRST	WDT(看门狗)控制	A6H
＊SCON	串行口控制寄存器	98H			

注:带＊号的特殊功能寄存器都是可以位寻址的寄存器,＊＊表示 52 系列寄存器所特有的。

特殊功能寄存器分散在 80H～FFH 片内 RAM 区,其中有部分地址单元未定义,不能使用。访问特殊功能寄存器使用直接寻址方式,其中有一部分(带＊号)特殊功能寄存器也可以采用位寻址,其特征是能被 8 整除。访问这些寄存器中的各位时,在位寻址指令中,可以采用"寄存器名. 位"、"字节地址. 位"、"位地址"和"位名称"等来表示。例如"ACC. 2"表示寄存器 A 的第 2 位。位寻址的特殊功能寄存器及其位地址如表 2.7 所示。

表 2.7　可位寻址的特殊功能寄存器及其位地址

B	F7H	F6H	F5H	F4H	F3H	F2H	F1H	F0H	F0H
	—	—	—	—	—	—	—	—	
ACC	E7H	E6H	E5H	E4H	E3H	E2H	E1H	E0H	E0H
	ACC. 7	ACC. 6	ACC. 5	ACC. 4	ACC. 3	ACC. 2	ACC. 1	ACC. 0	
PSW	D7H	D6H	D5H	D4H	D3H	D2H	D1H	D0H	D0H
	Cy	AC	F0	RS1	RS0	0V	—	P	
IP	BFH	BEH	BDH	BCH	BBH	BAH	B9H	B8H	B8H
	—	—	PT2	PS	PT0	PX1	PT0	PX0	
P3	B8H	B7H	B6H	B5H	B4H	B3H	B2H	B1H	B0H
	P3. 7	P3. 6	P3. 5	P3. 4	P3. 3	P3. 2	P3. 1	P3. 0	
IE	AFH	AEH	ADH	ACH	ABH	AAH	A9H	A8H	A8H
	EA	—	ET2	ES	ET1	EX1	ET0	EX0	
P2	A7H	A6H	A5H	A4H	A3H	A2H	A1H	A0H	A0H
	P2. 7	P2. 6	P2. 5	P2. 4	P2. 3	P2. 2	P2. 1	P2. 0	
SCON	9FH	9EH	9DH	9CH	9BH	9AH	99H	98H	98H
	SM0	SM1	SM2	REN	TB8	RB8	TI	RI	

P1	97H	96H	95H	94H	93H	92H	91H	90H	90H
	P1.7	P1.6	P1.5	P1.4	P1.3	P1.2	P1.1	P1.0	
TCON	8FH	8EH	8DH	8CH	8BH	8AH	89H	88H	88H
	TF1	TR1	TF0	TR0	IE1	IT1	IE0	IT0	
P0	87H	86H	85H	84H	83H	82H	81H	80H	80H
	P0.7	P0.6	P0.5	P0.4	P0.3	P0.2	P0.1	P0.0	
* T2CON	CFH	CEH	CDH	CCH	CBH	CAH	C9H	C8H	C8H
	TF2	EXF2	RCLK	TCLK	EXEN2	TR2	C_T2	CP_RL2	

注：* 为 52 系列所特有。

除了内部数据存储器外，51 单片机还具有 64KB 大小的外部数据存储器空间。单片机对这部分存储器空间的访问是通过外部总线来访问的（P0 端口作为数据总线；P2 口和 P0 口的组合作为地址总线；$\overline{WR}$、$\overline{RD}$ 为控制总线）。

2.3.3 单片机的程序存储器

程序代码存放在单片机的程序存储器里面，也称为只读程序存储器（ROM）。51 系列单片机具有 64KB 程序存储器寻址空间，这 64KB 的地址采用统一编址。从地址编码的角度上讲，51 单片机并不区分片内、片外程序存储器；但从物理硬件配置上讲，51 单片机分为内外两个部分的程序存储器。片内外程序存储器的选择是由 $\overline{EA}$ 引脚上输入的高低电平来决定。具体描述如下。

$\overline{EA}=1$，即该引脚接高电平时，CPU 启动后首先从片内程序存储器的 0000H 地址读取指令，当 PC 指针超出片内 ROM 的地址范围时，会自动转到外部程序存储器读取指令。

$\overline{EA}=0$，即该引脚接低电平时，CPU 启动后会从片外程序存储器的 0000H 地址读取指令，并输出 $\overline{PSEN}$ 选通信号。对于内部无程序存储器的 51 单片机，程序指令存储在外部，因此这类单片机的 $\overline{EA}$ 引脚必须接低电平。

在程序存储器中的 0000H～002FH 单元，共 48B 单元被保留专用于中断处理程序，称为中断矢量区，其中，0000H～0002H 单元为复位向量地址，当单片机复位时，PC 会被初始化为 0000H，因此单片机开始工作的时候，单片机从 0000H 地址开始执行程序。一般应在这三个单元存放一条无条件跳转指令，让系统跳过这片区域，转到真正的应用程序处。

0003H～0032H 单元 这 48 个单元各有用途，被均匀地分为 6 个段，其定义如表 2.8 所示。

表 2.8 中断入口地址

地址	用途说明
0003H	外部中断 0（$\overline{INT0}$）中断入口
000BH	定时器/计数器 0（T0）中断入口
0013H	外部中断 1（$\overline{INT1}$）中断入口
001BH	定时器/计数器 1（T1）中断入口
0023H	串行中断入口地址
002BH	定时器/计数器 2 中断入口（存在于 52 子系列中）

以上这些单元一般也用于存放一条跳转指令,以便跳转到相应的中断服务程序处。

2.4　单片机的并行 I/O 端口

典型的 8051 单片机具有 4 个 8 位的并行 I/O 口,分别为 P0、P1、P2 和 P3,共 32 位 I/O 口,每个端口均可以用作输入和输出。在这些端口中,P1、P2 和 P3 是准双向 I/O 口,P0 作为总线使用时为双向口,但作为普通 I/O 口时同样为准双向口。下面分别介绍这几个端口的结构。

1. P0 端口内部结构

P0 端口由 8 个相同结构的引脚组成,对于某一个引脚结构,如图 2-4 所示。每个引脚内部包含一个输出锁存器、一个输出驱动电路、一个输出控制电路、转换开关 MUX 和两个三态缓冲器,其中输出驱动电路由一对场效应管(FET)组成,整个端口的工作状态受控于输出控制电路。

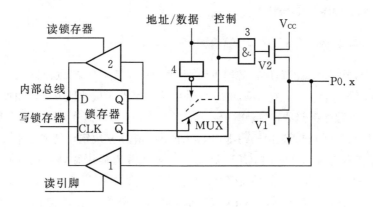

图 2-4　P0 口内部结构

当 P0 口作为普通的 I/O 口使用时,对应的控制信号为 0。电子模拟开关 MUX 将锁存器的 $\overline{Q}$ 端和输出端连接在一起。同时与门输出为 0,该信号使 FET 管 V2 截止,这时的输出是漏极开路电压,故需外接上拉电阻(5k~10kΩ)才能正常工作。其工作情况如下:

当程序设置输出为 0 时,锁存器的输出端 $\overline{Q}$ 为高电平,致使 FETV1 管导通,从而输出端输出低电平即逻辑 0;

当程序设置输出为 1 时,锁存器的 $\overline{Q}$ 为低电平,致使 FET 管 V1 截止,这时外接的上拉电阻将输出端变为高电平,从而输出逻辑 1。

对于输入的情况,一般应首先置各个锁存器为 1,才能保证获得正确的输入结果。即作为普通 I/O 端口时,其不是一个真正的双向 I/O 端口,而是一个准双向口。

当 P0 口用作低 8 位地址/数据分时复用时,控制信号为 1,控制电子模拟开关 MUX 使地址/数据线经反相器后与 FET 管 V1 连接,同时使得 FET 管 V2 的栅极电平状态与地址/数据线保持一致,这时该部分电路工作情况如下:

当地址/数据总线信号为 1 时,使得 FET 管 V2 导通,并使得 FET 管 V1 截止,从而在输出引脚上输出高电平;

当地址/数据总线信号为 0 时,使得 FET 管 V1 截止,并使得 FET 管 V1 导通,从而使得输出引脚输出低电平。

当 P0 端口作为数据总线读入数据时,外部引脚的电平状态会通过下面的缓冲器进入到内部总线。

2. P1 端口内部结构

P1 口一般为作通用 I/O 端口,各位都可以单独输出或输入信息。P1 口结构示意图如图 2-5 所示。

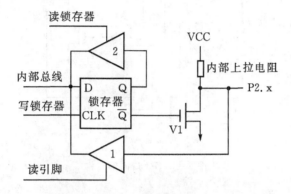

图 2-5 P1 端口内部结构

P1 口是准双向 I/O 口,当某位之前用于输出数据,而当前需要用于读入数据时,必须在读入数据之前,先向该位对应的锁存器写 1 以保证外部数据正确地读入。单片机复位后,由于各位锁存器均自动被置为 1,因此,各位用作输出或输入都是正确的。

3. P2 端口内部结构

P2 口既可以用作普通 I/O 口,也可以用作外部扩展时地址总线的高 8 位。P2 口单个引脚的结构示意图,如图 2-6 所示。

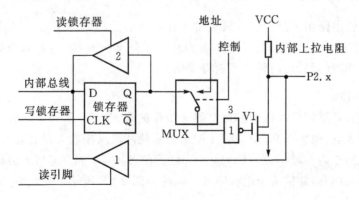

图 2-6 P2 口结构示意图

当 P2 口用作地址总线的高 8 位时,控制信号使电子模拟开关 MUX 接通到地址端,高 8 位地址信号便通过非门以及 FET 管 V1 输出到外部引脚,从而实现 8 位地址的输出。

当 P2 口用作普通 I/O 端口时,控制信号使电子模拟开关 MUX 接通到锁存器 Q 端,此时，P2 口属于准双向 I/O 端口。

4. P3 端口内部结构

P3 端口是一个具有第二功能且可以位操作的端口。P3 端口的内部结构如图 2-7 所示，有以下两种用途。

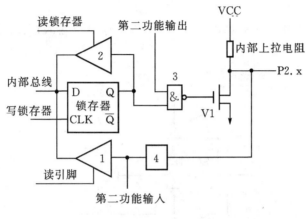

图 2-7　P3 口内部结构

当作为普通 I/O 端口时，P3 口和 P0、P1、P2 端口一样，可以进行位操作，是准双向口，可以驱动 4 个 LSTTL 负载。

当需要作为扩展外部器件时，P3 口可以作为第二功能使用。其各位的功能如表 2-1 所示。

2.5　时钟电路及时序

2.5.1　振荡器和时钟电路

振荡器和时钟电路用于产生单片机正常工作时所需要的时钟信号。51 单片机内部有一个振荡器，可以用于 CPU 时钟源。另外，也允许采用外部振荡器，由外部振荡器产生的时钟信号来提供整个 CPU 运行的时钟。下面将详细介绍。

1. 内部时钟模式

内部时钟模式是采用单片机内部振荡器来工作的模式。51 系列单片机内部有一个高增益的单级反相放大器，引脚 XTAL1 和 XTAL2 分别接片内反相放大器的输入端和输出端。

当单片机工作于内部时钟模式的时候，只需要在 XTAL1 和 XTAL2 引脚连接一个晶体振荡器或者陶瓷振荡器，并接两个电容即可。电路如图 2-8 所示。使用时，对于电容的选择有一定的要求，具体描述如下：

当外接晶体振荡器时，电容值一般为 $C_1 = C_2 = 30 \pm 10$ pF；

当外接陶瓷振荡器时，电容值一般为 $C_1 = C_2 = 40 \pm 10$ pF。

在实际电路设计时，应该注意尽量保证外接的振荡器和电容尽可能靠近单片机的 XTAL1 和 XTAL2 引脚，这样可以减少寄生电容的影响，使其振荡器能稳定可靠地工作，为 CPU 提供时钟。

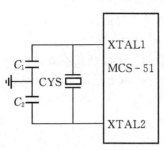

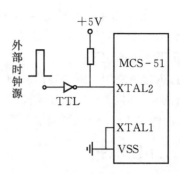

图 2-8　内部时钟模式　　　　　　　　　图 2-9　外部时钟模式

2. 外部时钟模式

外部时钟模式是采用外部振荡器产生时钟信号,直接提供给单片机使用。对于 51 系列单片机,外部时钟信号由 XTAL2 引脚接入后直接送到单片机内部的时钟发生器,而 XTAL1 引脚接地,如图 2-9 所示。注意:由于 XTAL2 引脚的逻辑电平不是 TTL 电平,因此建议外接一个上拉电阻。

2.5.2　机器周期、指令周期

CPU 的时序是指指令执行所遵从的格式。在单片机内部,振荡器始终驱动内部时钟发生器向 CPU 提供时钟信号。时钟信号发生器的输入是一个二分频触发器,这个二分频触发器为单片机提供了一个二相时钟信号,即相位信号 P1 和 P2,驱动 CPU 产生执行指令功能的机器周期。单片机的时序是用定时单位来描述的,描述了指令执行中各个控制信号在时间上的关系,这里涉及到节拍、状态、机器周期、指令周期的概念,下面将分别说明它们之间的关系,示意图如图 2-10 所示。

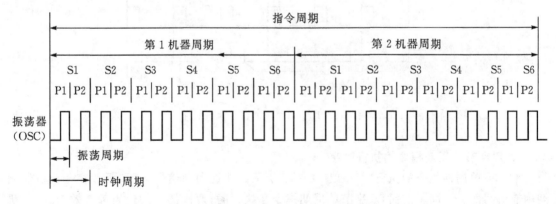

图 2-10　51 系列单片机机器周期的概念

拍(P):一拍为振荡脉冲的周期,这里用 P 来表示。它是晶体的振荡周期,或者外部时钟脉冲的周期。拍是 51 系列单片机中的最小时序单元。

时钟周期(S):振荡脉冲信号经过二分频后,便可得到单片机的时钟信号,时钟信号的周期一般用 S 来表示。一个状态包括两个拍,分别为 P1 和 P2。时钟周期是单片机 CPU 中最基本的时间单元,在一个时钟周期内,CPU 仅完成一次动作。

机器周期:51 系列单片机中规定,一个机器周期由 6 个时钟周期(S1~S6)组成,再细分可以表示为 12 个拍组成。从图 2-10 可以看出来依次为 S1P1、S1P2、…、S6P2。如果振荡器一旦确定,则机器周期也确定了。

指令周期:执行一条指令所需要的时间即指令周期。不同的指令有不同的指令周期,表现为需要不同的机器周期,单周期指令需要一个机器周期,双周期指令执行需要两个机器周期。指令的周期一般都在 1~4 个机器周期范围内。

2.5.3　指令时序

单片机的指令执行过程包括取指令和执行指令两个部分,都是在 CPU 的时钟步调下完成的。在单片机中,不同指令的长度和指令周期一般各不相同,可以分为单字节单周期指令、双字节单周期指令、双字节双周期指令等。下面将详细介绍。

1. 单字节单周期指令的执行时序

单字节单周期指令的执行时序,如图 2-11 所示。在每个机器周期内,地址锁存信号 ALE 出现两次高电平有效信号,一次出现在 S1P2~S2P1,另一次出现在 S4P2~S5P1。这样,一个机器周期内便可以读两次程序存储器的代码。单字节单周期指令在执行时,第一次读取指令代码后便立即开始执行指令,第二次读得代码被丢弃,不使用。

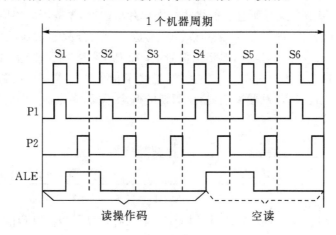

图 2-11　单字节单周期指令执行时序

2. 双字节单周期指令的执行时序

双字节单周期指令的执行时序如图 2-12 所示。地址锁存信号 ALE 仍然在一个机器周期内有效两次。不同于前面,双字节单周期指令在执行时,两次读取的代码都有效,在一个机器周期内便执行完该指令。

3. 单字节双周期指令的执行时序

单字节双周期指令的执行时序,如图 2-13 所示。这类指令执行时,第一次读取指令代码后,其余三次读代码操作均被丢弃,用两个机器周期执行完成该指令。

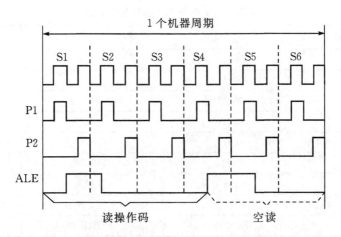

图 2-12　双字节单周期指令执行时序

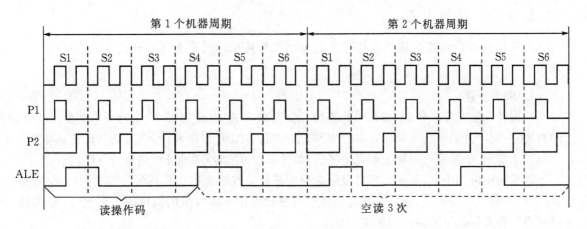

图 2-13　单字节双周期指令执行时序

2.6　复位状态与复位电路

　　复位是使单片机的 CPU 以及系统的各个部件处于特定的初始状态,并使系统从初始状态开始工作。一般在系统上电或者程序死机的时候需要进行单片机复位。

2.6.1　复位状态

　　单片机的复位状态就是指在给单片机上电时,最先进入的一个特定状态。在复位状态下,CPU 和整个硬件资源,特别是一些特殊功能寄存器都处于初始化的状态。表 2.9 列出单片机复位状态下的初始值。

表 2.9 51 系列单片机的复位状态

特殊功能寄存器	复位状态	特殊功能寄存器	复位状态
ACC	00H	TH0	00H
B	00H	TL0	00H
DPTR	0000H	TH1	00H
PC	0000H	TL1	00H
PSW	00H	TMOD	00H
P0～P3	FFH	TCON	00H
SP	07H	SCON	00H
IE	0XX0 0000B	PCON	0XXX 0000B
IP	XXX0 0000B	SBUF	XXXX XXXXB

注:其中 X 表示未知状态,B 表示二进制数值。

2.6.2 复位电路

单片机的复位电路是使单片机进入复位状态并使单片机重新从头开始执行程序的硬件结构。

1. 复位条件

在时钟电路开始工作后,如果单片机的复位引脚 RST 上施加了 24 个时钟振荡脉冲以上的高电平,则单片机就会复位。在复位期间,单片机的 ALE 引脚和 $\overline{PSEN}$ 引脚均输出高电平。当复位引脚 RST 从高电平跳变到低电平后,单片机便从 0000H 地址开始执行程序。

在实际的应用中,一般采用外部复位电路来进行单片机复位。并且在 RST 引脚一般需要保持 10 ms 以上的高电平,以保证单片机能够可靠地复位。单片机的复位有上电复位、手动复位和看门狗复位。下面将分别详细介绍。

2. 上电复位

上电复位电路的基本原理就是利用 RC 电路的充放电效应,电路如图 2-14 所示。当单片机系统上电的时候,复位电路通过电容加在 RST 引脚一个短暂的高电平信号,高电平信号随着电容的充电而逐渐降低,高电平持续时间就是 RC 电路的充放电时间。

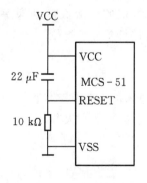

图 2-14 上电复位电路

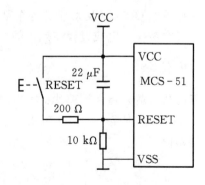

图 2-15 手动加电复位

3. 手动加电复位

手动复位电路原理图如图 2-15 所示。当按键 E 被按下后,电容所储蓄的电荷被释放,+5V 电压通过一个 200 Ω 电阻和 10 kΩ 电阻为 RESET 复位引脚施加复位信号,当释放按键后, RESET 引脚解除高电平状态,单片机成功复位。

4. 看门狗复位

定时监视器复位是采用单片机内部的看门狗来实现的复位操作。近几年推出的新型单片机均包含看门狗 WDT,WDT 可以根据程序的运行周期来设定。当程序在运行过程中,由于外界的干扰进入非正常状态的时候,WDT 定时计数器产生溢出信号,该信号促使单片机复位。

2.7　51 单片机的中断系统

现代的计算机都具有实时处理功能,能对外界随机(异步)发生的事件作出及时的处理,这依靠中断处理技术来实现。

当 CPU 执行正常任务的时候,在单片机的内部或外部发生了某一事件(如一个电平的变化,一个脉冲沿的发生或定时器计数溢出等),该事件向 CPU 迅速发出请求信息,当 CPU 收到请求信号后,就暂停当前的任务,转而处理中断服务程序,当中断服务程序执行完毕后,就返回被中断的地方,继续原来的处理任务。

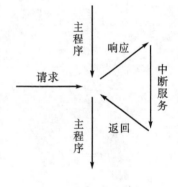

图 2-16　中断流程图

如图 2-16 所示,整个过程实际上可以简要概括为:收到中断请求→保护现场→处理中断→恢复现场→中断返回。

实现这种功能的部件为中断系统,产生中断请求的来源称为中断源。中断源向 CPU 提出的处理请求信号,称为中断请求或中断申请。CPU 暂停当前的任务,转而去处理中断服务程序的过程,称为中断响应过程。当中断服务程序执行完毕后回到原来被暂停的地方,这个过程称为中断返回。

举个例子:将 CPU 比作正在写报告的经理,将中断比作电话呼叫,当经理正在写报告的时候(相当于 CPU 正在执行当前的普通任务),电话铃响了(相当于 CPU 收到了一个中断请求信号),当他把当前的句子写完之后(相当于执行完当前的指令),就暂停写报告(相当于 CPU 暂停当前的任务),并记住当前的思路(相当于保护现场),然后开始接听电话(相当于 CPU 进行中断处理),当电话完毕之后,回忆之前的思路(恢复现场),之后继续写报告(中断返回)。

这个例子形容了单片机的中断处理过程。想象一下假如单片机没有中断处理能力(经理不能暂停当前的工作),如果来的是一个紧急电话(重要中断事件),那后果是多么的严重。这个简单比喻说明了中断处理能力的重要性。对于 51 单片机来讲,其具有 5 个中断源(52 子系列单片机多一个 T2 中断源),分别如下:

$\overline{\text{INT0}}$　外部中断 0;

$\overline{\text{INT1}}$　外部中断 1;

T0　定时器/计数器 0 中断;

T1　定时器/计数器 1 中断;

TI/RI　串行 I/O 中断;

＊**T2**　定时器/计数器 2 中断。

另外,如图 2-17 所示,51 单片机支持中断嵌套,中断嵌套是指当 CPU 执行低优先级中断服务程序的时候出现了一个高优先级的中断请求,CPU 会暂停当前的低优先级中断服务程序的执行,转而执行高优先级的中断服务程序,当高优先级的中断服务程序执行完毕之后,再恢复被暂停执行的低优先级中断服务程序的执行。51 单片机支持两级优先级设置,即高优先级和低优先级两个级别。关于 51 单片机中断系统的知识将在第 8 章中详细讲解。

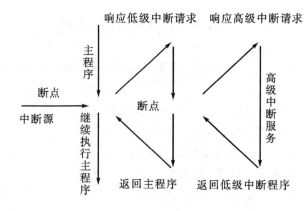

图 2-17　中断嵌套过程示意图

习　题

2-1　如何理解 51 单片机存储空间在物理结构上可分为 4 个,而逻辑上又可划分为 3个?

2-2　MCS-51 单片机的 $\overline{\text{EA}}$ 引脚有何功能? 在使用 8031 时 $\overline{\text{EA}}$ 如何接?

2-3　MCS-51 单片机的内部存储空间是怎样分配的?

2-4　如何从 MCS-51 单片机的 4 个工作寄存器组中选择当前工作寄存器组?

2-5　内部 RAM 的低 128 个单元是如何划分的?

2-6　DPTR 是什么寄存器? 它的作用是什么? 它由哪几个寄存器组成?

2-7　什么是堆栈? 堆栈有何作用? 为什么在程序初始化时要对 SP 重新赋值?

2-8　试述程序状态字寄存器 PSW 各位的含义。

2-9　P0、P1、P2、P3 口的结构有何不同? 使用时要注意什么? 各口都有什么用途?

2-10　请说出指令周期、机器周期、状态和拍的概念。当晶振频率为 12 MHz、8 MHz时,一个机器周期为多少微秒?

2-11　什么是单片机复位? 复位后单片机的状态如何?

2-12　8051 的 $\overline{\text{PSEN}}$、$\overline{\text{RD}}$、$\overline{\text{WR}}$ 的作用?

2-13　使单片机复位有几种方法？复位的条件是什么？复位后片内各寄存器及 RAM 的状态如何？

2-14　CPU 响应中断时最先完成的两个步骤是什么？

2-15　中断处理过程包括哪些步骤？

2-16　一次中断大致分为哪些过程？

2-17　内部中断和外部中断分别是由什么引起的？举例说明。

第 3 章　Keil C51 开发工具简介及使用

单片机的程序设计需要在特定的编译器中进行。编译器完成对程序的编译、连接等工作，并且最终生成可执行文件（.hex 文件）。对单片机程序的开发，一般采用 Keil 公司的 μVision 系列集成开发环境，它支持汇编语言以及 C51 语言的程序设计。本章主要介绍 μVision3 集成开发环境，以及如何运用 μVision3 集成开发环境进行单片机程序设计与仿真。

3.1　Keil μVision3 简介

Keil μVision3 系统是德国 Keil Software 公司推出的 51 系列兼容单片机软件开发系统。Keil μVision3 集成的可视化 Windows 操作界面，其提供了丰富的库函数和各种编译工具，支持使用汇编语言以及 C51 语言进行单片机程序开发和编译。Keil μVision 系列是非常优秀的编译器，受到广大单片机设计者的广泛使用。其特点如下：

(1)支持汇编语言、C 语言等多种单片机设计语言；

(2)可视化的文件管理，界面友好；

(3)支持丰富的产品线，除了 51 系列以及兼容的单片机内核外，还增加了对 ARM 核产品的支持；

(4)具有完备的编译连接工具；

(5)具备丰富的仿真调试功能，可以仿真并口、串口、定时器/计数器、中断、D/A 和 A/D 资源；

(6)内嵌 RTX - 51 实时多任务操作系统；

(7)支持在一个工作空间中进行多项目的程序设计；

(8)支持多极代码优化。

3.2　Keil μVision3 安装

Keil μVision3 集成开发环境在 ARM 公司为中国区特殊设计的 ARM Real MDK 中获得，下载地址如下：

http://www.realview.com.cn/down-class.asp?lx＝big&anid＝51

1. 系统要求

Keil μVision3 对计算机的硬件和软件配置要求低

(1)内存大于 16M；

(2)至少 45M 的硬盘剩余空间；

(3)Windows 95 及其以上的操作系统。

2. 软件安装步骤

Keil μVision3 软件的安装操作步骤如下：

(1)双击 μVision3 的安装文件，弹出 μVision3 的安装界面，如图 3-1 所示；

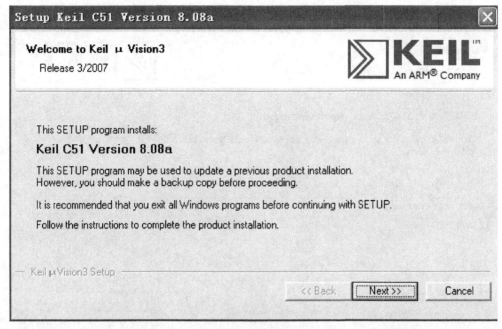

图 3-1　安装 Keil μVision3

(2)单击"next"按钮，弹出"License Agreement"对话框，如图 3-2 所示；

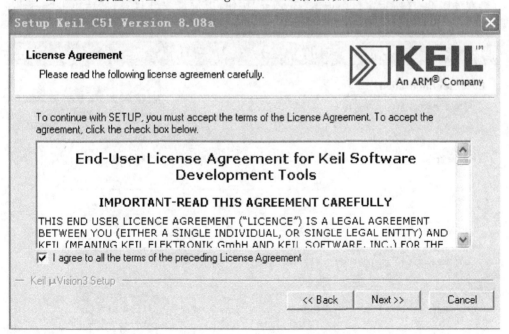

图 3-2　"License Agreement"对话框

（3）选择接受协议，然后单击"next"按钮，进入"Folder Selection"对话框，如图 3 - 3 所示；

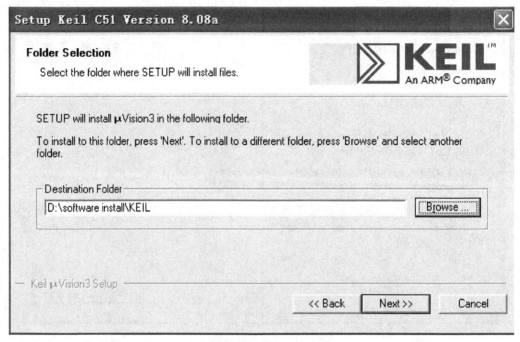

图 3 - 3　"Folder Selection"对话框

（4）在如图 3 - 3 所示窗口中点击"Browse"按钮，以选择安装目录，然后单击"next"按钮，进入"Custom Information"对话框，如图 3 - 4 所示；

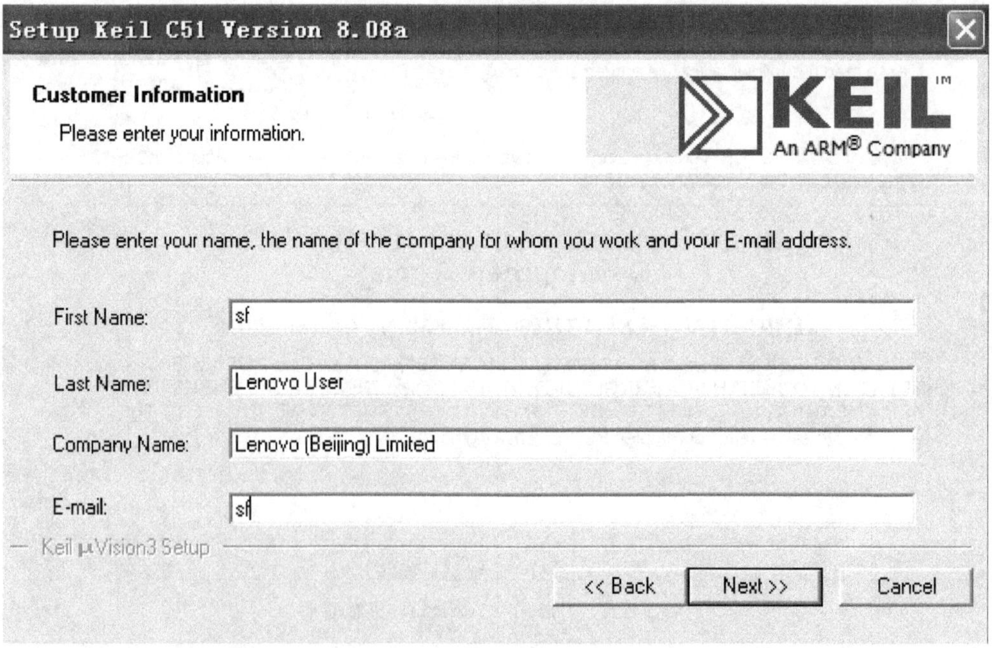

图 3 - 4　"用户信息"对话框

　(5)在如图 3-4 所示窗口中填写基本的用户信息后单击"next"按钮,进入程序的安装,如图 3-5 所示;

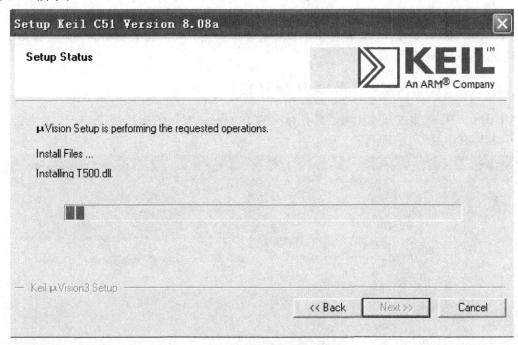

图 3-5　程序安装对话框

　(6)当程序安装完毕后单击"next"按钮,进入程序的安装完成对话框,如图 3-6 所示。

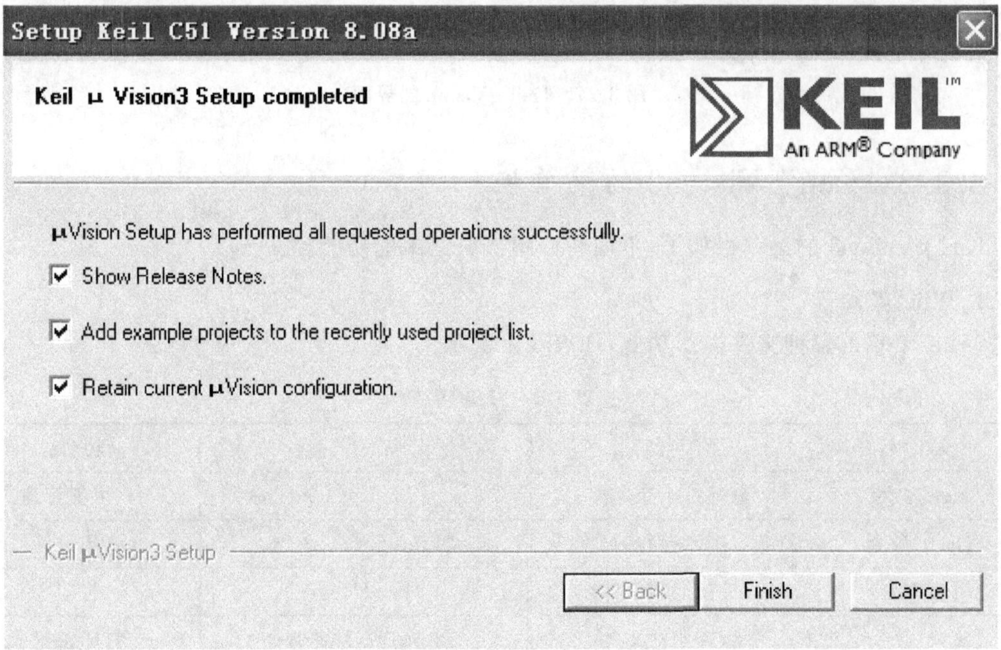

图 3-6　完成安装

3.3 Keil μVision3 集成开发环境

Keil μVision3 集成开发环境提供了良好的图形交互界面和强大的功能。下面介绍 Keil μVision3 的开发环境。

3.3.1 Keil μVision3 项目管理窗口

Keil μVision3 集成开发环境是具有标准的 Windows 界面的应用程序,对于一个打开的工程,其界面如图 3-7 所示。

图 3-7　Keil μVision 的界面

3.3.2 Keil μVision3 的菜单栏

Keil μVision3 的菜单栏如下,下面将介绍部分菜单的功能。

1. "File"菜单

"File"菜单的各种文件操作功能,如表 3.1 所示。

表 3.1　"File"菜单

命　令	功　能	命　令	功　能
"New"命令	创建一个新文件	"License Management"命令	许可证管理
"Open"命令	打开一个已存在的文件夹	"Print Setup"命令	打印设置
"Close"命令	关闭当前文件	"Print"命令	打印
"Save"命令	保存当前文件	"Print Preview"命令	打印预览
"Save as"命令	文件另存为	"file. c"命令	最近打开的文件

续表 3.1

命 令	功 能	命 令	功 能
"Save all"命令	保存所有文件	"Exit"命令	退出 Vision3
"Device Database"命令	器件库		

2. "Edit"菜单

"Edit"菜单提供了单片机程序源代码的各种编辑方式,如表 3.2 所示。

表 3.2 "Edit"菜单

命 令	功 能	命 令	功 能
"Undo"命令	取消上次操作	"Goto Previous Bookmark"命令	移动光标到上一个标签
"Redo"命令	重复上次操作	"Clear All Bookmark"命令	清除当前文件的所有标签
"Cut"命令	剪切选定文本	"Find"命令	在当前文件中查找文本
"Paste"命令	粘贴	"Replace"命令	替换特定的字符
"Copy"命令	复制选定文本	"Find in Files"命令	在多个文件中查找
"Indent Selected Text"命令	将所选文本右移一个制表符	"Incremental Find"命令	渐进式查找
"Unindent Selected Text"命令	将所选文本左移一个制表符	"Outling"命令	源代码概要
"Toggle Bookmark"命令	设置/取消当前的标签	"Advanced"命令	高级编辑命令
"Goto Next Bookmark"命令	移动光标到下一个标签	"Configuration"命令	颜色、字体等高级命令

3. "Debug"菜单

"Debug"菜单提供了单片机项目调试和仿真中使用的各种命令,如表 3.3 所示。

表 3.3 "Debug"菜单

命 令	功 能
"Start/Stop Debugging"命令	开始/停止调试模式
"Run"命令	执行程序,遇到断点就暂停下来
"Step"命令	单步执行程序,遇到子程序则进入
"Step over"命令	单步执行程序,跳过子程序
"Step out of Current function"命令	执行到当前函数的结束
"Run to Cursor"命令	执行到光标所在行

命 令	功 能
"Stop running"命令	停止运行程序
"Breakpoints"命令	打开断点对话框
"Insert/Remove Breakpoint"命令	设置/取消当前行的断点
"Enable/Disable Breakpoint"命令	使能/禁止当前行的断点
"Disable All Breakpoint"命令	禁止所有的断点
"Kill All Breakpoint"命令	取消所有断点
"Show Next Statement"命令	显示下一条指令
"Debug Setting"命令	设置调试参数
"Enable/Disbale Trace Recording"命令	使能/禁止程序运行轨迹的标识
"View Trace Records"命令	显示程序运行过的指令
"Execution Profiling"命令	可设置成 off、time、call
"Setup Logic Analyzer"命令	逻辑分析
"Memory Map"命令	打开存储器空间对话框
"Performance Analyzer"命令	打开性能分析窗口
"Inline Assembly"命令	对某一行进行重新汇编,可以修改汇编代码
"Function Editor(Open Ini File)"命令	编辑调试函数和调试配置文件

4. "Peripherals"菜单

"Peripherals"菜单提供了单片机上的各种资源,供项目仿真调试时使用,如表 3.4 所示。

表 3.4　"Peripherals"菜单

命 令	功 能	命 令	功 能
"Reset CPU"命令	复位 CPU	"A/D Converter"命令	打开 A/D 转换器设置对话框
"Interrupt"命令	打开中断设置对话框	"D/A Converter"命令	打开 D/A 转换器设置对话框
"I/O-Ports"命令	打开并行端口对话框	"I^2C Controller"命令	打开 I^2C 总控制器设置对话框
"Serial"命令	打开串口设置对话框	"Can Controller"命令	打开 CAN 总线控制器设置对话框
"Timer"命令	打开定时器设置对话框	"Watching"命令	打开看门狗设置对话框

3.3.3　Keil μVision3 的管理配置

Keil μVision3 的集成开发环境提供了良好的项目管理配置,用户可以根据自己的学习习惯和需要进行适当的配置。

选择"Edit"→"Configuration"命令,此时弹出"Configuration"对话框,如图 3-8 所示。其中有多个选项卡,下面将对其进行介绍。每个选项卡中有很多选项,在这里只选常用的做介绍。

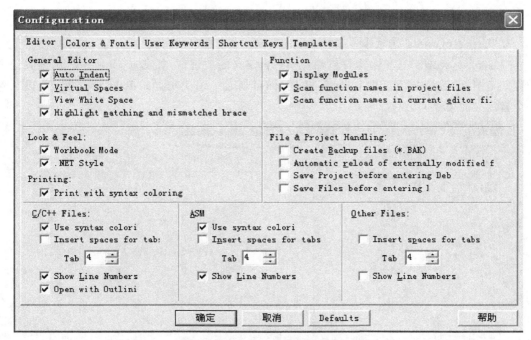

图 3 - 8　"Configuration"选项卡

1. "Editor"选项卡

"Editor"选项卡中可以设置源代码编辑窗口的各种配置参数。其中主要的几个叙述如下：

(1)"Auto Indent"复选框　选中该复选框，则在源代码文件编辑的时候，自动以 Table 的距离进行缩进；

(2)"Create Backup file(* . BAK)"复选框　选中该复选框，则在源文件的编辑过程中自动产生备份文件；

(3)"Use Syntax Color in ... "复选框　该复选框在"C/C＋＋ Files"设置栏和"ASM"设置栏下各有一个。选中该复选框，则在编辑源代码文件的时候，系统自动以默认的颜色来显示 C/C＋＋和 ASM 源代码的各种语句。

2. "Color & Fonts"选项卡

"Color &Fonts"选项卡可以设置各个窗口显示的颜色方案。

(1)"8051：Editor Asm/C File"　用于设置 ASM/C 源文件中的各种关键字和语法等颜色方案；

(2)"Build Output Window"　用于设置编译输出窗口的颜色方案；

(3)"Debug Command Window"　用于设置调试命令窗口中的颜色方案；

(4)"Disassembly Window"　用于设置反汇编窗口中的颜色方案；

(5)"Editor Text Files"　用于设置文本文件编辑窗口中的颜色方案；

(6)"Logic Analyzer"　用于设置逻辑分析窗口中的颜色；

(7)"Memory Window"　用于设置存储器窗口中的颜色；

(8)"RT-Agent Window"　用于设置多任务实时窗口中的颜色方案；

（9）"Serial♯X Window"　用于设置串口 X(X＝1,2,3)窗口中的颜色方案。

3. "User Keywords"选项卡

"User Keywords"选项卡中可以设置一些自定义的关键词,如图 3-9 所示。选中关键字的作用范围,然后单击"NEW(Insert)"按钮,即可新建一个关键词。单击"Delete",可以删除一个自定义的关键词。

图 3-9　"User Keywords"选项卡

4. "Shortcut Keys"选项卡

"Shortcut Keys"选项卡中列出了每个菜单命令的快捷键,如图 3-10 所示。用户可以根据自己的习惯定义某些操作的快捷键。

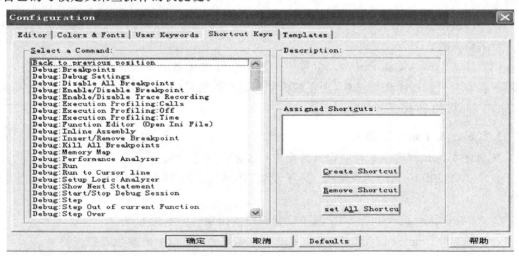

图 3-10　"Shortcut Keys"选项卡

5. "Templates"选项卡

"Templates"选项卡中列出了一些语句的模板结构,如图 3-11 所示。用户在不清楚某些语法的情况下,可以直接调用这些模板结构,也可以单击"New(Insert)"按钮,新建模板结构;还可以单击"Delete"按钮,删除一个模板结构。

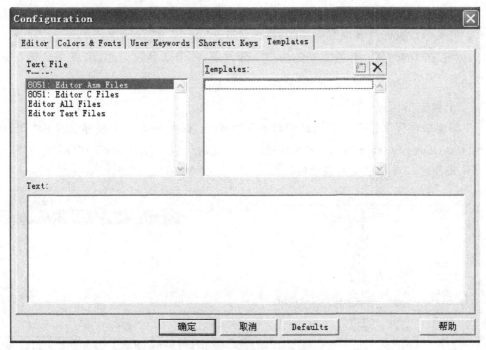

图 3-11　"Templates"选项卡

3.3.4　Keil μVision3 的各种常用窗口

Keil μVision3 集成开发环境中提供了很多不同用途的窗口,利用这些窗口可以完成源代码的编辑、反汇编的查看、各种编译和调试的输出结果查看、堆栈和寄存器的值查看,以及波形仿真。下面介绍一些在程序设计中以及仿真调试中的窗口和操作。

1. 源代码编辑窗口
源代码编辑窗口是用来编辑汇编或者 C 语言程序的,如图 3-12 所示。

```
022   while(delay_time)delay_time--;//延时时间:=(8+delay time*6)us;
023   }
024
025 ⊟//*********初始化**********************
026   //函数名称: void init ds18b20(void)
027   //函数功能: 初始化DS18B20
028  ⊥//函数参数: 无
029   //********************************
030   void init_ds18b20(void)
031 ⊟{
032   DQ=0;//复位信号
033   One_Wire_Delay(50);//延时600us
034   DQ=1;
035   One_Wire_Delay(4);//延时30us
036   while(DQ==1);
037   One_Wire_Delay(52);//延时300us
038   DQ=1;
```

图 3-12　程序编辑窗口

下面介绍源代码编辑窗口中几个常用的操作。

（1）设置标签　在源代码的编辑窗口中，标签可以设置在任意行，使用标签可以很快地查找和定位文本。特别是在编写很长的代码的时候，使用标签能够很快地找到所需要的函数以及变量。把光标设置在需要设置标签的行，然后选择"Edit"→"Toogle Bookmark"命令。

（2）标签之间的转移　标签之间的切换十分方便，单击工具栏上的 ，将光标移到下一个标签处。

2. 反汇编窗口

反汇编窗口在程序运行或者调试的状态下才会出现，如图 3-13 所示。选中"Debug"→"Start/Stop Debug Session"命令，进入调试模式。此时可以通过"View"→"Disassembly Window"命令来显示或者隐藏反汇编窗口。

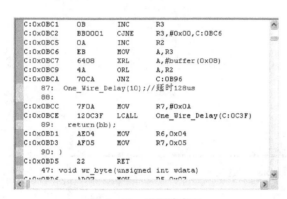

图 3-13　反汇编窗口

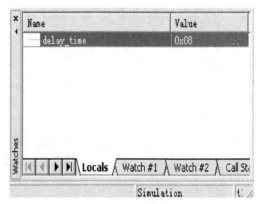

图 3-14　观察和堆栈窗口

3. 观察和堆栈窗口

观察和堆栈窗口也是在程序调试的状态下才有的，如图 3-14 所示。进入调试状态后，可以选择"View"→"Watch&Call Stack Windows"命令来显示或隐藏观察和堆栈窗口。

观察和堆栈窗口中有三个选项页，"Locals"页显示在程序执行过程中，正在执行的函数里面所有的局部变量。在"Watch"页中，可以自行编辑需要观察的变量，以便在程序的调试过程中观察变量的变化。编辑的方法如下：

（1）在"Watch♯1"或"Watch♯2"窗口中，单击"＜Type F2 to edit＞"，选中文字，然后按F2 键便进入变量编辑状态，直接输入需要观察的变量名即可；

（2）进入调试状态后，在源代码窗口右键单击需要观察的变量，选中"Add to Watch Window"命令，将该变量添加到"Watch"窗口中。

4. 存储器窗口

存储器窗口也是在程序运行和调试的状态才有的，如图 3-15 所示。进入调试状态后，选择"View"→"Memory Window"命令来显示或隐藏窗口。

存储器窗口提供 4 个不同的存储器显示页，可以用不同的显示页显示不同的存储器内容或不同地址的存储器内容。比如可以分别显示内部数据存储器、外部数据存储器和代码存储器中的内容，存储区域也可以由用户划分。

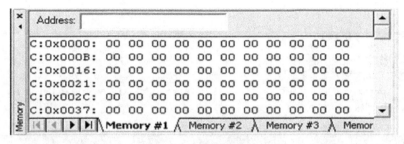

图 3-15　存储器窗口

存储器出口中的"Address"文本框中,可以直接输入地址值或者表达式来查看某个存储器单元的内容。

注意:存储器窗口的内容一般只在程序执行到断点或程序停止后才能显示。如果要在程序运行的过程中显示,可以选择"View"→"Periodic Window Update"命令,这样,存储器窗口的内容便随程序的执行而周期性地显示。

5. CPU 寄存器窗口

CPU 寄存器窗口在程序运行和调试状态下显示,如图 3-16 显示,可以单击项目管理窗口下的"Regs"标签来显示。CPU 寄存器窗口显示了 CPU 寄存器中的值,其中的值随着程序的执行而不断变化。

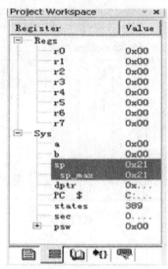

图 3-16　CPU 寄存器窗口

6. 串行窗口

串行窗口只在程序运行或调试状态下显示 。进入调试模式,此时可以通过选择"View"→"Serial Window ♯1"命令来显示或隐藏串行窗口 1。图 3-17 显示的是一个示例程序运行时候,在串行窗口中输出的内容。

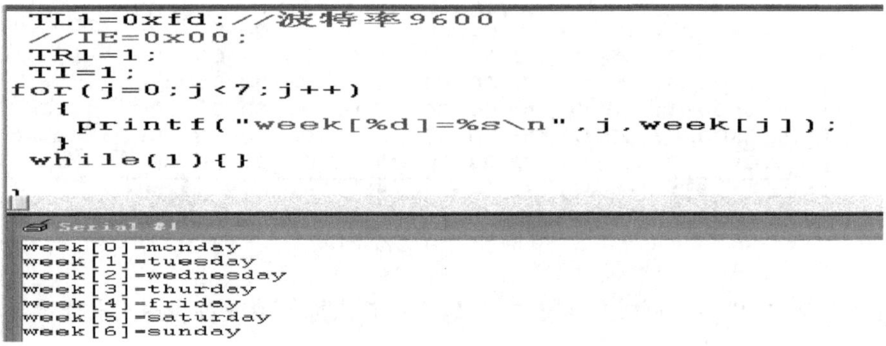

TL1=0xfd;//波特率9600
//IE=0x00;
TR1=1;
TI=1;
for(j=0;j<7;j++)
{
printf("week[%d]=%s\n",j,week[j]);
}
while(1){}
}
Serial #1
week[0]=monday
week[1]=tuesday
week[2]=wednesday
week[3]=thurday
week[4]=friday
week[5]=saturday
week[6]=sunday

图 3-17 串行窗口

7. 逻辑分析窗口

逻辑分析窗口只在程序运行或者调试的时候才显示，如图 3-18 所示。其中显示的是程序运行时，一个变量的波形图。可以单击“Setup”按钮，弹出“Logic Analyzer”对话框，单击添加和删除按钮进行添加和删除变量。

Logic Analyzer
Setup ...
Export ...
Min Time:
1307.176 s
Max Time:
2018.917 s
Range:
0.500000 s
Grid:
0.025000 s
Zoom:
In
Out
All
Sel
Code:
Show
Setup Min/Max:
Auto
Undo
DQ
0x1
0x0
2018.425 s
2018.675 s
2018.925 s

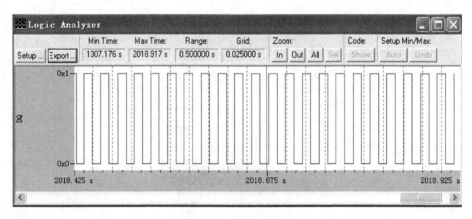

图 3-18 逻辑分析窗口

8. 符号观察窗口

符号观察窗口也需要在程序调试或运行时才能显示，如图 3-19 所示。用户可以选择“View”→“Symbol Window”命令来显示或隐藏符号观察窗口。符号观察窗口显示了程序中所有函数和模块的公共符号、当前模块或函数的局部符号、代码行和当前载入应用所定义 CPU 特殊功能寄存器 SFR。

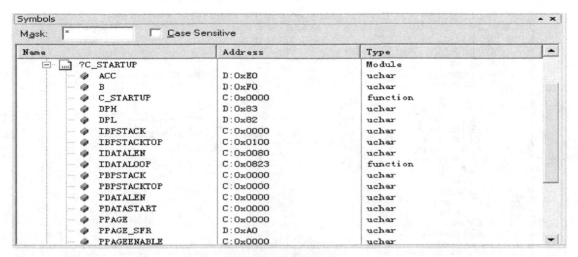

图 3 - 19　符号观察窗口

3.4　Keil μVision3 中的单片机硬件资源仿真

8051 单片机内部集成了许多片上资源,包括并行 I/O 口、定时器/计数器、串行接口和中断系统。这些丰富的片上资源构成了单片机强大的功能。开发单片机需要对单片机上的资源进行操作。如果在对单片机软件开发的时候能够进行仿真,这将大大提高开发的进度和程序的准确性。Keil μVision3 集成开发环境中提供了对 51 系列单片机强大的支持,它不仅包括丰富的单片机型号,同时还对各种片上资源提供了仿真支持。

3.4.1　并行 I/O 口的仿真

典型的 8051 单片机有 4 个 8 位并行 I/O 口,分别为 P0、P1、P2、P3,共 32 位 I/O 口。这些 I/O 口是准双向口,既可以作为输入口也可以作为输出口。对一些增强型的单片机还有更多的 I/O 口。下面举例说明并行 I/O 口的仿真操作,具体步骤如下。

(1)首先在 Keil μVision3 集成开发环境中,选择“Project”→“new”→“μVision Project”命令,新建一个工程。

(2)在弹出的“Select Device for Target”对话框中选择 Atmel 公司的 AT89C52,如图 3 - 20 所示。

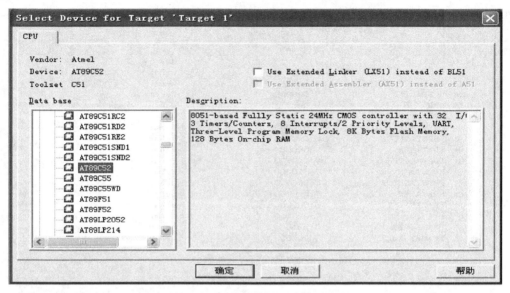

图 3-20　选择单片机 AT89C52

(3)单击"确定"按钮,此时弹出"μVision3"对话框,如图 3-21 所示,单击确定按钮,工程建立完成。

图 3-21　"μVision3"对话框

(4) 选择"File"→"new"创建程序编辑文本窗口,并保存为"*.c"文件。点击左边"Project Workspace"框中的"target 1'+'",将其展开,在"Source Group 1"上点击鼠标右键,选择"Add Files To group'Source Group 1'",把前面建的"*.c"文件添加到工程中。

可以在其文本窗口写入代码。示例如下:

```
#include"reg52.h"          //头文件
void main(void)            //主函数
{
  unsigned char temp;      //声明变量
  temp = P1;               //读 P1 口
  P2 = 0xFE;               //写 P2 口
  while(1);
}
```

(5)选择"Project"→"Rebuild all target files"命令,编译所有文件直到没有错误。

(6)选择"Debug"→"Start/Stop Debug Session"命令,进入仿真调试环境。

(7)选择"Peripheral"→"I/O Ports"→"Port 1"和"Port 2"命令,打开并行 I/O 口 P1 和 P2

仿真界面,如图 3 - 22 所示。

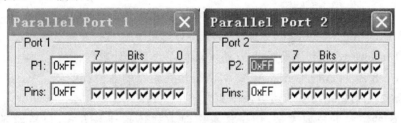

图 3 - 22　P1 和 P2 的仿真界面

(8)选择"Debug"→"run"命令,程序开始执行,此时 P1 和 P2 端口的值随之变化,如图 3 - 23 所示。

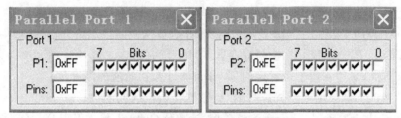

图 3 - 23　P1 和 P2 引脚端的变化

(9)仿真完成后,选择"Debug"→"Start/Stop Debug Session"命令,退出仿真。

3.4.2　定时器/计数器的仿真

典型的 8051 单片机有定时器/计数器 T0 和 T1,部分增强型单片机还有定时器/计数器 T2 以及其他一些定时器/计数器。

1. 定时器/计数器 T0 和 T1 的仿真界面

在 Keil μVision3 集成开发环境,定时器/计数器 T0 和 T1 仿真界面,分别如图 3 - 24 所示。从图 3 - 24 可以看出,定时器/计数器 T0 和 T1 具有相同的仿真界面,功能也类似。

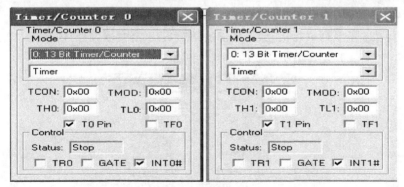

图 3 - 24　定时器/计数器 T0 和 T1 的仿真界面

定时器/计数器的仿真界面包含三个区域,可以设置并实时显示该定时器/计数器的工作模式、寄存器值等。

"Mode"区域用来设置并实时显示定时器/计数器的工作方式。其中第一个下拉列表框中

可以选择定时器/计数器的工作模式,包括如下 4 个选项:

①"0:13 Bit Timer/Counter" 模式 0,13 位计数器;

②"1:16 Bit Timer/Counter" 模式 1,16 位计数器;

③"2:8 Bit auto-reload" 模式 2,自动重新装入的 8 位计数器;

④"3:Two 8 Bit Timer/Cnt" 模式 3,两个相互独立的 8 位计数器,对于定时器/计数器 T1,则此项为"3:Disabled",表示该工作模式无效。

"Mode"区的第二下拉列表框,用于选择定时方式还是计数方式,包括如下所示的两个选项:

①"Timer" 表示工作于定时方式;

②"Counter" 表示工作于计数方式。

寄存器区域用来设置并实时显示相关的寄存器值,包括如下所示的几项:

①"TCON" 用于设置并实时显示定时器/计数器的中断控制寄存器 TCON 的值;

②"TMOD" 用于设置方式控制寄存器 TMOD 的值;

③"TH0"或"TH1" 用于设置定时器/计数器计数初始值的高 8 位;

④"TL0"或"TL1" 用于设置定时器/计数器初始值的低 8 位;

⑤"T0 Pin"或"T1 Pin" 用于计数方式时,计数脉冲的外部输入引脚 P3.4(T0)或 P3.5(T1);

⑥"TF0"或"TF1" 定时器/计数器的溢出标志位。

"Control" 区域用于控制定时器/计数器的运行,包括如下所示的几项:

①"Status" 显示定时器/计数器的运行状态,如果显示为"Run",表示该定时器/计数器正在运行;如果显示为"Stop" 表示该定时器/计数器没有运行;

②"TR0"或"TR1" 定时器/计数器 T0 和 T1 的启/停止位 TR0/TR1;

③"GATE" 定时器/计数器的门控位,控制定时器/计数器的启动是否受外部中断的控制;

④"INT0♯"或"INT1♯" 定时器/计数器相关的引脚。

在程序仿真时候,可以在定时器/计数器的仿真界面上,实时观察工作状态及各个寄存器值。同时,也可以手动修改各个值,来测试程序的运行情况。

2. 定时器/计数器 T2 的仿真界面

对于常用的 51 子系列单片机,除了内部的 T0 和 T1 定时器以外,内部还包含 T2 定时器。在 Keil μVision3 集成开发环境中,T2 的仿真界面如图 3 - 25 所示。

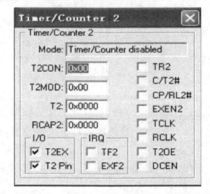

图 3 - 25 定时器/计数器 T2 的仿真界面

①"Mode"　用来实时显示定时器/计数器 T2 的工作方式,显示内容随着寄存器的设置而不同;

②"T2CON"　用来设置定时器/计数器 T2 的控制寄存器;

③"T2"　用来设置并显示定时器/计数器 T2 的值;

④"RCAP2"　用来设置并显示捕获模式下的定时器/计数器 T2 的值;

⑤"TR2"　定时器/计数器 T2 的溢出中断请求标志位;

⑥"C/T2♯"　定时器/计数器 T2 的定时或计数功能选择位;

⑦"CP/RL2"　定时器/计数器 T2 的捕获或重新再装入选择位;

⑧"EXEN2"　定时器/计数器 T2 的外部触发允许标志位;

⑨"TCLK"　定时器/计数器 T2 的串行口发送时钟标志位;

⑩"RCLK"　定时器/计数器 T2 的串行口接收时钟标志位。

"I/O"区域用于设置并实时显示定时器/计数器 T2 相关的 I/O 引脚,包括如下所示几项:

①"T2EX"　对应 P1.1 引脚,不同模式下有不同含义;

②"T2Pin"　对应 P1.0 引脚,不同模式下有不同含义。

"IRQ"区域用于设置并实时显示定时器/计数器 T2 的中断,包括如下所示几项;

①"TF2"　定时器/计数器 T2 的溢出中断请求标志位;

②"EXF2"　定时器/计数器 T2 的外部中断请求标志位。

在程序仿真执行的时候,可以在定时器/计数器 T2 的仿真界面上,实时观察工作状态及各个寄存器的值。同时,也可以手动修改各个值,来测试程序的运行情况。

3. 定时器/计数器的仿真操作

这里以定时器/计数器 T1 的工作模式 1 为例,介绍定时器/计数器的仿真操作。假设采用 AT89S52 单片机,外接 12M 晶振,采用定时器 1 的模式 1 产生 1 ms 的定时,并在 P1.0 口输出周期为 2 ms 的方波。程序示例如下:

```
#include"reg52.h"
sbit DQ = P1^0;                    //位定义
void main(void)
{
    DQ = 0;                        //初始化 P1.0 口
    TMOD = 0x10;                   //设置定时器 T1 工作模式 1
    EA = 1;                        //开总中断
    ET1 = 1;                       //开定时器 1 中断
    TH1 = 0xFC;                    //初始化
    TL1 = 0x17;
    TR1 = 1;                       //启动定时器
    while(1) ;                     //主循环
}
void  Timer_1 (void ) interrupt 3  //定时器 1 中断入口
{
    TH1 = 0xFC;                    //重新装载计数初值
```

```
    TL1 = 0x17;
    DQ = ~DQ;                        //P1.0 端口反向
}
```

在上面的程序中,将位变量 DQ 代表 P1.0。在主程序中初始化定时器 1,开相应的中断,然后进入主循环。主循环不做任何操作。定时器 1 溢出将触发中断,在中断中再次置计数初值,接着将 P1.0 取反,这样就形成方波。

下面介绍定时器/计数器的仿真操作,具体操作步骤如下:

(1)在 Keil μVision3 集成开发环境中,选择"Project"→"New"→"μVision Project",命令新建一个工程,并保存;

(2)在弹出的器件选择框中选择 Atmel 公司的 AT89S52;

(3)单击"确定"按钮,此时弹出"μVision3"对话框,单击"是"按钮,完成工程建立;

(4)选择"Project"→"Options for Target 1"命令,打开"Options for Target 1"对话框;

(5)打开选项卡,在"Xtal(MHZ)"文本框中输入"12.0",表示该单片机外接 12MHz 的晶振作为振荡器;

(6)选择"File"→"New"命令,新建一个程序文件,并保存为"*.c"文件,可以在其中输入前面的代码;

(7)选择"Debug"→"Start/Stop Debug Session"命令,进入调试环境;

(8)选择"Peripherals"→"Timer"→"Timer 1"命令,打开定时器/计数器 T1 的仿真界面;

(9)选择"Peripherals"→"I/O-Ports"→"Port 1"命令,打开端口 P1 的仿真界面;

(10)选择"Debug"→"run"命令,程序开始仿真执行,此时定时器的界面如图 3-26 所示,其中显示定时器为 16 位计数器模式,状态为正在运行,各个寄存器的值随着程序的运行而不断发生更新。P1 端口的运行界面如图 3-27 所示,从中可以看出 P1.0 引脚的电平循环改变;

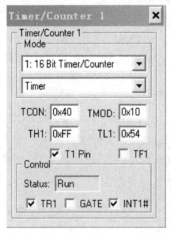

图 3-26　定时器/计数器 T1 的仿真界面

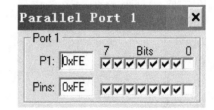

图 3-27　P1 端口的仿真界面

(11)在"View"→"Logic Analyzer Window"命令,打开逻辑分析窗口;

(12)在"Logic Analyzer"窗口,单击"Setup..."按钮,打开"Setup Logic Analyzer"对话框。在"Current Logic Analyzer Signals"文本框中输入变量 DQ;

(13)单击"Close"按钮,关闭"Setup Logic Analyzer"对话框,测试,在"Logic Analyzer"窗

口,便可以看见 DQ 变量,即 P1.0 引脚上的波形输出;

(14)当仿真操作完毕后,选择"Debug"→"Stop Running"命令,便可以结束程序的仿真;

(15)选择"Debug"→"Start/Stop Debug Session"命令,可以退出程序仿真调试环境。

对于其他的定时器/计数器可以采用同样的方法来进行仿真调试。

3.4.3　串行接口的仿真

51 系列单片机提供了功能强大的全双工串行通信接口,部分增强型的单片机会提供多个串行接口,比如 STC12C5A60S2 就提供两个串口。Keil μVision3 集成开发环境提供强大的串行接口的仿真环境,可以随时查看设置各个寄存器,也可以仿真字符串数据流的输入输出。

1. 串行接口的仿真界面

在 Keil μVision3 集成开发环境,串口的仿真界面,如图 3-28 所示。

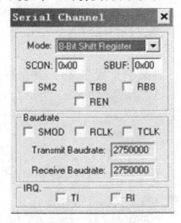

图 3-28　串口仿真界面

串行接口的仿真界面包含三个区域,可以设置并实时显示串口的工作模式、寄存器值等。下面分别进行介绍。

(1)"8-bit Shift Register"串口工作模式 0　即 8 位数据同步移位寄存器输入/输出方式;

(2)"8-bit var. Baudrate"串口工作模式 1　即 8 位数据波特率可变的串行异步通信方式;

(3)"9-bit fix. Baudrate"串口工作模式 2　即 9 位数据固定波特率串行异步通信方式;

(4)"9-bit var. Baudrate"串口工作模式 3　即 9 位可变波特率异步发送接收方式;

(5)"SCON"串口控制寄存器　用于选择串口工作方式以及某些控制功能的设置;

(6)"SBUF"　串口发送/接收缓冲器;

(7)"SM2"　多机通信控制位;

(8)"TB8"　发送数据的第 8 位,在单机通信中作为奇偶校验位;在多机通信中,可以作为发送地址帧和数据帧的标志位;

(9)"RB8"　即可以作为约定的奇偶校验位,也可以是约定的地址/数据标志位;

(10)"REN"　串口接收使能端口;

(11)"SMOD"　波特率倍增选择位;

(12)"RCLK"　串口接收时钟标志位;

(13)"TCLK"　串口发送时钟标志位;

(14)"Transmit Baudrate"　当前数据发送波特率；

(15)"Receive Baudrate"　当前数据接收波特率；

(16)"TI"　发送中断请求标志位,在一帧数据发送完毕的时候由硬件自动置位,在仿真时也可以手动置位；

(17)"RI"　接收中断请求标志位,在接收到一帧有效数据后由硬件置位。

在进行串口调试的时候,可以在串口仿真界面上观察工作状态和各个寄存器的值。同时也可以手动更改各个值,来测试程序的情况。

2. 串行接口的仿真操作

下面首先介绍如何使用串口来发送和接收数据的仿真操作。串行数据的发送涉及到 SBUF 和 TI 标志位,串行数据接收涉及到 SBUF 和 RI 标志位。具体操作步骤如下：

(1)按照前面的方式新建一个工程,选择 AT89C52 单片机；

(2)选择"Project"→"Options for Target 'Target 1'"命令,打开"Options for Target 'Target 1'"对话框,在选项卡的"Xtal(MHZ)"文本框中输入"11.0592",表示该单片机接 11.0592M Hz 晶振作为振荡器；

(3)选择"File"→"New"命令,新建一个程序文件,并保存为"uart.c"文件,可以在其中输入如下代码

```
#include"reg52.h"
void main()
{
  unsigned char a;
  SCON = 0x50;          //初始化串口
  PCON = 0x00;          //设置 SMOD
  TMOD = 0x20;          //设置定时器工作模式
  ES = 0;
  TH1 = 0xFD;           //定时器 1 赋初始值
  TL1 = 0xFD;           //波特率 9600
  TR1 = 1;              //开定时器
  SBUF = 97;
  while(TI = = 1)
    {TI = 0;}           //数据发送完毕
  while(RI = = 1)       //当数据进入缓冲区后将其读出
    {
      a = SBUF;
      RI = 0;
    }
  while(1);
}
```

(4)选择"Debug"→"Start/Stop Debug Session"命令,进入仿真调试环境；

(5)选择"Peripherals"→"Serial"命令,打开串口的仿真界面；

(6)按"F11"单步执行程序,观察其中的寄存器变化;

(7)调试完毕后,选择"Debug"→"Start/Stop Debug SessI/On"命令,可以退出程序仿真调试环境。

3. 字符串输入输出的仿真操作

对于一些复杂的程序,需要用串口发送接收字符串,此时按照前面的方法很难观察串口中的数据流。在 Keil μVision3 集成开发环境中提供了更为强大的串口仿真调试支持。下面介绍具体的字符串输入输出操作,仿真结果如图 3-29 所示。

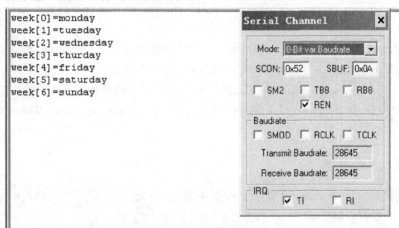

图 3-29 字符串输入输出仿真结果

(1)按照前面的方法,新建一个工程,选择 AT89S52 单片机,频率选择为 11.0592MHz 晶振;

(2)选择"File"→"New"命令,新建一个程序文件,并保存为"*.c"文件,可以在其中输入如下代码;

```
#include"reg52.h"
#include"stdio.h"
void main(void)
{
  unsigned char * psr;
  unsigned char ( * p)[4];
  unsigned char i = 0;
  unsigned int j;
  unsigned char * week[7] = {"monday","tuesday","wednesday",
                             "thurday","friday","saturday","sunday"};
                     //定义一个指针数组

  SCON = 0x50;
  PCON = 0x00;
  TMOD = 0x20;
  TH1 = 0xFD;
```

```
TL1 = 0xFD;                    //波特率9600
TR1 = 1;
TI = 1;
for(j = 0;j<7;j + +)
{
   printf("week[ % d] = % s\n",j,week[j]);
}
while(1){}
}
```

(3)选择"Debug"→"Start/Stop Debug SessI/On"命令,进入仿真调试环境;

(4)选择"Peripherals"→"Serial"命令,打开串口的仿真界面;

(5)选择"View"→"serial window UART ♯0"观察输出结果如图3－29所示;

(6)调试完毕后,选择"Debug"→"Start/Stop Debug Session"命令,可以退出程序仿真调试环境。

3.4.4 中断仿真

51单片机提供5个中断源,包括两个外部中断、两个定时中断、一个串口中断,部分增强型单片机提供更多的中断源。

1. 中断系统的仿真界面

下面以AT89S52为例,在Keil μVision3集成开发环境中,系统的仿真界面如图3－30所示。

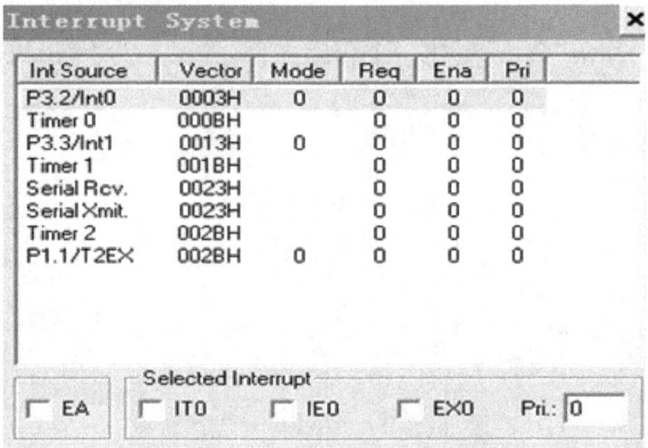

图3-30 中断系统的仿真界面

中断系统的仿真界面包含三个区域,设置并实时显示终端系统的工作状态。下面分别进行介绍。中断向量表区域用来显示终端向量的使用情况。其中"Int Source"表示中断源,"Vector"表示中断源的入口地址,"Mode"表示中断的触发方式,"Req"表示中断的请求标志,"Ena"表示中断请求允许标志,"Pri"表示中断优先级。表中具体的各项所表示含义如下:

①"P3.2/Int0" 外部中断0;

②"Timer0" 定时器0;

③"P3.3/Int1"　外部中断 1;

④"Timer1"　定时器 1;

⑤"Serial Rcv"　串行接口接收中断;

⑥"Serial Xmit"　串行接口发送中断;

⑦"Timer 2"　定时中断 2;

⑧"P1.1/T2EX"　P1.1 引脚的外部中断。

"Selected Interrupt"区域用来设置并实时显示所选的中断源相关的寄存器值。该区域中的内容随着所选择的中断源不同而发生变化,其中主要包括如下几项:

①"EA"　中断允许或禁止总控制位;

②"IT0"　外部中断 0 触发方式选择位,0 为低电平触发,1 为下降沿触发;

③"IE0"　外部中断 0 中断请求标志位;

④"EX0"　外部中断 0 允许位;

⑤"Pri"　中断优先级;

⑥"TF0"　定时器 0 溢出标志位;

⑦"ET0"　定时器 0 中断允许位;

⑧"ES"　串口中断允许位。

在进行程序仿真的时候,可以在中断系统的仿真界面上,实时观察工作状态以及各个寄存器的值,同时也可以手动修改各个值,来仿真程序的运行情况。

2. 中断系统的仿真操作

单片机的外部中断、定时中断,以及串口中断等,均可以在 Keil μVision3 中进行仿真。下面以外部中断源的仿真操作为例进行介绍,具体的仿真操作步骤如下:

(1)按照前面所介绍的方法建立一个工程,选择 AT89S52 单片机;

(2)选择"File"→"New"命令,新建一个程序文件,并保存为"*.c"文件,可以在其中输入如下代码

```c
#include"reg52.h"
void main()
{
  IT0 = 1;                          //外部中断 0 选择下降沿触发
  IT1 = 1;                          //外部中断 1 选择下降沿触发
  EX0 = 1;                          //外部中断 0 允许
  EX1 = 1;                          //外部中断 1 允许
  EA = 1;                           //开总中断
  while(1) ;                        //主循环
}
void int_0(void) interrupt 0        //外部中断 0 服务程序
{
  P1 = ~P1;                         //P1 口取反
}
void   int_1(void) interrupt 2      //外部中断 1 服务程序
```

```
{
  P2<< = 1;                                      //P2 口左移一位
}
```

(3)选择"Debug"→"Start/Stop Debug Session"命令,进入仿真调试环境;

(4)选择"Peripherals"→"Interrupt"命令,打开外部中断的仿真界面,打开 Port1、Port2;

(5)手动修改 P3.2、P3.3 引脚上电平,可以看到中断仿真界面上相应的"Req"项改变,表示该中断触发,仿真结果如图 3 - 31 所示;

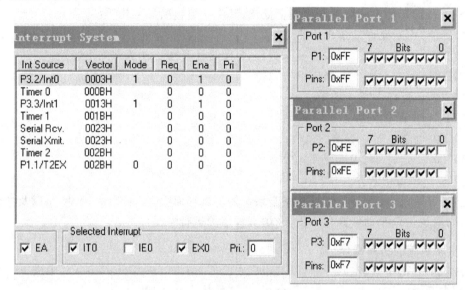

图 3 - 31　外部中断仿真运行结果

(6)调试完毕后,选择"Debug"→"Start/Stop Debug Session"命令,可以退出程序仿真调试环境。

在前面的仿真操作的过程中,可以手动修改 P3.2 和 P3.3 端口的值来进行外部中断触发,也可以通过改变"IE0"和"IE1"的值来触发外部中断。

第4章 51单片机仿真软件 Proteus 的使用

Proteus 是英国 Labcenter Electronics 公司出版的 EDA 工具软件。它不仅具有其他 EDA 工具软件的仿真功能,还能仿真单片机及其外围器件。它是目前最好的仿真单片机及外围器件的工具。虽然目前国内推广刚起步,但已受到单片机爱好者、从事单片机教学的教师、致力于单片机开发应用的科技工作者的青睐。Proteus 是世界上著名的 EDA 工具(仿真软件),从原理图布图、代码调试到单片机与外围电路协同仿真、一键切换到 PCB 设计,真正实现了从概念到产品的完整设计。Proteus 是将电路仿真软件、PCB 设计软件和虚拟模型仿真软件三合一的设计平台,其处理器模型支持 8051、PIC10/12/16/18/24/30/DSPIC33、AVR、ARM、8086 和 MSP430 等,据说 2012 年即将增加 Cortex 和 DSP 系列处理器。在编译方面,它也支持 IAR、Keil 等多种编译器。

Proteus 软件具有其他 EDA 工具软件(如:Multisim)的功能。分别是:

(1)绘制原理布图;

(2)PCB 自动或人工布线;

(3)SPICE 电路仿真。

Proteus 组合了高级原理布图、混合模式 SPICE 仿真,PCB 设计以及自动布线来实现一个完整的电子设计系统。

Proteus 产品系列也包含了革命性的 VSM 技术,用户可以对基于微控制器的设计连同所有的周围电子器件一起仿真。可以实时采用如 LED/LCD、键盘、RS232 终端等动态外设模型来对设计进行交互仿真。

4.1 Proteus 软件界面

本章介绍 Proteus 软件原理图设计系统 ISIS 的使用方法。软件安装完成后点击"开始菜单"→"程序"→"Proteus7.8"→"ISIS7.8 Professsional",程序开始运行的界面如图 4-1 所示,标准的 Windows 操作界面。

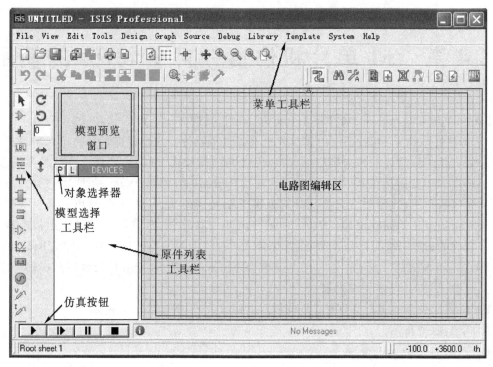

图 4-1　Proteus 的 ISIS 工作界面

4.1.1　Proteus 工作区

1. 电路图编辑区（The Editing Window）

顾名思义，它是用来绘制原理图的。蓝色方框内为可编辑区，元件要放到它里面。注意，这个窗口是没有滚动条的，你可用预览窗口来改变原理图的可视范围。

2. 模型预览窗口（The Overview Window）

它可显示两个内容，一个是当你在元件列表中选择一个元件时，它会显示该元件的预览图；另一个是当你的鼠标焦点落在原理图编辑窗口时（即放置元件到原理图编辑窗口后或在原理图编辑窗口中点击鼠标后），它会显示整张原理图的缩略图，并会显示一个绿色的方框，绿色的方框里面的内容就是当前原理图窗口中显示的内容，因此，你可用鼠标在它上面点击来改变绿色方框的位置，从而改变原理图的可视范围。

3. 元件列表（The Object Selector）

用于挑选元件（components）、终端接口（terminals）、信号发生器（generators）、仿真图表（graph）等。举例，当你选择"元件（components）"，单击"P"按钮会打开挑选元件对话框，选择了一个元件后（单击了"OK"后），该元件会在元件列表中显示，以后要用到该元件时，只需在元件列表中选择即可。

4. 仿真工具栏

运行、单步运行、暂停、停止。

5. 模型选择工具栏

模型选择工具栏在绘制电路原理图的过程中起着非常重要的作用,其中包括主模式选择按钮、小工具箱和二维绘图工具箱。二维绘图工具箱使用的很少。下面介绍主模式按钮和小工具箱按钮的功能。

用于编辑元件的参数
选择电子元件
放置节点
放置网络标识号(绘制总线时使用)
放置注释文本
放置总线
放置子电路
终端接口
放置器件引脚
仿真图表(用于各种分析)
录音机
信号发生器
电压探针
电流探针
虚拟仪器仪表

4.1.2　Proteus 特性

Proteus 在使用上与其他的 Windows 软件还是稍有不同的。

(1)在原件列表中选取原件后可以执行放置元件操作;

(2)鼠标右键点击原件弹出原件操作菜单;

(3)双击鼠标右键可以删除原件;

(4)先单击鼠标右键再单击鼠标左键可以编辑元件属性;

(5)连线使用鼠标左键,双击鼠标左键可以删除链接错误的导线;

(6)更改连线走线方式,可直接单击鼠标右键再单击鼠标左键选中导线拖动即可;

(7)使用鼠标滚轮可以缩放电路图。

绘制完成的单片机仿真电路如图 4-2 所示。

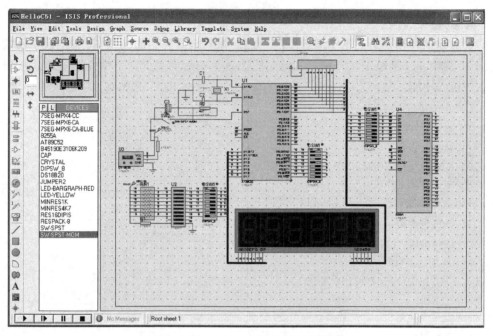

图 4-2　用 Proteus 绘制的电路原理图

4.1.3　Proteus 绘制电路图

1. 绘制原理图

绘制原理图要在原理图编辑窗口中的蓝色方框内完成。原理图编辑窗口的操作不同于常用的 Windows 应用程序,正确的操作是:用左键放置元件;右键选择元件;双击右键删除元件;右键拖选多个元件;先右键后左键编辑元件属性;先右键后左键拖动元件;连线用左键,删除用右键;改连接线,先右击连线,再左键拖动;中键放缩原理图。具体操作见 4.2 节实例。

2. 定制自己的元件

有三种实现途径,一是用 Proteus VSM SDK 开发仿真模型,并制作元件;另一种是在已有的元件基础上进行改造,比如把元件改为 bus 接口的;还有一种是利用已制作好(别人的)的元件,我们可以到网上下载一些新元件并把它们添加到自己的元件库里面。由于作者没有 Proteus VSM SDK,所以只介绍后两种。

3. Sub-Circuits 应用

用一个子电路可以把电路图中的部分电路封装起来,作为一个单元模块来调用,这样可以节省原理图窗口的空间,简化电路原理图。

4.2　仿真实例

4.2.1　流水灯仿真

本例是实现 AT89C52 单片机驱动 LED 流水灯。

运行 Proteus 7.8 Professional(ISIS6 Professional)软件,出现如下窗口,如图 4 - 3 所示。

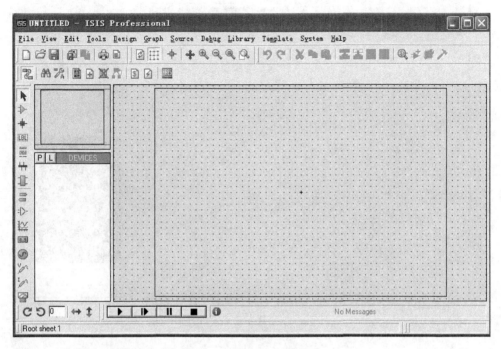

图 4 - 3　Proteus 工作界面

1. 添加元件到元件列表中

本例要用到的元件有:51 单片机(AT89C52)、发光二级管(LED)、晶体振荡器(Crystal)、电容(cap)、"地"、示波器。

单击"P"(place part)按钮,出现挑选元件对话框。在"Keywords"窗口填写原件的索引辞条就会看到右侧的原件符号与外形封装。单击"OK",关闭对话框,这时元件列表中列出 AT89C52,同样找出 Led、Crystal、cap 等。如图 4 - 4 所示,可以看到在原件列表中的元件符号。

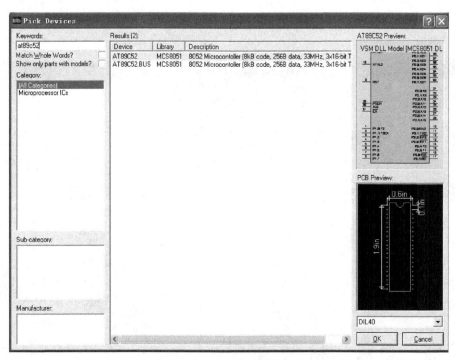

图 4-4　元件库选取器件界面

2. 放置元件

如图 4-5 所示,在元件列表中左键选取 ATMEGA16,在原理图编辑窗口中单击左键,这样 ATMEGA16 就被放到原理图编辑窗口中了。同样放置 Crystal 等原件。

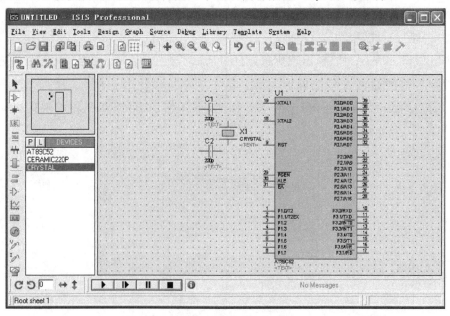

图 4-5　添加单片机等器件

3. 添加"地"

左键选择模型选择工具栏中的 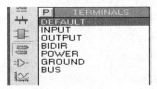 图标,出现如图 4-6 所示的终端接口选项窗口,左键选择 GROUND,并在原理图编辑窗口中左击,这样"地"就被放置到原理图编辑窗口中了。

图 4-6　终端接口选项

注意:放置元件时要注意所放置的元件必须放到蓝色方框内,如果不小心放到框外面,由于在外面鼠标用不了,所以要用到程序菜单"Edit"的"Tidy"清除,方法很简单只需单击"Tidy"即可。此外操作中可能要整体移动部分电路,操作方法如下:先用右键拖选,再单击右键找到弹出菜单里的 Block Copy 条目 ,这时选中的电路会随鼠标移动,在目标位置单击左键,该部分电路将被放到目标位置处。

4. 连线

AT89C52、LED 的 VSS、VDD、VEE 不需连接,系统默认 VSS=0 V、VDD=5 V、VEE=-5 V、GND=0 V。绘制电路图只需要连接其他的数据线,如图 4-7 所示。

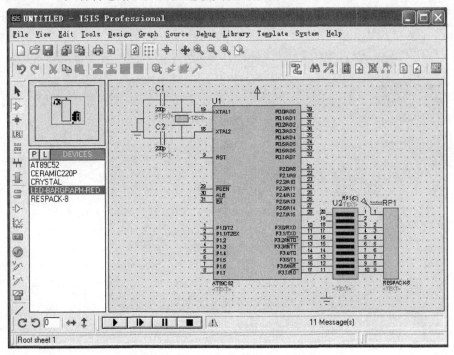

图 4-7　完成电路连线

直流电源 RP1 与从终端调整的 Power 有所不同,默认的电压值是 0 V,在使用之前需要手动调整电压值,点击鼠标右键弹出 RP1 的属性对话框,如图 4-8 所示,修改"Voltage"电压值为 6.5 V。

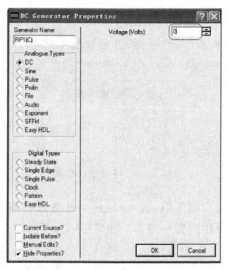

图 4-8　调整电源电压

5. 编写源代码、生成 hex 文件

开始运行仿真前先要准备好仿真文件，就是用编译器编译连接产生的调试或下载的文件，不同编译器产生的文件格式是不同的，如 Uv4 生成 hex，ICC 生成 COF，IAR 生成 D90，GCC 生成 COF、ELF 等。Proteus 7.8 支持 COF、D90、HEX、ELF 等格式的文件仿真。本例用的是 Ledtest.hex，如图 4-9 所示。

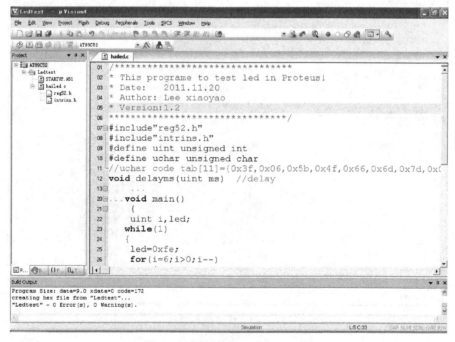

图 4-9　编写代码生成 hex 文件

6. 添加仿真文件

先右键点击 AT89C52,再按左键跳出元件属性对话框,如图 4-10 所示。

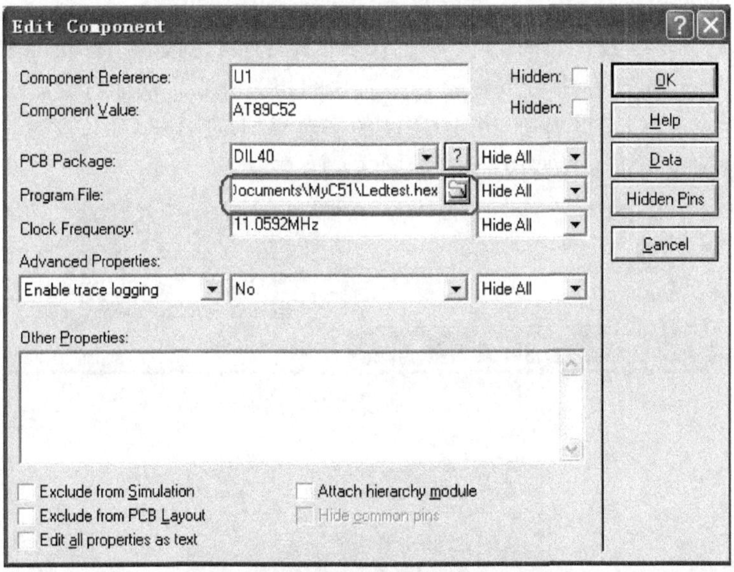

图 4-10　Proteus 添加 hex 文件

在"Program File"中单击,出现文件浏览对话框,找到 Ledtest. hex 文件,单击"确定"完成添加文件,在"Clock Frequency"中把频率改为 11.0592 MHz,单击"OK"退出。

7. 仿真

单击 🔍 开始仿真,如图 4-11 所示。

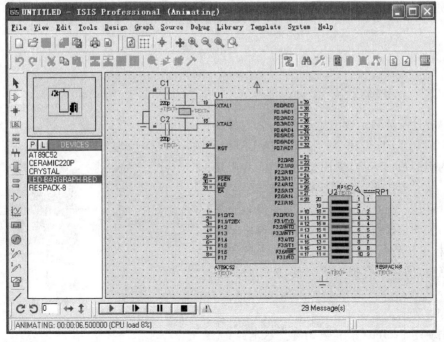

图 4-11　流水灯仿真效果

　　开始仿真后可以看到程序连续运行的实验现象:添加的 LED 灯按顺序依次点亮。如果需要进行单步调试程序则需要在 KeilUv4 中添加一个 Proteus 公司出品的驱动程序,即可实现 Keil 与 Proteus 的联合,进行程序的单步调试。

　　说明:仿真进行中红色代表高电平,蓝色代表低电平,灰色代表不确定电平(floating)。

　　运行时,在"Debug"菜单中可以查看 C52 芯片的相关资源。鼠标右键点击 AT89C52 单片机查看原件属性对话框,可以看到 8051 CPU 的子菜单"Register-U1",点击选择,如图 4 - 12 所示。即可以看到单片机寄存器内的值,如图 4 - 13 所示。

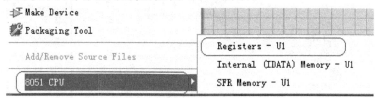

图 4 - 12　查看寄存器选项卡

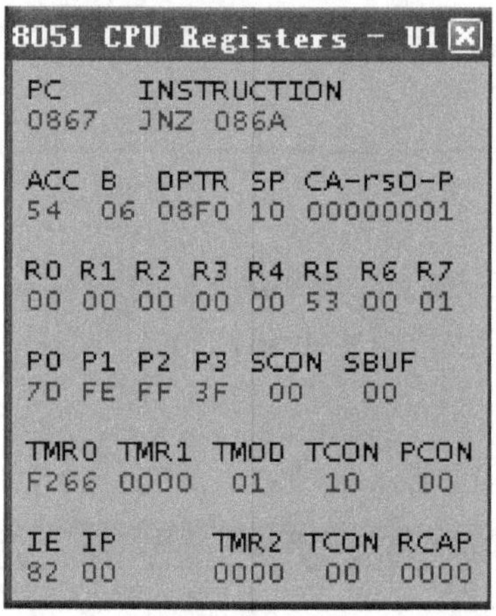

图 4 - 13　查看单片机寄存器数值

4.2.2　数码管显示仿真

　　数码管是一种常用数字显示原件,其内部是由多个并联的 LED 灯构成。按照连接 LED 的公共端的不同可以分为:共阴极数码管、共阳极数码管。数码管按照顺序依次排列,有数学里个位、十位、百位、千位……,对应于每一位数码管就有数码管的位选概念,共阳极数码管高电平选通,共阴极数码管低电平选通;对于单个数码管每一个笔划,国际上有统一的规范,按顺时针顺序排列,a、b、c、d、e、f、g、h 是数码管的段信号。如图 4 - 14 所示。

　　首先使用 Proteus 绘制数码管显示电路,先

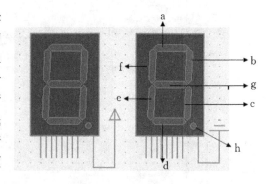

图 4 - 14　数码管示意图

添加数码管原件。后面实际使用的实验板是 6 位共阴极数码管,此处绘制电路也选用共阴极数码管。单击键盘"P"的快捷键调出原件对话框,输入"7seg"就可以看到 6 位的数码管,如图 4-15 所示。

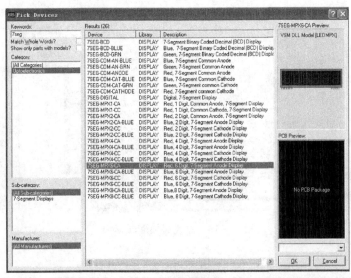

图 4-15　添加数码管

通过使用添加总线的方式来简化电路,在左侧工具栏找到 ┼┼ 图标点击,进入总线布线模式。绘制总线的效果如图 4-16,4-17 所示。

图 4-16　总线绘制模式

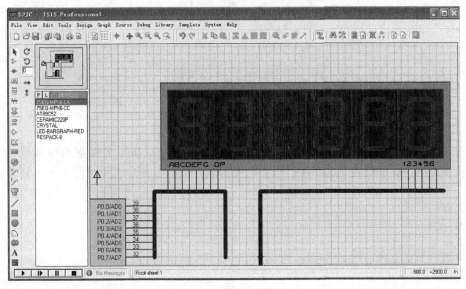

图 4-17　添加总线的方式

使用连线模式连接好数码管与总线之间的连线,总线与单片机 P0 口之间的连线。鼠标放置于导线之上点击右键,可以看到导线的属性对话框,选择"Place Wire Label"添加导线 Label,如图 4 – 18 所示,需要将总线上连接的每一根导线添加标签。

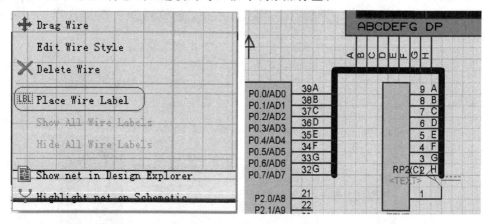

图 4 – 18　总线添加 Net 标识

绘制完成数码管的电路,如图 4 – 19 所示。

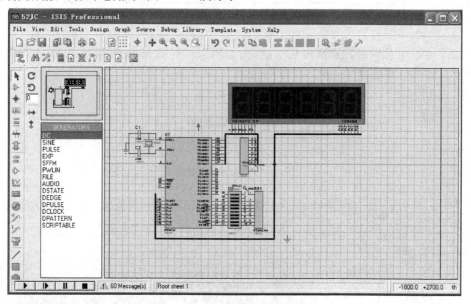

图 4 – 19　绘制数码管显示电路

打开 Keil 软件编写数码管的动态扫描程序,生成 shuma. hex 文件重新添加到仿真电路中,点击"运行"查看工作现象,如图 4 – 20 所示。

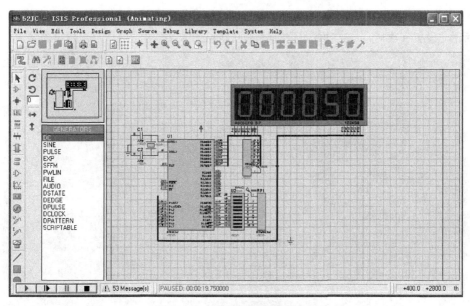

图 4 - 20　数码管显示运行效果

打开 Keil 软件的"Debug Setting"选项,点开 Debug 项目:"Use Simulator"表示软件仿真,此处选择"Use Proteus VSM Simulator",就是选择 Proteus 做程序调试。如图 4 - 21 所示。

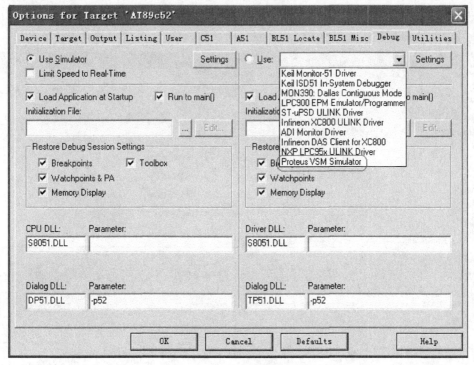

图 4 - 21　Keil 软件中 Debug 选项设置

　　打开 Proteus 软件的"Debug"菜单找到"Use Remote Debug Monitor",点击选中此项目,如图 4-22所示。设置完成后,点击"OK"。这时软件的 Debug 项目都设置完成就可以准备仿真了。

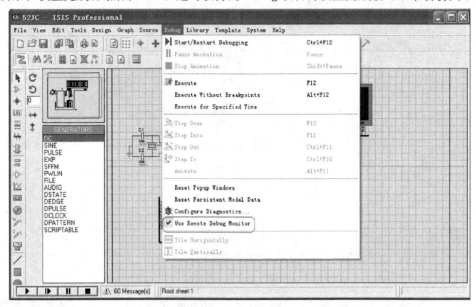

图 4-22　Proteus ISIS 中的 Debug 设置

　　看到 Keil 操作面板上的 Debug 按钮,点击此按钮就可以进行程序的单步调试。进入到 Keil 的 Dubug 状态,如图 4-23 所示,点击就可以单步调试程序,在 Proteus 中可以看到单步调试的实验现象。数码管按照位选信号注意选通,送入段码后有相应的数码显示。

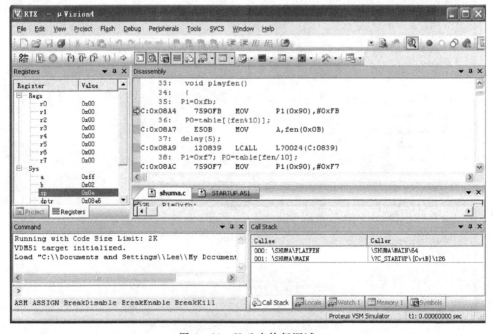

图 4-23　Keil 中执行调试

Keil 连接 Proteus 的单步调试状态。如图 4 – 24 所示。

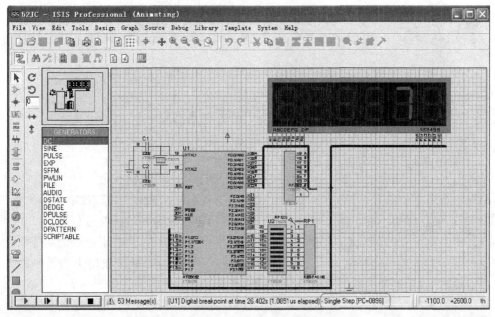

图 4 – 24　proteus 中调试效果

通过 Proteus 与 Keil 的配合调试程序,不需要专用的硬件仿真器就可以单步运行程序,发现程序里存在的问题,而且可以在调试中分析发现电路图的不足之处,可以随时更改,大大提高了开发效率。

第 5 章 指令系统及汇编程序设计基础

5.1 指令的基本格式

51 单片机的汇编指令格式如下所示：

[标号：]操作码 [第一操作数][，第二操作数][，第三操作数][；注释]

标号 表示指令的符号地址，由下划线或字母开头，由下划线、字母、数字组成的标识符，并且以"："结尾。标号不能与指令操作码、伪指令助记符以及寄存器的符号相同。

操作码 由指令的英文缩写表示的，是二进制指令的助记符，代表了指令的功能属性。

操作数 指令操作的对象。分为原操作数和目的操作数，原操作数用于给指令的操作提供数据或者地址；目的操作数用于保存指令的操作结果。

注释 不是指令本身的组成部分，是为了给程序添加功能说明，以便程序的开发者和其他人员更易于理解。注意，注释要以"；"开始，如果需要在多行进行注释，每一行的注释前面都需要有分号。

5.2 指令中的符号约束

以下是指令描述中常用的一些符号：

Rn(n＝0～7) 表示当前有效的工作寄存器组中的寄存器 R0～R7；

@Ri(i＝0,1) 其中"@"用作间接寻址方式中间接寻址寄存器的前置符号；i 只能取 0 或者 1；

ACC 表示累加器 A 的直接地址 0XE0；

Direct(direct) 表示 8 位内部 RAM 中的低 128 字节存储器单元或者 SFR（特殊功能寄存器）的直接地址；

Addr11 表示 11 位目的地址，用于指令 ACALL 或者 AJMP，指令跳转的目的地址必须与当前指令的下一条指令同处一个 2K 字节的程序存储器空间；

Addr16 表示 16 位目的地址，用于指令 LCALL 或者 LJMP，使得指令的跳转范围可以达到整个 64K 字节空间；

♯Data 表示指令中的 8 位立即数；

♯Data16 表示指令中的 16 位立即数；

Rel 由 8 位有符号数表示，代表了指令 SJMP 或者其他条件跳转指令的偏移地址，使得指令的跳转范围为－128～＋127 字节；

Bit 表示内部 RAM 或者 SFR（特殊功能寄存器）的直接寻址位；

(…) 表示寄存器单元或者其他地址单元中的数据内容；

((…)) 表示以某个存储单元中的数据作为地址的另一个存储单元中的数据内容。

DPTR(dptr)　16 位数据指针,包括 DPH 和 DPL 两个特殊功能寄存器;

$　地址计数器的当前值。

5.3　寻址方式

寻址方式表示的是 CPU 内核定位指令操作数地址的方式或者定位指令跳转目的地址的方式。51 汇编指令体系中有 7 种类型的寻址方式:立即寻址、直接寻址、寄存器寻址、寄存器间接寻址、变址寻址、相对寻址、位寻址。

5.3.1　立即寻址

通过使用立即数为指令提供操作数的寻址方式。这种方式是在指令中直接给出操作数据,立即数是指使用符号"♯"作为前导符的 8 位或者 16 位数据。由于立即数是一个常量值,不具有存储数据能力,因此立即寻址只能用于获取原操作数。

例如:MOV A , ♯01H

　　　MOV DPTR , ♯0123H

　　　MOV 30H , ♯02H

将上面三条汇编指令(汇编指令实际上只是二进制机器码指令的助记符)进行汇编,生成二进制机器码指令,这些机器码指令的 16 进制表示分别为"74 01"、"900 123"、"7530 02"。从中,我们可以看出执行指令所需的原操作数(分别为:♯01H、♯0123H,♯02H)已经包含在指令当中(请读者参考附录 B 中的指令表)。

5.3.2　直接寻址

通过引用存储单元的直接地址为指令提供操作数的寻址方式。这种寻址方式只能访问内部 RAM 中的低 128 字节的存储器单元以及位于高 128 字节空间中的特殊功能寄存器。当访问特殊功能寄存器时,在汇编指令中既可以引用它们的地址,也可以引用特殊功能寄存器的符号名。

例如:MOV 30H, ♯01H　　　;访问目的操作数为直接寻址

　　　MOV A, P0　　　　　;访问原操作数为直接寻址

　　　MOV 90H, A　　　　;访问目的操作数为直接寻址

上面三条汇编指令所生成的机器码指令格式为"75 3001"、"E5 80"、"F5 90"。下划线上面的 16 进制数为操作数的直接地址。第 1 条指令是采用直接寻址方式访问内部数据存储器;第 2、3 条指令是采用直接寻址方式访问特殊功能寄存器,在汇编指令的书写中,第 2 条指令引用 P0 端口名(地址为 80H),而第 3 条指令是引用 P1 端口的地址 90H。

另外,以直接寻址方式访问累加器 A 时,应该使用累加器 A 的地址或者是名称符号"ACC",请读者参考 5.4.1 节中堆栈操作类指令的用法部分。

5.3.3　寄存器寻址

通过通用寄存器为指令提供操作数的寻址方式。当寄存器作为原操作数时,数据存放在通用寄存器存储单元中;当通用寄存器作为目的操作数时,通用寄存器存储单元用于存放操作

结果。这里的通用寄存器包括累加器 A、16 位数据指针 DPTR 以及 R0～R7。

例如：MOV R0 , #01H   ;访问 R0 采用寄存器寻址方式

     MOV A , R1   ;指令所需的操作数据存放在寄存器 R1 中,目的操作数

                        ;存放在累加器 A 中,都采用寄存器寻址方式

     INC R0   ;原操作数和目标操作数都是 R0,为寄存器寻址方式

     MOV DPTR , #0123H   ;目的操作数为数据指针 DPTR

寄存器寻址方式对通用寄存器的选择隐含在操作码中。比如第一条指令的二进制机器码为"7801",操作码中的前三位用于选择 Rn,选择 R0 该三位值为 000,选择 R1 该三位值为 001,依此类推。

5.3.4 寄存器间接寻址

寄存器中的内容为操作数所在存储单元的地址,通过该寄存器间接访问操作数,这种寻址方式就是寄存器间接寻址。在汇编指令形式中,寄存器间接寻址是以"@"作为前导符,后接 R0、R1 或者 DPTR 的格式。

例如：MOV A , @R0   ;原操作数是以 R0 的内容作为地址的存储单元的数据

     MOV @R1 , A   ;目的操作数是以 R1 的内容作为地址的存储单元的数据

     MOVX A , @DPTR   ;原操作数是以数据指针 DPTR 为地址的存储单元的数据

5.3.5 变址寻址

变址寻址是以 DPTR 或 PC 作为基址寄存器,以累加器 A 中的数据作为偏移地址,将基址寄存器中的内容和累加器 A 中的内容之和作为访问地址的寻址方式。

例如：MOVC   A , @A + DPTR

     MOVC   A , @A + PC

     JMP   @A + DPTR

5.3.6 相对寻址

相对寻址主要是用在程序的跳转指令中,跳转目的地址为当前指令地址、当前指令字节长度、相对偏移值 Rel 之和。

目的地址＝转移指令地址＋转移指令字节数＋偏移量 Rel 的值

     ＝PC＋偏移量 Rel 的值

例如：SJMP 0030H

虽然在指令表达式中书写的是 0030H 值,但在机器码中的地址部分实际上是一个相对值,假如该指令的首地址为 0050H,则相对值为－34 即 0DEH。

5.3.7 位寻址

片内 RAM 中地址位于 20H～2FH 的存储器单元以及一部分的特殊功能寄存器可以以位的方式来访问,这些可访问的位都有对应的位地址。位寻址是以位地址或者位单元符号来给出指令操作数的寻址方式。

例如：SETB 00H   ;这里的 00H 地址为位寻址区的位地址

```
CLR P0.0            ;这里 P0.0 代表了位地址 80H
CPL C              ;这里位寻址方式隐含在操作码中
```

5.4　指令系统

在 51 系列单片机基本型的指令体系中总共有 111 条指令。这些指令按照指令的长度可以分为 1 字节指令、2 字节指令、3 字节指令;按照指令的执行周期数可以分为单周期指令、双周期指令、4 倍周期指令;按照指令的功能可以分为数据传送类指令、算术运算类指令、逻辑运算类指令、程序跳转类指令、位操作类指令及空操作指令。本书没有将 51 汇编指令体系中的所有指令都涉及到,而是挑选出其中比较重要的或者理解有些难度的指令。读者可以参考附录 B 指令表来了解全部指令。

5.4.1　数据传送类指令

数据传送类指令总共有 28 条。可细分为:以累加器 A 为目的操作数的 MOV 类指令(4 条)、以寄存器 Rn 为目的操作数的 MOV 类指令(3 条),以直接地址为目的操作数的 MOV 类指令(5 条)、以间接地址为目的操作数的 MOV 类指令(3 条)、以 DPTR 为目的操作数的 MOV 类指令(1 条)、用于访问片外数据存储器的 MOVX 类指令(4 条)、用于访问程序存储器的 MOVC 类指令(2 条)、堆栈操作类指令(2 条)、数据交换类指令(4 条)。这些指令中,所有以累加器 A 为目的操作数的指令只对程序状态字(PSW)的奇偶位产生影响,其余指令对 PSW 不产生任何影响。

(1)以累加器 A 为目的操作数的 MOV 类指令,如表 5.1 所示。

表 5.1　以累加器 A 为目的操作数的 MOV 类指令表

指令	操作数目	长度	周期	对 PSW 的影响				机器码格式
				CY	AC	P	OV	
MOV A,#Data	(A)←#Data	2	1	×	×	√	×	74H Data
MOV A,Rn	(A)←(Rn)	1	1	×	×	√	×	E8H～EFH
MOV A,Direct	(A)←(Direct)	2	1	×	×	√	×	E5H Direct
MOV A,@Ri	(A)←((Ri))	1	1	×	×	√	×	E6H～E7H

(2)以寄存器 Rn、直接地址、间接地址为目的操作数的 MOV 类指令,如表 5.2 所示。这些指令不对 PSW 产生任何影响。

表 5.2　以寄存器 Rn、直接地址、间接地址为目的操作数的 MOV 类指令

指令	操作数目	长度	周期	对 PSW 的影响				机器码格式
				CY	AC	P	OV	
MOV Rn,#Data	(Rn)←#Data	2	1	×	×	×	×	78H～7FH Data
MOV Rn,A	(Rn)←(A)	1	1	×	×	×	×	F8H～FFH
MOV Rn,Direct	(Rn)←(Direct)	2	2	×	×	×	×	A8H～AFH Direct

指令	操作数目	长度	周期	对 PSW 的影响				机器码格式
				CY	AC	P	OV	
MOV Direct,♯Data	(Direct)←♯Data	3	2	×	×	×	×	75H Direct Data
MOV Direct,A	(Direct)←(A)	2	1	×	×	×	×	F5H Direct
MOV Direct,direct	(Direct)←(Direct)	3	2	×	×	×	×	85H Direct direct
MOV Direct,Rn	(Direct)←(Rn)	2	2	×	×	×	×	88H～8FH Direct
MOV Direct,@Ri	(Direct)←((Ri))	2	2	×	×	×	×	86H～87H
MOV @Ri,♯Data	((Ri))←♯Data	2	1	×	×	×	×	76H～77H Data
MOV @Ri,A	((Ri))←(A)	1	1	×	×	×	×	F6H～F7H
MOV @Ri,Direct	((Ri))←(Direct)	2	2	×	×	×	×	A6H～A7H Direct

例如：MOV Rn，♯Data

指令长度：2 字节

指令周期：单周期

机器码格式：01111nnn dddddddd

指令说明：该指令将立即数♯Data 传送给寄存器 Rn。机器码中的 nnn 表示的是 R0～R7 中的序列，最后一个字节代表的是立即数♯Data。

(3)以 DPTR 为目的操作数的 MOV 指令。

例如：MOV DPTR，♯Data16

DPTR 寄存器是由两个 8 位寄存器合并而成,高 8 位为 DPH,低 8 位为 DPL,该指令将立即数♯Data16 中的高 8 位数据传送到 DPH 寄存器中,将低 8 位数据传送到 DPL 寄存器中。

(4)用于访问外部数据存储器的 MOVX 类指令,如表 5.3 所示。

表 5.3　用于访问外部数据存储器的 MOVX 类指令

指令	操作数目	长度	周期	对 PSW 的影响				机器码格式
				CY	AC	P	OV	
MOVX A,@DPTR	(A)←((DPTR))	1	2	×	×	√	×	E0H
MOVX A,@Ri	(A)←((Ri))	1	2	×	×	√	×	E2H～E3H
MOVX @DPTR,A	((DPTR))←(A)	1	2	×	×	×	×	F0H
MOVX @Ri,A	((Ri))←(A)	1	2	×	×	×	×	F2H～F3H

51 系列单片机在访问外部数据存储器的时候需要使用寄存器间接寻址方式,并且与累加器 A 配合完成,如图 5-1 所示。

例如：MOV DPTR，♯1234H　　　;给 DPTR 传送立即数♯1234H,结果 DPH 为 12H,DPL 为 34H

　　　　MOVX A,@DPTR　　　　;通过 DPTR 间接寻址将外部数据存储地址为 1234H 单元的

　　　　　　　　　　　　　　　;数据传送到累加器 A 中

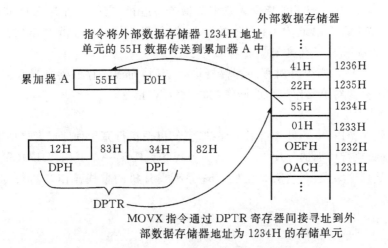

图 5-1　MOVX 类指令传送过程

(5)用于访问程序存储器的 MOVC 类指令。

这类指令主要用于对程序存储器进行查表操作,故又称为查表指令。采用的是基址寄存器加偏移寄存器的变址寻址方式。指令如下表 5.4 所示。

表 5.4　用于访问程序存储器的 MOVC 类指令

指令	操作数目	长度	周期	对 PSW 的影响				机器码格式
				CY	AC	P	OV	
MOVC A,@A+PC	(A)←((A)+(PC))	1	2	×	×	√	×	83H
MOVC A,@A+DPTR	(A)←((A)+(DPTR))	1	2	×	×	√	×	93H

第一条指令是以 PC 指针作为基址寄存器,累加器 A 作为偏移地址寄存器,可以用于查询以当前指令的下一字节存储器单元开始,大小为 256 字节的范围空间,即((PC)+1H)~((PC)+1H+0FFH)空间范围。

第二条指令是以 DPTR 寄存器作为基址寄存器,累加器 A 作为偏移地址寄存器,而 DPTR 是可以赋值为任意 16 位二进制数的,因此该指令可以访问整个 64KB 程序存储器地址空间。

例 5.1　(0x0084)=55H,(A)=50H,指令"MOVC A ,@A+PC"的地址为 0x0033,如图 5-2 所示。

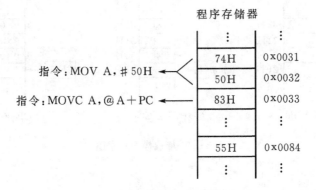

图 5-2　程序存储器示意图

由于"MOVC A,@A＋PC"指令为单字节指令,且由于它的地址为 0x0033,(A)＝50H,因此该指令查询对象是地址为 0x0084 的存储器字节单元,即该指令作用是将数据地址 0x0084 单元中的数据 55H 传送到累加器 A 中。

另外,由于 MOVC 指令是对程序存储器进行访问,而程序存储器是只读类型的器件,因此不存在以程序存储器单元作为目的操作数的 MOVC 指令。

（6）堆栈操作类指令

单片机的程序调用、中断处理都需要保护现场,以便执行完子程序或者是中断处理后能够返回到断点,继续执行后面的程序。单片机保存现场就需要一个具有 FILO（先进后出）类型的存储结构来处理这些操作,这就是堆栈。51 系列单片机的堆栈操作有两条,都是采用直接地址寻址方式。

PUSH Direct

POP Direct

例 5.2　堆栈指针 SP 的初始值为 2FH,(00H)＝0x01、(A)＝0x02、(P0)＝0x03,有下列段程序代码,其运行过程如图 5-3 所示。

PUSH 00H

PUSH ACC

PUSH P0

POP P0

POP ACC

POP 00H

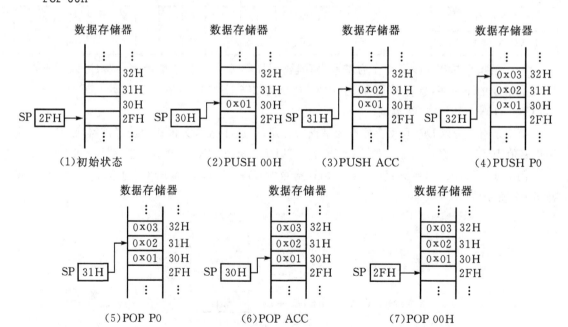

图 5-3　堆栈操作示意图

（7）数据交换类指令（见表 5.5）

表 5.5　数据交换类指令

指令	操作数目	长度	周期	对 PSW 的影响				机器码格式
				CY	AC	P	OV	
XCH A,Rn	(A)↔(Rn)	1	1	×	×	√	×	C8H～CFH
XCH A,Direct	(A)↔(Direct)	2	1	×	×	√	×	C5H Direct
XCH A,@Ri	(A)↔((Ri))	1	1	×	×	√	×	C6H～C7H
XCHD A,@Ri	$(A)_{0\sim3}$↔$((Ri))_{0\sim3}$	1	1	×	×	√	×	D6H～D7H

　　XCH 类数据交换类指令可以实现两个存储单元之间实现数据的双向传送，而"XCHD A,@Ri"指令实现的是把两个存储单元中的低四位数据进行数据交换。

5.4.2　算术运算类指令

　　算术运算类指令可以细分为：算术加法类指令、算术减法类指令、算术自加类指令、算术自减类指令、算术乘法类指令、算术除法类指令以及十进制调整指令。

　　（1）算术加法类指令（见表 5.6）

表 5.6　算术加法类指令

指令	操作数目	长度	周期	对 PSW 的影响				机器码格式
				CY	AC	P	OV	
ADD A,♯Data	(A)←(A)＋♯Data	2	1	√	√	√	√	24H Data
ADD A,Rn	(A)←(A)＋(Rn)	1	1	√	√	√	√	28H～2FH
ADD A,Direct	(A)←(A)＋(Direct)	2	1	√	√	√	√	25H Direct
ADD A,@Ri	(A)←(A)＋((Ri))	1	1	√	√	√	√	26H～27H
ADDC A,♯Data	(A)←(A)＋♯Data＋(C)	2	1	√	√	√	√	34H Data
ADDC A,Rn	(A)←(A)＋(Rn)＋(C)	1	1	√	√	√	√	38H～3FH
ADDC A,Direct	(A)←(A)＋(Direct)＋(C)	2	1	√	√	√	√	35H Direct
ADDC A,@Ri	(A)←(A)＋((Ri))＋(C)	1	1	√	√	√	√	26H～27H

　　算术加法类指令是将原操作数中的数据与累加器 A 中的数据进行加操作，然后保存到累加器 A 中，同时根据加法运算的结果更改程序状态字中的状态位。算术加法类指令又分为不带进位位的算术加法类指令和带进位位的算术加法类指令。与前者相比，后者将进位标志位 CY 中的值一并计算在内。

　　例如 1：(R0)＝80H，(A)＝0E0H，则执行指令"ADD A,R0"之后的结果：

　　(A)＝60H，CY＝1，AC＝0，P＝0，OV＝1

　　例如 2：(R0)＝45H，(45H)＝68H，(A)＝0DAH，CY＝1 则执行指令"ADDC A,@R0"之后的结果：

　　(A)＝43H，CY＝1，AC＝1，P＝1，OV＝0

(2)算术减法类指令(见表 5.7)

表 5.7　算术减法类指令

指令	操作数目	长度	周期	对 PSW 的影响				机器码格式
				CY	AC	P	OV	
SUBB A,#Data	(A)←(A)−#Data−(C)	2	1	√	√	√	√	94H Data
SUBB A,Rn	(A)←(A)−(Rn)−(C)	1	1	√	√	√	√	98H~9FH
SUBB A,Direct	(A)←(A)−(Direct)−(C)	2	1	√	√	√	√	95H Direct
SUBB A,@Ri	(A)←(A)−((Ri))−(C)	1	1	√	√	√	√	96H~97H

算术加法类指令可分为带进位的加法和不带进位的加法,算术减法类指令都是带借位的指令。操作方式是用累加器 A 中的数据与原操作数相减,然后再减去借位位 CY,并根据减法结果更新程序状态字中的相应状态标志。

例 5.3　(A)=89H,CY=1,则执行"SUBB A , #0A2H"之后的结果为:
(A)=0E6H,CY=1,AC=0,P=1,OV=0

例 5.4　(A)=82H,(R0)=03H,CY=0,执行"SUBB A , R0"之后的结果为:
(A)=7FH,CY=0,AC=1,P=1,OV=1

(3)算术自加类指令(见表 5.8)

表 5.8　算术自加类指令

指令	操作数目	长度	周期	对 PSW 的影响				机器码格式
				CY	AC	P	OV	
INC A	(A)←(A)+1	1	1	×	×	√	×	04H
INC Rn	(Rn)←(Rn)+1	1	1	×	×	×	×	08H~0FH
INC Direct	(Direct)←(Direct)+1	2	1	×	×	×	×	05H Direct
INC @Ri	((Ri))←((Ri))+1	1	1	×	×	×	×	06H~07H
INC DPTR	(DPTR)←(DPTR)+1	1	2	×	×	×	×	A3H

算术自加类指令实现的是数据单元的自加 1 操作,与普通的算术加法类指令不同的是,算术自加 1 的指令只有一个操作数,原操作数和目的操作数都是同一个数据单元,且除了"INC A"指令对 PSW 的奇偶状态位有影响以外,其余指令对 PSW 没有任何影响。

例 5.5　(A)=0FH,(R0)=50H,(50H)=0E0H,(51H)=64H,(DPTR)=10FEH,则

```
INC A        ;使累加器 A 的数据变为 10H,且 PSW 中的 P 从 0 变为 1
INC 50H      ;使地址为 50H 的存储单元变为 0E1H
INC @R0      ;使地址为 50H 的存储单元变为 0E2H
INC R0       ;使 R0 变为 51H
INC @R0      ;使地址为 51H 的存储单元变为 65H
INC DPTR     ;使 DPL 的数据变为 0FFH,DPH 中的值不变
INC DPTR     ;使 DPL 的数据变为 00H,DPH 中的值变为 11H
```

（4）算术自减类指令（见表 5.9）

表 5.9　算术自减类指令

指令	操作数目	长度	周期	对 PSW 的影响				机器码格式
				CY	AC	P	OV	
DEC A	(A)←(A)−1	1	1	×	×	√	×	14H
DEC Rn	(Rn)←(Rn)−1	1	1	×	×	×	×	18H~1FH
DEC Direct	(Direct)←(Direct)−1	2	1	×	×	×	×	15H Direct
DEC @Ri	((Ri))←((Ri))−1	1	1	×	×	×	×	16H~17H

算术自减类指令与算术自加类指令相似，执行的是自减 1 的操作。同样，除了"DEC A"指令对 PSW 的奇偶位 P 有影响外，其余指令对 PSW 无影响。并且，算术自减类指令中没有针对 DPTR 寄存器的自减 1 操作指令。

例 5.6　(A)=0FH,(R0)=51H,(50H)=0E0H,(51H)=64H,(DPTR)=10FEH,则

```
DEC A        ;使累加器 A 的数据变为 0EH,且 PSW 中的 P 从 0 变为 1
DEC 51H      ;使地址为 51H 的存储单元变为 63H
DEC @R0      ;使地址为 51H 的存储单元变为 62H
DEC R0       ;使 R0 变为 50H
DEC @R0      ;使地址为 50H 的存储单元变为 0DFH
```

（5）算术乘法、除法、十进制调整指令

```
MUL AB
DIV AB
DA A
```

乘法指令和除法指令是 51 指令系统中执行周期最长的两条指令，都需要花费 48 个振荡周期，即 4 个机器周期的时间。其中"MUL AB"指令是将累加器 A 和寄存器 B 中的两个 8 位无符号数作乘法运算，结果为一个无符号的 16 位数，低 8 位存放在累加器 A 中，高 8 位存放在寄存器 B 中。执行乘法指令后，进位/借位标志位（CY）总是 0，如果乘法结果大于值 0FFH，则 OV 等于 1，否则为 0。

除法指令是将累加器 A 和寄存器 B 中的两个 8 位无符号数作除法运算，将结果的整数部分保存到累加器 A 中，将余数部分保存到寄存器 B 中。如果指令执行前，寄存器 B 中的值为 00H，即除数为 0，则指令执行后，PSW 的 OV 位为 1，否则为；而无论如何，进位/借位标志位（CY）总是 0。

十进制调整指令是用于对 BCD 码的加法运算结果作出调整。两个 BCD 码按照二进制相加，必须使用"DA A"指令对结果进行调整，才能保证最后的结果仍然为一个 BCD 码。指令的执行逻辑是：如果算术加法运算执行后，累加器 A 的低四位值大于 9 或者 AC 等于 1，则将低四位部分的值作加 6 处理；如果累加器 A 的高四位值大于 9 或者 CY 等于 1，则将高四位部分的值作加 6 处理。

例如：(A)=56H,(R3)=67H,CY=1,有如下程序段：

```
ADDC A , R3
DA A
```

这里累加器中的 56H 代表的是 BCD 码值 56，R3 中的值 67H 代表的是 BCD 码值 67，"ADDC A，R3"执行之后，(A)=0BEH；下一条指令"DA A"对累加器 A 中的结果进行调整，由于 A 中的低四位大于 9，所以作加 6 处理，结果将低四位调整为 4，并且向高四位进位；然后高四位变为值 6H，大于 9，再作调整，加 6 后变为 2，结果就为 24H，代表 BCD 码 24，并且 CY=1，因为高四位加 6 调整操作产生了进位。另外必须注意，"DA A"指令不能对减法操作进行十进制调整处理。

5.4.3 逻辑运算类指令

逻辑运算类指令是对源数据单元进行按位逻辑运算操作。可以分逻辑与运算类指令、逻辑或运算类指令、逻辑异或运算类指令、累加器 A 的清零和取反操作指令、循环移位指令、字节内交换指令。

(1)逻辑与运算类指令

除了以累加器 A 为目的操作数的指令对 PSW 中的状态位 P 有影响外，其余指令对 PSW 无影响(见表 5.10)。这是因为 PSW 只对累加器 A 的变化作出反应，并且逻辑运算类指令不同于算术运算类指令，它没有运算的进位/借位、溢出等效果。

表 5.10 逻辑与运算类指令

指令	操作数目	长度	周期	对 PSW 的影响				机器码格式
				CY	AC	P	OV	
ANL A,♯Data	(A)←(A) & ♯Data	2	1	×	×	√	×	54H
ANL A,Rn	(A)←(A) & (Rn)	1	1	×	×	√	×	58H~5FH
ANL A,Direct	(A)←(A) & (Direct)	2	1	×	×	√	×	55H Direct
ANL A,@Ri	(A)←(A) & ((Ri))	1	1	×	×	√	×	56H~57H
ANL Direct,A	(Direct)←(Direct) & (A)	2	1	×	×	×	×	52H Direct
ANL Direct,♯Data	(Direct)←(Direct) & ♯Data	3	2	×	×	×	×	53H Direct Data

例如：(A)=5BH,(40H)=67H,有指令

ANL A，40H

```
        0101 1011
  &     0110 0111
        0100 0011
```

指令执行后，(A)=43H，奇偶位 P=1，PSW 中的其余位不变。

(2)逻辑或运算类指令

逻辑或运算类指令与逻辑与运算类指令相比，除了运算是采用按位或的运算方式外，该类指令对 PSW 的影响和逻辑与运算类指令相同(见表 5.11)。

表 5.11 逻辑或运算类指令

指令	操作数目	长度	周期	对 PSW 的影响				机器码格式
				CY	AC	P	OV	
ORL A, ♯Data	(A)←(A) ｜ ♯Data	2	1	×	×	√	×	44H
ORL A,Rn	(A)←(A) ｜ (Rn)	1	1	×	×	√	×	48H～4FH
ORL A,Direct	(A)←(A) ｜(Direct)	2	1	×	×	√	×	45H Direct
ORL A,@Ri	(A)←(A) ｜((Ri))	1	1	×	×	√	×	46H～47H
ORL Direct,A	(Direct)←(Direct) ｜ (A)	2	1	×	×	×	×	42H Direct
ORL Direct,♯Data	(Direct)←(Direct) ｜ ♯Data	3	2	×	×	×	×	43H Direct Data

例如:(A)=5BH,(40H)=67H,有指令

ORL A , 40H

  0101 1011

｜ 0110 0111

  0111 1111

指令执行后,(A)=7FH,奇偶位 P=1,PSW 中的其余位不变。

(3)逻辑异或运算类指令

逻辑异或运算类指令与逻辑与运算类指令、逻辑或运算类指相比,除了运算是采用按位异或的运算方式外,运行模式及对 PSW 的影响和逻辑与运算类指令、逻辑或运算类指令相同(见表 5.12)。

表 5.12 逻辑异或运算类指令

指令	操作数目	长度	周期	对 PSW 的影响				机器码格式
				CY	AC	P	OV	
XRL A, ♯Data	(A)←(A) ∧ ♯Data	2	1	×	×	√	×	64H
XRL A,Rn	(A)←(A) ∧ (Rn)	1	1	×	×	√	×	68H～6FH
XRL A,Direct	(A)←(A) ∧ (Direct)	2	1	×	×	√	×	65H Direct
XRL A,@Ri	(A)←(A) ∧ ((Ri))	1	1	×	×	√	×	66H～67H
XRL Direct,A	(Direct)←(Direct) ∧ (A)	2	1	×	×	×	×	62H Direct
XRL Direct,♯Data	(Direct)←(Direct) ∧ ♯Data	3	2	×	×	×	×	63H Direct Data

例如:(A)=5BH,(40H)=67H,有指令

  ORL A , 40H

  0101 1011

∧ 0110 0111

  0011 1100

指令执行后,(A)=3CH,奇偶位 P=0,PSW 中的其余标志位不变。

（4）累加器 A 的清零和取反操作指令

①CLR A

该指令是一个单字节单周期指令，用于对累加器 A 执行清零操作。由于累加器 A 中的值变为 0 后，字节里面没有逻辑 1 的位，因此，奇偶位会变为 0。

②CPL A

该指令也是一个单字节单周期指令，用于对累加器 A 执行按位取反操作。由于按位取反操作后累加器 A 的奇偶性不变，因此该指令对 PSW 中包括奇偶位 P 在内的所有状态位没有影响。

（5）循环移位指令

循环移位运算是对累加器 A 进行操作。包括不带进位位的循环左移运算"RL A"、不带进位位的循环右移运算"RR A"、带进位位的循环左移运算"RLC A"、带进位位的循环右移运算"RRC A"四个指令。除了带进位位的循环移位指令对进位/借位状态位 CY、奇偶位 P 有影响外，其余指令对 PSW 无影响。

例如：(A)＝76H ，CY＝1

RL A　　　　　　　　;使得(A) = 0ECH；CY 位、P 位不变

RR A　　　　　　　　;使得(A) = 3BH ；CY 位、P 位不变

RLC A　　　　　　　;使得(A) = 0EDH；CY = 0、P = 0

RRC A　　　　　　　;使得(A) = 0BBH；CY = 0、P = 0

（6）字节内交换指令

字节内交换指令"SWAP A"是将累加器 A 中的高四位数据和低四位数据进行交换，对 PSW 没有影响。如图 5－4 所示。

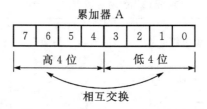

图 5－4 "SWAP A"指令示意图

例如：(A)＝0FH,则经过"SWAP A"指令之后(A)＝0F0H

5.4.4 布尔操作指令

布尔操作指令是针对 CS51 单片机中能够位寻址的数据位进行操作。能够进行位寻址的存储区域为字节地址 20H～2FH 中的 128 个位、特殊功能寄存器中能进行位寻址的数据位。布尔处理指令包括：位传送类指令、位置 1 操作类指令、位清 0 操作类指令、位取反操作类指令、位与操作类指令、位或操作类指令、位跳转类指令。如表 5.13 所示。

表 5.13　布尔操作指令

指令	操作数目	长度	周期	对 PSW 的影响				机器码格式
				CY	AC	P	OV	
MOV C,Bit	(C)←(Bit)	2	1	√	×	×	×	A2H Bit
MOV Bit,C	(Bit)←(C)	2	2	×	×	×	×	92H Bit
SETB C	(C)←1	1	1	1	×	×	×	D3H
SETB Bit	(Bit)←1	2	1	×	×	×	×	D2H Bit
CLR C	(C)←0	1	1	0	×	×	×	C3H
CLR Bit	(Bit)←0	2	1	×	×	×	×	C2H Bit
CPL C	(C)←!(C)	1	1	√	×	×	×	B3H
CPL Bit	(Bit)←!(Bit)	2	1	×	×	×	×	B2H Bit
ANL C,Bit	(C)←(C) && (Bit)	2	2	√	×	×	×	82H Bit
ANL C,/Bit	(C)←(C) && ($\overline{\text{Bit}}$)	2	2	√	×	×	×	B0H Bit
ORL C,Bit	(C)←(C) || (Bit)	2	2	√	×	×	×	72H Bit
ORL C,/Bit	(C)←(C) || ($\overline{\text{Bit}}$)	2	2	√	×	×	×	A0H Bit
JC Rel	if((C)==1)执行跳转; else 执行下一条指令;	2	2	×	×	×	×	40H Rel
JNC Rel	if((C)==0)执行跳转; else 执行下一条指令;	2	2	×	×	×	×	50H Rel
JB Bit Rel	if((Bit)==1)执行跳转; else 执行下一条指令;	3	2	×	×	×	×	20H Bit Rel
JNB Bit Rel	if((Bit)==0)执行跳转; else 执行下一条指令;	3	2	×	×	×	×	30H Bit Rel
JBC Bit Rel	if((Bit)==1)清零 Bit 并跳转; else 执行下一条指令;	3	2	×	×	×	×	10H Bit Rel

在布尔操作指令中,位地址有如下几种表示方式。

(1)直接位地址表示方式。例如访问 P0 端口的第 1 位可以使用该位的直接位地址 81H。

(2)使用格式[使用特殊功能寄存器名].[位号]。例如访问 P0 端口的第 1 位可以使用 P0.1 的方式。

(3)直接使用位名称表示方式。例如访问总中断控制位可以使用 EA。

(4)使用用户自定义的符号表示方式。

例如:(20H)=0,P0.0=0,有程序如下:

```
MOV C , 20H      ;使 CY=0
ORL C , /P0.0    ;使 CY=1
MOV 21H , C      ;使(21H)=1
CPL 21H          ;使(21H)=0
```

```
SETB C              ;使 CY = 1
ANL C , /21H        ;使 CY = 1
```

位跳转类指令是根据目标位的逻辑状态,来控制程序的跳转。例如:

```
JNB P0.0 , AA       ;如果 P0.0 == 0,则跳转到标号 AA 表示的
                    ;指令单元,否则执行下一条指令
ORL A , #01H        ;将累加器 A 的最低位置 1
AA: MOV P2 , A      ;将累加器 A 中的内容传送到 P2 端口
SJMP $              ;程序在此处无限执行
```

5.4.5 无条件跳转类指令

表 5.14   无条件跳转类指令

指令	操作数目	长度	周期	对 PSW 的影响				机器码格式
				CY	AC	P	OV	
LJMP Addr16	(PC)←Addr16	3	2	×	×	×	×	02H Addr16
AJMP Addr11	(PC$_{0\sim10}$)←Addr11	2	2	×	×	×	×	
SJMP Rel	(PC)←(PC)+Rel	2	2	×	×	×	×	80H Rel
JMP @A+DPTR	(PC)←(A)+(DPTR)	1	2	×	×	×	×	73H

无条件跳转类指令是将程序跳转到需要的目的指令地址单元上去。其中"LJMP Addr16"是长跳转指令,它的跳转地址以 16 位表示,执行该指令时是直接将 16 位地址直接赋值给 PC 指针,因此可以跳转到 64KB 范围的任意地址上去。但该指令属于 3 字节指令,占用程序空间相对较大。"AJMP Addr11"是绝对跳转指令,该指令的指令格式如图 5-5 所示。该指令是将 PC 指针的低 11 位修改为 Addr11,因此该指令可以跳转到与当前指令同在一个 2KB 大小空间的目的地址上。"SJMP Rel"是相对短跳指令,其中 Rel 是一个 8 位有符号数据,该指令是将 PC 指针的当前值与 Rel 相加然后赋值给 PC 指针,因此该指令的跳转范围为下一条指令的 $-128\sim+127$ 字节空间地址。"JMP @A+DPTR"指令用于跳转到累加器 A 和 DPTR 寄存器相加后的地址,因此跳转范围是整个 64KB,该指令的特点是可以根据程序对寄存器 DPTR 和累加器 A 的更改而改变跳转目的地址。

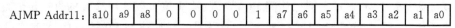

AJMP Addr11: | a10 | a9 | a8 | 0 | 0 | 0 | 0 | 1 | a7 | a6 | a5 | a4 | a3 | a2 | a1 | a0 |

图 5-5   绝对跳转指令机器码格式

5.4.6 条件跳转类指令

表 5.15   条件跳转类指令

指令	操作数目	长度	周期	对 PSW 的影响				机器码格式
				CY	AC	P	OV	
JZ Rel	if((A)==0)执行跳转; else 执行下一条指令;	2	2	×	×	×	×	60H Rel

续表 5.15

指令	操作数目	长度	周期	对 PSW 的影响				机器码格式
				CY	AC	P	OV	
JNZ Rel	if((A)! =0)执行跳转； else 执行下一条指令；	2	2	×	×	×	×	70H Rel
CJNE A,#Data,Rel	if((A)! =#Data)执行跳转； else 执行下一条指令；	3	2	√	×	×	×	B4H Data Rel
CJNE A,Direct,Rel	if((A)! =(Direct))执行跳转； else 执行下一条指令；	3	2	√	×	×	×	B5H Direct Rel
CJNE Rn,#Data,Rel	if((Rn)! =#Data)执行跳转； else 执行下一条指令；	3	2	√	×	×	×	B8H~BFH Data Rel
CJNE @Ri,#Data,Rel	if(((Ri))! =#Data)执行跳转； else 执行下一条指令；	3	2	√	×	×	×	B6H~B7H Data Rel
DJNZ Rn,Rel	1. (Rn)←(Rn)-1 2. if((Rn)! =0) 执行跳转； else 执行下一条指令；	2	2	×	×	×	×	D8H~DFH Rel
DJNZ Direct,Rel	1. (Direct)←(Direct)-1 2. if((Direct)! =0) 执行跳转； else 执行下一条指令；	3	2	×	×	×	×	D5 Direct Rel

　　前两条指令是根据累加器 A 的值是否为 0 来作出跳转；中间四条指令是根据两个操作数是否相等来作出跳转；最后两条指令根据将操作数减 1 之后的结果是否为 0 来作出跳转。

　　例 5.7　找出外部数据存储器中第一个不为 0 的数据单元，并将该数据单元的低 8 位地址存储在内部数据存储器的 30H 地址单元中，将该数据单元的高 8 位地址存储在内部数据存储器的 31H 地址单元中，将该数据单元中的内容存储在内部数据存储器的 32H 地址单元中。

　　首先将外部数据存储器中地址为 0000H 的字节单元传送到累加器 A 中，然后再判断数据，如果数据为 0，则搜索下一个字节单元，如果不为 0，则停止搜索。程序如下：

```
MOV DPTR , #0000H      ;初始化 DPTR 为外部数据存储器的第一个字节地址
LOOP:MOVX A , @DPTR    ;将 DPTR 指向外部存储单元的值传送到累加器 A
JNZ STOP               ;判断累加器 A 的值是否为 0
INC DPTR               ;如果累加器 A 的值为 0,则将 DPTR 的地址值加 1
SJMP LOOP              ;再次搜索
STOP: MOV 30H , DPL    ;如果累加器 A 的值不为 0,则先保存低 8 位地址
MOV 31H , DPH          ;然后保存高 8 位地址
MOV 32H , A            ;把搜索出的非 0 数值保存下来
SJMP $                 ;程序在此处无限循环
```

　　例 5.8　等待从端口 0 传入的数据为 55H。程序如下：

```
LOOP:MOV A , P0        ;读取端口 0 的数据
CJNE A , #55H, LOOP    ;判断该数据是否为 55H,如果不相等,则重读端口
SJMP $                 ;等到 55H 数据后,程序在此处无限循环
```

　　例 5.9　R0 中有一个 8 位无符号数值 $x(x<10)$，计算 $1+2+\cdots+x$ 的和，将结果保存到

30H 存储单元。程序如下：

```
CLR A                    ;清零累加器 A
LOOP:ADD A , R0          ;将累加器 A 与 R0 相加,结果保存在累加器 A 中
DJNZ R0 , LOOP           ;将 R0 减 1,如果不为 0,则返回继续作加法运算
MOV 30H , A              ;将结果保存到 30H 存储单元中
SJMP $                   ;程序在此处无限循环
```

5.4.7 子程序调用及返回类指令

1. 子程序调用指令

与程序跳转指令（如 LJMP Addr16 和 AJMP Addr11）不同，子程序调用指令在执行程序跳转指令的单片机内核只是通过修改 PC 指针以实现程序跳转，而子程序调用指令在修改 PC 指针以实现程序跳转前会将下一条指令的首地址（即断点地址）压到堆栈中，当子程序执行完毕之后通过 RET 指令返回到断点处，使程序继续往下执行，如图 5-6 所示。包括长调用指令和绝对调用指令，都是双周期指令，长调用指令占 3 字节存储空间，绝对调用指令占 2 字节空间。

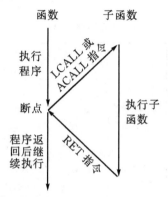

图 5-6 子函数调用示意图

长调用指令（LCALL Addr16）由于调用的目的地址是一个 16 位二进制数，因此可以调用整个 64KB 空间中任意地方的子函数。由于该指令是一个 3 字节指令，因此该指令先将 PC 指针加 3，得到下一条指令的地址，然后将该地址压入到堆栈中，最后再将 Addr16 目的地址赋值给 PC 指针以便实现程序调用。

绝对调用指令（ACALL Addr11）由于调用的目的地址是一个 11 位二进制数，因此可以调用与断点地址同在一个 2KB 空间范围中的子函数。由于该指令是一个 2 字节指令，因此该指令先将 PC 指针加 2，得到下一条指令的地址，然后将该地址压入到堆栈中，最后再将 Addr11 目的地址赋值给 PC 指针的低 11 位以便实现程序调用。

2. 程序返回指令

程序返回值指令（RET）是子函数的最后一条指令，该指令的功能是把之前子程序调用指令压入堆栈中的断点地址弹栈到 PC 指针中，以便程序从断点处继续执行。

例 5.10 假设机器周期为 $1\ \mu s$，编写一个实现 2 ms 左右延时功能的子函数，并调用该函数 10 次。

```
        MOV R0 , #0AH        ;初始化函数调用次数为 10 次
LOOP:   ACALL DELAY          ;调用延时函数 DELAY
        DJNZ R0 , LOOP       ;判断 10 次函数调用是否完成
        SJMP $               ;调用完毕后程序在此处无限循环
DELAY:  MOV R1 , #0AH        ;DELAY 函数的入口,初始化 R1 寄存器
D2:     MOV R2 , #64H        ;初始化 R2 寄存器
        DJNZ R2 , $          ;等待 R2 自减到 0
```

```
DJNZ R1 , D2          ;等待 R1 自减到 0,不为 0 则跳转到 D2 标号处
RET                   ;子函数返回
```

5.4.8　中断返回指令

中断返回指令(RETI)是中断处理程序的最后一条指令。RETI 过程是将堆栈中的中断断点地址弹栈给 PC 指针,使程序恢复到断点处继续执行。中断处理过程如图 5-7 所示。

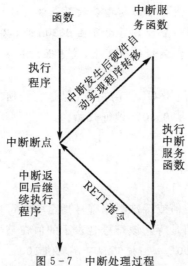

图 5-7　中断处理过程

表面上看起来 RETI 指令和 RET 指令的作用一样,它们都会将堆栈中的中断地址弹栈给 PC 指针。但两条指令有本质上的不同,RET 指令只是单纯的压栈断点地址和弹栈断点地址,而 RETI 除了这一作用外,还会清除中断响应时单片机自动置位的优先级触发器(该寄存器是不可寻址的,用于屏蔽同级中断和低级中断),使得在中断返回后单片机能够响应同级中断或低级中断。

5.4.9　空操作指令

空操作指令(NOP)是"什么也不做",它单纯地消耗单片机的一个机器周期时间,并不影响程序状态字中的标志位,因此称为空操作指令。

5.5　伪指令及汇编程序设计

5.5.1　伪指令介绍

在编写汇编程序的过程中,需要使用汇编指令来完成,这些汇编指令程序集合就是汇编源程序。汇编源程序是不能直接在单片机中运行的,必须经过汇编成单片机能够识别的机器语言后才能得到执行。而在汇编源程序的过程中需要提供一些控制信息给汇编器,让汇编器按照需求进行汇编,这些控制信息的提供是通过伪指令来实现的。伪指令不产生任何机器码。以下介绍 51 单片机常用的一些伪指令。

1. 设置程序或数据起始地址伪指令 ORG

语法:ORG　地址表达式

ORG 伪指令用来对汇编程序的位置计算器作修改,以设置一个新的程序或数据起始地址以使其后的程序或数据放置在 ORG 之后的地址处。伪指令后面的地址表达式可以是一个绝对的地址值也可以是一个可重定位的地址值。

例如:ORG 0000H　　　　;将位置计数器设置在 0000H 处,即复位入口地址

　　　AJMP START　　　;以便把下面的指令放置在该地址位置处

　　　ORG 0030H　　　　;将位置计数器设置在 0030H 处,以便将程序

　　　　　　　　　　　　;固定到新的位置上,使下面的指令放置在该地址处

START:MOV R0,♯01H

在一个源程序中可以多次使用 ORG 伪指令,但是它们所规范的程序段不能有重叠。如果没有 ORG 定位地址,则默认从 0000H 地址开始。

2. 等值伪指令 EQU

语法:符号名 EQU 数值表达式

　　　符号名 EQU 特殊汇编符号

EQU 伪指令用来给一个数值或特殊汇编符号指定一个符号名,其中的特殊汇编符号包括寄存器名、定位计数器的当前值 $ 等。该符号名表示的值在整个程序中不能再改变。

例如:VALUE　　EQU　　100　　　;使 VALUE 代表值 100

　　　WRPORT　EQU　　P0　　　;使 WRPORT 代表 P0 端口

　　　ADDR　　EQU　　$　　　;使 ADDR 代表当前位置计数器的值

3. 等值伪指令 SET

语法:符号名 SET 数值表达式

　　　符号名 SET 特殊汇编符号

SET 伪指令在功能上与 EQU 伪指令相同,它们的不同点在于 EQU 伪指令之前的符号只能定义一次,而 SET 伪指令之前的符号可以在以后重新定义。

例如:NUM　SET　0X20　　　;NUM 代表值 0X20

　　　　　　…　　　　　　　;若干程序

　　　NUM　　SET　　　　　NUM＋1;NUM 现在代表 0X21

4. 定义字节伪指令 DB

语法:[标号:]　　　DB　字节数据项列表

DB 伪指令是使用字节数据对程序存储器字节单元进行初始化。因此该伪指令应该放置在程序段中,如果字节数据项列表中存在多个数据项,则中间使用","隔开。数据项可以是一个字节数值或者是使用单引号括起的字符串(表示各个字符的 ASCII 码序列)。前面的标号表示首地址。

例如:PERSON:　　DB　　´NAME´,25

　　　VALUES:　　DB　　00H,01H,´2´,´K´

5. 定义字伪指令 DW

语法:[标号:]　　　DW　　字数据项列表

　　DW 伪指令与 DB 伪指令非常相似,不同在于 DW 伪指令使用字(16 位)数据来初始化程序存储器空间单元。字数据项可以是一个 16 位数值或者是使用单引号括起来的两个字符。前面的标号表示首地址。

　　例如:TABLE1：　DW 0123H , 4567H , ′AB′　　　　　;′AB′代表字数值 4142H,是由′A′、′B′的
　　　　　　　　　　　　　　　　　　　　　　　　　　;ASCII 码接续而得到的

6. 预留存储空间伪指令 DS

　　语法:[标号:]　DS　表达式

　　DS 伪指令是以字节为单位预留存储空间。标号表示首地址,后面的表达式表示需要预留字节单元的数量。该伪指令常用于预留堆栈空间等用途。

　　例如:STACK：　DS　10H　　　;以 STACK 标识符代表的地址开始预留 16 个字节单元

7. 位地址定义伪指令 BIT

　　语法:符号名　BIT　位地址

　　BIT 伪指令的功能是使用前面的符号名表示后面的位地址,此后程序可以使用符号名来代替它所表示的位地址。

　　例如:P00　BIT　P0.0　　;标识符 P00 表示 P0.0 位
　　　　　FLAG　BIT　20H　　;标识符 FLAG 表示位地址 20H 单元

8. 汇编结束伪指令 END

　　语法:END

　　END 伪指令是汇编程序的结束标志,告知汇编器汇编的结束。END 伪指令没有标号,一个汇编源程序文件只能有一个 END 伪指令,END 伪指令后面的指令不会被汇编器所汇编。

5.5.2　汇编程序设计基础

　　程序设计的一般方法是:
　　(1)需求分析,明确程序设计的功能和目的;
　　(2)根据程序的目的确定解决方案;
　　(3)设计程序模块,并用程序流程图的方式表示出来;
　　(4)编写各个程序模块的代码,并调试模块以验证其可行性、健壮性等;
　　(5)将各个模块联合调试,以得到最后完整的程序。
　　在编写程序的过程中会用到各种程序结构。常用的程序流程结构有:顺序结构、分支结构、循环结构、子程序结构。

1. 顺序结构

　　如图 5-8 所示,顺序结构的程序是一条指令一条指令地往下执行,程序在运行过程中只有一条路径。顺序程序又称为简单程序。

　　例 5.11　求外部数据存储器地址为 0050H、0051H 中的两个无符号 8 位数之和,并将结果存储到地址 0051H 单元中。

　　　　ORG 0000H

　　　　AJMP START

图 5-8　顺序结构程序

```
        ORG 0030H
START : MOV DPTR , #0050H        ;给 DPTR 赋值 0050H 地址    ┐
        MOVX A , @DPTR           ;读取 0050H 地址中的数据      │
        MOV R0 , A               ;将累加器中的数据转移到 R0    │
        INC DPTR                 ;将 DPTR 中的地址变到 0051H   │
        MOVX A , @DPTR           ;取 0051H 地址中的数据        ├ 顺序结构
        ADD A , R0               ;累加器和 R0 中的数据相加     │
        INC DPTR                 ;将 DPTR 中的地址变到 0052H   │
        MOVX @DPTR , A           ;将结果传送到 0052H 地址单元  ┘
        SJMP $
        END                      ;标记程序的结束
```

2. 分支结构

程序的编写仅仅依靠顺序结构是不够的,因为程序常常需要根据条件的变化作出相应的处理,这就需要分支结构的支持。分支结构可以分为单分支结构、双分支结构和多分支结构。

单分支结构是当条件满足时执行某一段程序段,不然则执行下面的程序,如图 5 - 9 所示。

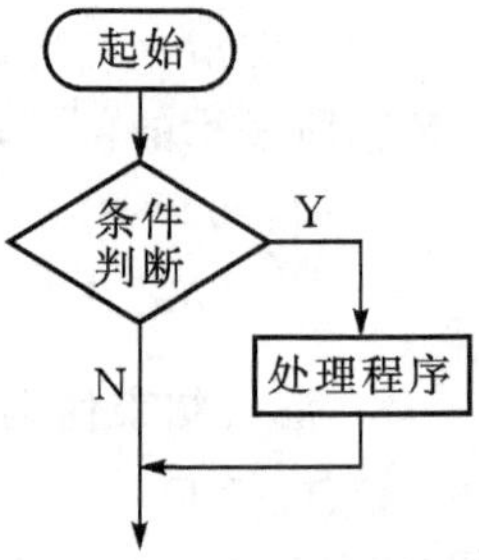

图 5 - 9   单分支结构程序

例 5.12   读取片内数据存储器地址为 80H 的字节单元,如果该单元数据为负数,则将其按位取反然后加 1,最后将处理后的数据写回原位置。

```
        ORG 0000H
        AJMP START
        ORG 0030H
START : MOV R0 , #80H            ;给 R0 赋值为 80H 地址值
        MOV A , @R0              ;读取 80H 地址中的数据
        MOV R1 , A               ;将数据复制一份到 R1 中
        ANL A , #80H             ;提取数据中的最高位
        CJNE A , #80H , STORE    ;判断数据是否为负数,如果不为  ┐
                                 ;负数,则跳转到 STORE 标记处   │
        MOV A , R1               ;为负数则加载副本数据       ┐ │
        CPL A                    ;将数据按位取反             ├ 处理程序 ├ 单分支结构
        ADD A , #01H             ;将位取反后的数据加 1       ┘ │
        MOV R1 , A               ;将处理后的数据复制到 R1      │
STORE : MOV A , R1               ;将 R1 中的数据读进 ACC       ┘
        MOV @R0 , A              ;将数据写回源地址
        SJMP $
        END                      ;程序结束标记
```

双分支结构程序的执行有两条可选路径,在遇到条件判断语句的时候只能选择两种不同

的执行路径之一,如图 5 - 10 所示。

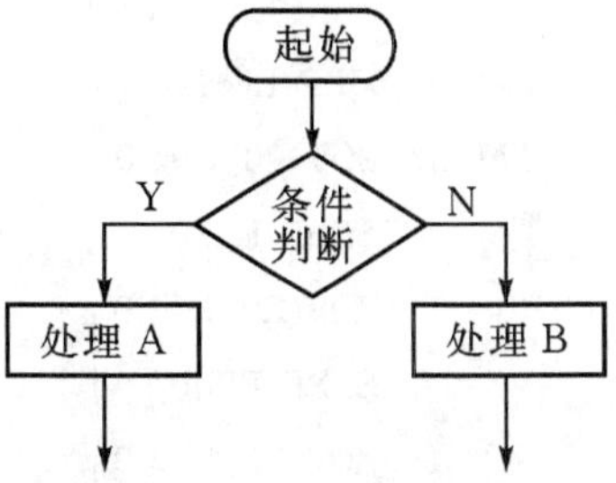

例 5.13　读取内部数据存储器地址为 70H 的字节单元,如果该单元中的值小于 10,则将该值传送到 P0 端口,否则传送到 P1 端口。

```
        ORG 0000H
        AJMP START
        ORG 0030H
START: MOV A , 70H      ;读取 70H 单元中的数据
        MOV R0 , A       ;将该数据复制一份到 R0
        CLR C            ;清除 CY 位
        SUBB A , ♯0AH    ;将数据与 10 相减
        JC SDP0          ;如果数据小于 10 则跳转
        MOV P1 , R0      ;数据传送到 P1 端口——相当于处理程序 B  ┐
        SJMP STOP                                            ├双分支结构
SDP0:  MOV P0 , R0      ;数据传送到 P0 端口——相当于处理程序 A  ┘
STOP:  SJMP $
        END
```

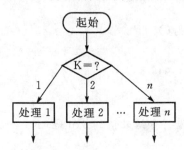

图 5 - 10　双分支结构程序

多分支结构程序主要是针对程序执行路径存在 2 条以上的情况。多分支结构常用嵌套分支的方式和使用如"JMP @A+DPTR"的跳转方式来实现,如图 5 - 11 所示。

图 5 - 11　嵌套分支结构程序

例 5.14　某学生成绩 x 存储在 30H 地址中($0 \leqslant x \leqslant 100$),如果 $x < 60$,则得 0 分;$60 \leqslant x < 70$,则得 1 分;$70 \leqslant x < 80$,则得 2 分;$80 \leqslant x$,则得 3 分,最后将该学生所得的分值存储在 31H 地址中。

```
        ORG 0000H
        AJMP START
        ORG 0030H
START: MOV A , 30H      ;读取成绩数据
        MOV B , ♯0AH
        DIV AB           ;将成绩取整 10
        MOV B , ♯04H
        MUL AB           ;利用取整 10 后的值计算跳转偏移地址
```

```
        MOV DPTR ，# TABLE       ;将基地址设置为调转处理表的首地址 TABLE
        JMP @A + DPTR           ;跳转到与成绩相应的处理分支去
        SJMP EEND
TABLE：MOV R0 ，#0               ;双字节指令        （分支 0）
        SJMP EEND               ;双字节指令
        MOV R0 ，#0                               （分支 1）
        SJMP EEND
        MOV R0 ，#0                               （分支 2）
        SJMP EEND
        MOV R0 ，#0                               （分支 3）
        SJMP EEND
        MOV R0 ，#0                               （分支 4）
        SJMP EEND
        MOV R0 ，#0                               （分支 5）
        SJMP EEND
        MOV R0 ，#1                               （分支 6）
        SJMP EEND
        MOV R0 ，#2                               （分支 7）
        SJMP EEND
        MOV R0 ，#3                               （分支 8）
        SJMP EEND
        MOV R0 ，#3                               （分支 9）
        SJMP EEND
        MOV R0 ，#3
EEND：MOV 31H ，R0 ;存储得分结果值到31H 地址      （分支 10）
        SJMP $
        END
```

3. 循环结构

循环结构的程序常常具有以下四个部分,如图 5 - 12 所示。

(1)循环初始化部分,主要用于初始化循环体的执行次数变量等;

(2)循环体部分,循环体是循环结构中反复执行的任务;

(3)循环控制部分,用于修改循环控制变量,决定是否继续循环(也是反复执行的语句);

(4)循环结束部分,循环结构的结束。

常见的循环结构的例子如延时程序等。

例 5.15　假设机器周期为 1 μs,实现一个延时 1 s 左右的程序。

```
ORG 0000H
AJMP START
ORG 0030H
```

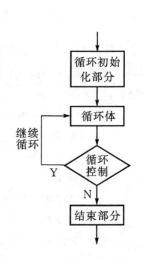

图 5 - 12　循环结构程序

```
START:MOV R2 , ♯14H        ;初始化循环控制变量 R2
LOOP1:MOV R1 , ♯64H        ;初始化循环控制变量 R1
LOOP2:MOV R0 , ♯0FAH       ;初始化循环控制变量 R0
      DJNZ R0 , $          ;循环控制部分
      DJNZ R1 , LOOP2      ;循环控制部分
      DJNZ R2 , LOOP1      ;循环控制部分
      SJMP $              ;循环结束
      END                 ;实现公式:20 * 100 * 250 * 2 μs = 1 s
```

4. 子程序结构

子程序结构是采用将程序功能划分为子函数的形式,然后通过 ACALL 或者 LCALL 指令进行调用,如图 5-13 所示。

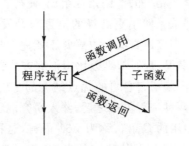

图 5-13　子程序结构

子程序结构的使用能够增强代码的复用度,并使得程序结构简明,更易于维护。

习　题

5-1　51 系列单片有几种寻址方式,它们是如何运行的?

5-2　对于 51 系列单片机的高 128 字节内部数据存储器和特殊功能寄存器,如何区分访问?

5-3　访问程序存储器和片外数据存储器的指令有哪些?

5-4　假设(A)=0X6A,(30H)=0X08,(31H)=0XBE,CY=1

(1)执行"ADDC A,30H"指令后,累加器 A、CY、AC、P、OV 的结果是什么?

(2)执行"SUBB A,31H"指令后,累加器 A、CY、AC、P、OV 的结果是什么?

(3)执行"MOV B,31;MUL AB"指令后,累加器 A、寄存器 B 的结果是什么?

(4)执行"MOV B,31;DIV AB"指令后,累加器 A、寄存器 B 的结果是什么?

5-5　编写一段程序,实现将外部数据地址为 0000H~FFFFH 中字节单元的内容设置为其地址值,例如(0123H)=0x0123。

5-6　针对 52 子系列单片机,编写一段程序,实现将内部数据存储器 80H~FFH 地址区间的字节单元数据翻转。例如假设(80H)=10100110B,则执行程序后(80H)=01100101B。

5-7　编写一段程序,实现 Fibonacci 序列的前 10 项,按顺序将结果存储到地址为 0x0000~0x0009 的外部数据存储器中,Fibonacci 序列形如:0、1、1、2、3、5 …(前 2 项之和为第 3 项)。

第6章 单片机C程序设计基础

尽管使用汇编指令的编程方式能够做到非常精细地操控单片机内部的各种硬件设备,并且通过功能模块的精心设计以及程序结构的灵活应用能够增强程序的可维护性和健壮性等特点;但是汇编编程方式却有其难以克服的缺点:

(1)开发效率低,开发周期长;

(2)可读性差,仍不利于维护;

(3)不利于程序调试,容易产生漏洞;

(4)由于全部是由同硬件紧密相关的汇编指令组成,使得程序不易移植。

因此,现在大多数开发者都乐于使用更高级的语言来开发单片机程序,而C语言就是高级语言开发中的领头羊。当然,高级语言编程方式并不能完全替代汇编编程方式,因为使用如C语言的编程方式尽管开发效率很高,但却难以比拟汇编方式的精确性和可控性,所以现在多数开发人员使用将高级语言和汇编语言各自的优点结合起来的编程方式,这种方式称为混合编程。建议读者在熟练掌握了两种编程方式之后,深入研究混合编程的方法。

开发51系列单片机程序使用的C语言称为C51语言,这种语言是从标准C语言继承而来,并添加了一些与MCS51单片机相关的特有的内容,如增加了几个关键字,能使用存储器类型对变量进行修饰等。

6.1 C51语言中的关键字

C51语言中有两种类型的关键字,一种是从标准C语言中继承下来的关键字,另一种是C51语言的扩展关键字。如表6.1和6.2所示。

表 6.1 标准 C 语言中的关键字

auto	break	case	char	const	continue	default
do	double	else	enum	extern	float	for
goto	if	int	long	register	return	short
signed	sizeof	static	struct	switch	typedef	union
unsigned	void	volatile	while			

表 6.2 C51 语言中的扩展关键字

bit	sbit	sfr	sfr16	data	bdata	idata
pdata	xdata	code	interrupt	reentrant	using	

在C51语言的扩展关键字中,bit、sbit、sfr、sfr16这4个关键字与类型定义相关;data、bdata、idata、pdata、xdata、code这6个关键字与存储器类型的修饰相关;interrupt关键字用于

中断处理函数；reentrant 关键字用于定义可再入函数；using 关键字用于寄存器组的选择。以上这些关键字会在后面的内容中逐步讲解。

6.2 C51 语言支持的数据类型

C51 语言包括两种数据类型，一种是从 C 语言继承而来的普通数据类型；另一种是 C51 语言扩充的一些专有数据类型。C51 编译器支持的数据类型如表 6.3 所示。

表 6.3 C51 编译器支持的数据类型

数　据　类　型	长　度	取　值　范　围
bit(扩充类型)	1 字节	0 或 1
signed char	1 字节	−128～+127
unsigned char	1 字节	0～255
signed int	2 字节	−32768～+32867
unsigned int	2 字节	0～65535
signed long	4 字节	−2147483648 ～ +2147483647
unsigned long	4 字节	0～4294967295
float	4 字节	±1.176E−38～±3.40E+38
指针	1～3 字节	指向对象的存储类型及地址
sbit(扩充类型)	1 位	0 或 1
sfr(扩充类型)	1 字节	0～255
sfr16(扩充类型)	2 字节	0～65535

下面介绍 C51 语言扩充的专有数据类型。

1. sfr 类型

语法：sfr 标识符 = 8 位特殊功能寄存器地址；

sfr 关键字用于定义 51 系列单片机的 8 位特殊功能寄存器类型变量。与标准 C 的变量定义不同，sfr 关键字语法中"＝"后面的值不是用于初始化变量的内容，而是设置标识符所指向的特殊功能寄存器的地址，以使定义的标识符代表该地址所对应的特殊功能寄存器单元。例如语句："sfr P0＝0x80；"，该语句的作用是定义一个标识符 P0，用以表示地址为 0x80 地址的特殊功能寄存器。

2. sfr16 类型

语法：sfr16 标识符 = 16 位特殊功能寄存器地址首地址；

sfr16 关键字与 sfr 关键字的作用相似，不同在于 sfr16 关键字是用于定义 51 系列单片机中的 16 位特殊功能寄存器。例如语句："sfr16 DPTR＝0x82；"，该语句的作用是定义一个标识符，用以表示以地址 0x82 为首地址的 16 位特殊功能寄存器单元，即高 8 位地址为 0x83，低 8 位地址为 0x82。这样定义之后就可以使用 DPTR 标识符了，例如语句："DPTR＝0x1234；"。注意 sfr16 关键字只能用于定义地址连续具有同种属性的寄存器。例如可以通过"sfr16 T2＝

0xCC;"语句定义 C52 子系列单片机中的 T2 定时计数器,因为 TL2 地址为 0xCC,TH2 地址
为 0xCD;但是不能用语句"sfr16 T0＝0x8A;"来定义 T0 定时计数器,因为 TL0 地址为
0x8A,而 TH0 地址为 0x8C。

3. sbit 类型

语法:sbit 标识符 = 已定义的可位寻址特殊功能寄存器名^位号;

或: sbit 标识符 = 可位寻址特殊功能寄存器地址^位号;

或: sbit 标识符 = 已定义的 bdata 区的字节变量^位号;

或: sbit 标识符 = 特殊功能寄存器可寻址位的直接位地址;

可位寻址内部数据存储器区(bdata 区)以及部分特殊功能寄存器是可位寻址的,为了使
C51 语言能直接支持对这些对象进行位操作,就引入了此关键字。

对于定义 bdata 的位单元,一般先在 bdata 区定义一个字节变量,然后在此基础上定义位
单元。例如语句"unsigned char bdata var;sbit var_7＝var^7;",前一条语句在 bdata 区定义一
个 unsigned char 类型的变量 var,后一条语句在变量 var 上定义一个位变量 var_7,该位变量
是 var 字节变量的第 7 位。

对于定义可位寻址特殊功能寄存器的位单元,有两种使用方式:一种是先定义这些可位寻
址的特殊功能寄存器字节单元,再在此基础上定义位寻址单元。例如语句"sfr P0＝0x80;sbit
P00＝P0^0;",前一条语句的作用是定义特殊功能寄存器字节单元 P0,后一条语句是用于定义
可位寻址的 P0 中的第 0 位。这样定义之后,程序就可以通过标识符 P00 来访问 P0 端口的第
0 位。另一种方式是直接使用可位寻址的字节地址的方式。例如例句"sbit P00＝0x80^0;",
其中 0x80 为 P0 口的地址。

在 keil 平台上的 reg51.h、reg52.h 头文件中已经分别为 C51、C52 子系列单片机中的特殊
功能寄存器以及可寻址位做好了定义。

4. bit 类型

语法:bit 标识符[＝初始化值];

bit 关键字是用于在片内可位寻址数据存储器区中定义一个位变量。在定义位变量的同
时可以给变量进行初始化,初始化值只能为 1 或者 0。例如语句"bit flag＝1;",该语句定义一
个位变量,并给该变量初始化为逻辑 1。需要注意的是不能使用 bit 类型关键字来定义位指针
和位数组。

6.3　变量的存储器类型及存储模式

6.3.1　变量的存储器类型

由于 51 单片机具有多种数据存储类型,因此 C51 语言提供与这些存储类型相关的扩展
关键字,用以对变量/常量进行声明。如表 6.4 所示。

表 6.4　存储类型

存储器类型	描述(寻址空间大小)
data	变量位于片内直接寻址数据存储器区(00H~7FH)
bdata	变量位于片内可位寻址区(20H~2FH)
idata	变量位于片内间接寻址数据存储器区(00H~FFH)
pdata	变量位于片外数据存储器中以页(256B)的方式对应的空间,编译之后使用"MOVX A,@Ri"或"MOVX @Ri,A"指令访问
xdata	变量位于片外数据存储器中(64KB),编译之后使用"MOVX A,@DPTR"或"MOVX @DPTR,A"指令访问
code	常量位于程序存储器区中(64KB),编译之后使用"MOVC A,@A+DPTR"指令访问

语法:

[变量类型] 数据类型 [存储类型] 变量/常量名[= 变量/常量名的初始化值];

其中变量类型有四种:寄存器(register)类型、自动(auto)类型、外部(extern)类型、静态(static)类型,默认为自动类型。

例 6.1　unsigned char data var1 　　　　　；内部数据存储器空间的变量

unsigned char code con[3] = {0,1,2}　　　；位于程序存储器空间的常量数组

static unsigned int xdata var2 = −1　　　；该静态变量位于外部数据存储器

6.3.2　变量的存储模式

在定义变量的时候,我们不会时常给变量显式地声明其存储器类型,那么这时编译器会如何安排变量的存储器类型呢?事实上,在我们定义变量的时候,如果没有显式地给出变量的存储器类型,编译器就会按照设置的存储模式来规定变量的存储器类型。在 Keil 集成开发环境的 options for target 中有一个 Memory Model 设置项,在该设置项中有三种存储模式可以选择。

1. Small 模式(默认模式)

Small 存储模式是将未显式声明存储类型的变量放置在内部数据存储器区(data 区)中。需要注意的是,在 Small 模式下存放的变量尽管访问速度较快,但能够容纳的变量非常少,这是因为该区域只有 128B,并且堆栈也占用该区域的存储空间。

2. Compact 模式

Compact 模式将未显式声明存储类型的变量放置在按页访问的外部数据存储器区(pdata 区)中。由于 Compact 模式下的变量使用 Ri 寄存器进行间接访问,因此访问速度慢于 Small 模式,但该模式下能存储的变量数量比 Small 模式下多。pdata 区是由 P2 端口指定页的 256B。

3. Large 模式

Large 模式将未显式声明存储类型的变量放置在整个外部数据存储器区(xdata 区)中。该模式下的变量访问速度最慢,但由于 xdata 区的存储空间达 64KB,因此能够容纳的变量也是最多。Large 模式是采用 DPTR 来对变量进行间接寻址。

6.4 数　组

数组是数据的有序集合。数组中的所有数据都具有相同的数据类型，并且数组中的所有元素可通过数组名和下标来唯一确定。需要注意的是，数组必须先定义，然后才能使用。数组一般可以分为一维数组和多维数组。

一维数组的定义如下：

数据类型　数组名[常量表达式]；

其中数组名是数组的标识符，代表数据的首地址。常量表达式指明了数据的长度，也就是数组中数据元素的数量。需要注意的是，在定义数组的时候只能使用常量值来定义数组长度，也就是数组长度是在编译时确定而不能运行时确定。下面是定义一维数组的一些例子：

    float var1[10];   //定义 float 类型数组 var1，它具有 10 个元素
    unsigned char xdata var3[10];   / * 在 xdata 区定义无符号字符型数组 var3 且具有
                                       10 个元素 * /

在定义数组的时候，可以使用存储类型关键字加以修饰，并且可以在定义的同时进行数组的初始化工作。需要注意的是，初始值的个数必须小于或等于数组的长度。另外，如果在定义数组的同时给出了数组的所有初始化值，则可以不用显式给出一维数组的长度值，因为编译器可以根据初始值的数量进行计算。如下示例所示：

    unsigned int var2[6]={1,2,3,4}; / * 定义无符号整型数组 var2，它具有 6 个元素，并
                                       且初始化前四个元素分别为 1、2、3、4 * /
    char code con[ ]={'a','b',0x10}; / * 在程序存储器区定义长度为 3 的字符型常量数组，
                                       并且初始化值分别为'a'、'b'、0x10，这些值具有只读属性
                                       * /

另外需要注意的是，数组在访问时不能越界，比如对于上面的 var2 数组，由于定义了数组的长度为 6，因此数组具有 6 个 unsigned int 类型的元素，又由于数组是从 0 坐标开始排序，因此，该数组的元素是 var2[0]～var2[5]。

多维数组是二维及二维以上的数组，n(n>1)维数组的定义如下：

数据类型　数组名[常量表达式 1][常量表达式 2]…[常量表达式 n]；

例如：定义 3×4×5 的三维整型数组 A，可以采用如下的定义方法：

int A[3][4][5]；

如图 6-1 所示为数组 A[3][4][5]的逻辑存储结构。访问数组中的第一个元素使用 A[0][0][0]，而访问最后一个元素使用 A[2][3][4]。

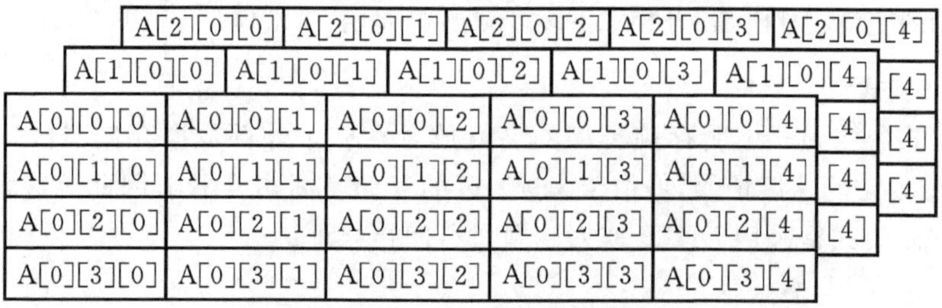

图 6-1　数组 A[3][4][5]的逻辑结构

多维数组的初始化与一维数组的初始化一样,初始化值的个数不能大于数组的长度,不然就会产生编译错误。如果在定义多维数组的同时进行初始化工作,则可不用指定最外围维度的长度值。例如语句"int array1 [2][3]={{1,2,3},{1,2,5}}"与语句"int array1[ ][3]={{1,2,3},{1,2,5}}"作用完全一样,都定义了一个 2×3 的二维数组 array1,并进行了数组的初始化。语句"int array2[2][2][3]={{{1,2},{4,5,6}},{{7,8,9},{10,11,12}}};"与语句"int array2[ ][2][3]={{{1,2},{4,5,6}},{{7,8,9},{10,11,12}}};"作用完全一样,都是定义了 2×2×3 的三维数组,并进行了数组的初始化。

对于多维数组,可以将此看成为一维数组的数组。例如图 6-1 中的三维数组 A,可以当做是一个 3×4 的二维数组,而数组中的每个单元是一个长度为 5 的一维数组。由于数组名同样代表了数组的首地址,因此 A 既是数组元素 A[0][0][0] 的地址也是 A[3][4][5] 的首地址。

例 6.2　编写一个函数,使用冒泡法将长度为 10 的整型数组中的元素按从大到小进行排序。

```
void sort(int array[10])
{
    unsigned char i , j;          //变量i,j用于控制循环次数
    unsigned char temp;          //temp用作数据交换的中转变量
    for(i=0;i<9;i++)
    {
        for(j=i+1;j<10;j++)
        {
            if(array[i]<array[j])
            {
                temp = array[i];
                array[i] = array[j];
                array[j] = temp;
            }
        }
    }
}
```

对于一维数组来说,字符数组是比较特殊的一种。在 C 语言中,一维字符数组不仅可以用于存储单独的字符,它还是字符串的容器。由于字符串是以"\0"为结束标记的字符序列,因此对于一个长度为 n 的字符数组,最多可以存储长度为 n-1 的字符串,因为必须至少留出一个存储单元来存放字符串结尾的结束标记"\0"。例如语句"char array3[ ]="hello";"定义了一个字符数组 array3,由于字符串的长度为 5,因此该数组的长度为 6,array3 的存储结构如图 6-2 所示。

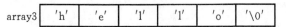

| array3 | 'h' | 'e' | 'l' | 'l' | 'o' | '\0' |

图 6-2　字符串数组 array3

在数组数据访问方面,如果字符数组用于存放字符串,则字符数组不仅可以像普通数值数组那样进行元素的逐个访问,还可以把数组作为一个整体进行访问。

6.5 函 数

函数是 C 语言中的一个基本组成部分。事实上,在单片机程序设计过程中,常常是把需要完成的任务划分为若干个功能模块,然后将这些功能模块实现成函数,最后将这些函数按照某种逻辑结构进行组合,以形成完整的程序。

从功能上讲,函数可分为一般性函数和中断服务函数。

6.5.1 一般性函数

一般性函数在程序的运行过程中需要通过函数调用才能执行。从开发者的使用角度看,一般性函数又分为标准库函数和用户自定义函数。标准库函数由开发平台提供,不需要用户定义,可以直接使用,但使用者在调用标准库函数之前需要使用"#include"宏命令把相关的头文件包含进去。用户自定义函数是用户根据自己的需要编写的特定功能的函数,它需要先进行定义,然后才能调用。用户自定义函数的一般定义方法如下:

函数返回类型 函数名(形式参数列表)
{
    函数体语句
}

其中,"函数名"是用标识符表示函数的名字。"形式参数列表"列出了主调函数与被调函数之间数据传递的形式参数。在形式参数列表中必须对每个形式参数的数据类型进行说明,如果在函数调用的过程中没有参数传递,则形参列表可以为空或者为"void"即空类型。"函数返回类型"为被调函数执行完时返回给主调函数的数据类型。当被调函数没有返回值时,函数返回类型可以为空或者为"void"即空类型。函数体语句是函数完成特定任务的语句集合,需要注意的是,在使用 C51 语言编写单片机函数的时候,应该把所有该函数所使用的全部局部变量在函数体的最前端进行定义,否则很容易出现难以预计的错误。

例 6.3 编写一个求 x 的 n 次幂的函数。

```
int power(int x, int n)
{
    int temp, i;
    temp = 1;
    for(i = 0; i<n; i + +)
    {
        temp = temp * x;
    }
    return temp;
}
```

这里定义了一个函数,函数名为 power,该函数具有两个整型的形式参数 x、n。在函数体部分的最前端,即紧接"{"之后,定义了该函数需要的两个局部变量,分别是 temp 和 i,之后是真正的执行语句部分。由于该函数需要返回一个整型值,因此函数的返回值类型为 int。

　　一般性函数需要在主调函数的函数体语句里显式地进行调用才能得到执行。所谓的调用,就是在一个函数体中引用另一个已经定义了的函数,前一个函数为主调函数,后一个函数为被调函数。函数调用的一般形式为:

　　函数名(实际参数列表);

其中,函数名是需要调用的并且在该调用语句之前已经定义了的(或已经声明了的)函数的标识名称。实际参数列表的功能是在调用函数的时候将数据传递给被调函数的形参列表。需要注意的是,函数调用过程中的实际参数与函数定义中的形式参数必须在参数个数、参数类型以及参数顺序上严格一致,这样才能将实际参数的值正确地传递给形式参数。如果调用语句调用的是无参函数,则实际参数可以为空。

　　下面是一般性函数的应用例子。

　　例 6.4　计算 $7 \times 6 \times 5 \times 4 \times 3 \times 2 \times 1$ 的结果(即 7!),并将结果输出。

```c
#include<stdio.h>
#include<reg52.h>
void init_serial()
{
    SCON = 0x50;
    TMOD = 0x20;
    TCON = 0x40;
    TH1 = 0xE8;
    TL1 = 0xE8;
    TI = 1;
    TR1 = 1;
}
int fac(int n);
void main()
{
    init_serial();
    printf("The result of 7! is %d",fac(7));
    while(1);
}
int fac(int n)
{
    int temp;
    temp = 1;
    if(n = = 0) return 1;
    else
    {
```

```
        while(n>0)
        {
            temp = temp * n;
            n--;
        }
        return temp;
    }
}
```

执行结果：

The result of 7! is 5040

C51 程序中，如果在调用一个函数执行过程中直接或者间接地又调用了该函数本身，这称之为函数的递归调用。例如计算阶乘 $f(n)=n!$，可以通过 $f(n)=n \times f(n-1)$ 来实现，而 $f(n-1)=(n-1) \times f(n-2)$，这就是递归调用。在 C51 中，函数的递归调用是靠可再入函数来实现的，将一个函数定义为一个可再入函数是依靠 reentrant 扩展关键字来实现的，定义方式如下：

函数返回类型 可再入函数名（形式参数列表）[reentrant]

{

　　可再入函数的函数体语句

}

与普通函数不同，可再入函数的参数传递以及局部变量是通过模拟堆栈来实现的，模拟堆栈所在的存储器空间根据可再入函数的存储模式的不同，可以位于 idata 区（Small 模式）、pdata 区（Compact 模式）、xdata 区（Large 模式）。使用可再入函数需要注意以下几点：

(1)可再入函数不能传递位变量，也不能在可再入函数中定义位局部变量；

(2)与 PL/M51 兼容的函数不能是可再入函数；

(3)不同存储模式的可再入函数不能相互递归调用。

下面是一个可再入函数的应用示例。

例 6.5　利用可再入函数实现整数的阶乘计算。

```
#include<stdio.h>
#include<reg52.h>
void init_serial()
{
    SCON = 0x50;
    TMOD = 0x20;
    TCON = 0x40;
    TH1 = 0xE8;
    TL1 = 0xE8;
    TI = 1;
    TR1 = 1;
}
```

```
long fac(long n) reentrant
{
    if(n<1)
        return 1;
    else
        return (n * fac(n - 1));
}
void main()
{
    long n;
    init_serial();
    printf("Input a number\n");
    scanf("% ld",&n);
    printf("The result of % ld! is % ld",n,fac(n));
    while(1);
}
```

执行结果：

Input a number

9 回车

The result of 9! is 362880

在上面的例子中，使用 reentrant 关键字将 fac() 函数定义为一个可再入函数，这样，当递归调用该函数时，长整型的参数 n 会通过模拟堆栈来传递，因此，该函数上一次被调用时数据不会因为本次的执行而被覆盖。

6.5.2　中断服务函数

中断服务函数是专用处理中断异常事件的一类函数。中断服务函数在执行完后会回到程序的中断断点处。

中断服务函数的一般形式为：

void 中断服务函数名(void)　interrupt 中断序号［using 寄存器组号］
{
　　中断服务函数体语句；
}

其中的 interrupt 关键字是 C51 语言中的扩展关键字，它的作用是标记本函数是一个中断服务函数，而不是一个普通函数；interrupt 关键字后面接一个中断序号，该序号用于指示本中断服务函数的所属中断源对象(对应关系见表 6.5)；在中断服务函数的函数体之前可以选择性使用 using 关键字(C51 语言扩展关键字)，用来指示在执行本中断服务函数过程中所使用的寄存器组(对应关系见表 6.6)。

表 6.5　中断序号与中断源的对应关系

中断序号	所对应的中断源
0	外部中断 0
1	定时器/计数器 0
2	外部中断 1
3	定时器/计数器 1
4	串口中断
5(52 子系列单片机)	定时器/计数器 2

表 6.6　寄存器组号及说明

寄存器组号	说明
0	第 0 组寄存器组
1	第 1 组寄存器组
2	第 2 组寄存器组
3	第 3 组寄存器组

中断服务函数与一般性函数有着本质的区别。从功能上讲,一般性函数是功能模块的封装形式,以完成一个简单的动作或任务;中断服务函数是专用于及时地处理中断异常事件,以保障系统的实时性。从形式上讲,中断服务函数与一般性函数有如下一些区别。

(1)中断服务函数不能进行程序的显式调用,而只能由 CPU 自动执行。这是由中断的特殊性决定的,对于 51 单片机来说,中断服务函数的最后是一条 RETI 指令,该指令会对单片机的中断系统产生影响。因而,在没有中断请求的情况下直接调用中断服务函数将会产生致命错误。事实上,在 C51 程序中显式地调用中断服务函数会产生编译错误。

(2)中断服务函数没有形参。由于中断服务函数不能进行函数调用,也就是不存在实际参数到形式参数的传递过程,因此中断服务函数永远为空或"void"即空类型。

(3)中断服务函数没有返回值。中断服务函数的返回值类型永远为空或"void"类型。

(4)在中断服务函数定义中需要使用 interrupt 关键字,并且在该关键字后面紧跟一个中断序号。因为中断服务函数是属于某个中断源的服务函数,在中断服务函数定义中使用 interrupt 关键字加中断序号,这样,当中断请求产生时,CPU 才能跳转到中断序号所代表的中断源的中断入口地址处。

6.6　指　针

6.6.1　指针概念

指针是 C 语言中的一个非常重要的内容,指针类型的数据在 C 语言中使用非常普遍,灵活地使用各种类型的指针,可以极大地改善程序的执行效率。

在单片机中,无论是可执行的指令还是数据、变量都是存放在某个存储器单元中的。该存储器单元或者占用 1 个字节,或者占用多个字节,不论如何,由于存储器的每一字节都具有属于字节的访问地址,因此,无论是程序,还是变量,或者是某个数据结构都具有其"首地址",这里"首地址"是指访问程序或数据的起始地址。在 C 语言中,为了能够实现直接对内存单元进行访问,就引入了指针类型的数据。由于通过数据单元的地址可以对该单元进行访问,因此它的地址也称之为该数据单元的指针,

指针变量的功能就是用于存放另一个数据单元的指针(首地址)。例如有一个整形变量var,它占用两个字节单元,地址分别是 50H 和 51H,由于 50H 地址是变量 var 的首地址(指

针),因此可以定义一个指针变量来指向 var 变量,例如使用语句"int ＊ ip＝＆var;",其中
"＆"是取值运算符,用于提取一个数据类型的地址,上面的语句执行后,指针变量 ip 的内容就
是变量 var 的首地址(指针)50H。

　　注意,变量的指针和指针变量是两个不同的概念。变量的指针就只是指变量的地址;而指
针变量是一个独立的数据单元,该数据单元是专用于存放地址(指针)的。如图 6-3 所示,变
量 var 的指针是其地址 50H,而指针变量 ip 是一个独立存储单元,它当前的内容值为变量 var
的地址,因此指针变量 ip 指向变量 var。

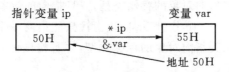

图 6-3　指针变量与变量的指针的关系

6.6.2　指针变量的定义

指针变量的定义如下:

　　数据类型 [存储类型 1] ＊ [存储类型 2] 指针变量名;

其中,数据类型说明了指针变量所指向对象的类型。存储类型 1 是可选项,用于指示指针变量所指
向对象的存储类型,如有此项,则指针变量被定义为基于存储类型的指针;如无此项,则指针变量被
定义为一般指针。存储类型 2 也是可选项,与普通变量定义中的存储类型作用一样,用于指示指针
变量本身的存储类型。对于基于存储类型的指针,它的存储类型 1 所对应的编码值如表 6.7 所示。

表 6.7　存储类型 1 的编码

存储类型 1	idata/data/bdata	xdata	pdata	code
编码	0x00	0x01	0xFE	0xFF

　　一般指针可用于指向任何区域中的变量,因此可以使用一般指针来存取任何存储器空间
的数据。

　　下面是一些指针定义的例子:

unsigned char ＊ var3;　　　　　　　/＊声明一个一般指针变量,该指针指向一个 un-
　　　　　　　　　　　　　　　　　　signed char 型的变量,指针变量本身的存储位置区
　　　　　　　　　　　　　　　　　　域由存储模式确定＊/

unsigned int ＊ data var4;　　　　　/＊声明一个一般指针变量,该指针指向一个 un-
　　　　　　　　　　　　　　　　　　signed int 变量,指针变量本身存储在 data 区＊/

unsigned char data ＊ xdata var5;　/＊声明一个基于存储类型的指针变量,该指针只能
　　　　　　　　　　　　　　　　　　指向一个存储在 data 区中的 unsigned char 类型变
　　　　　　　　　　　　　　　　　　量,且指针变量本身存储在 xdata 区＊/

unsigned int xdata ＊ data var6;　　/＊声明一个基于存储类型的指针变量,该指针只能
　　　　　　　　　　　　　　　　　　指向一个存储在 xdata 区中的数据类型为 unsigned
　　　　　　　　　　　　　　　　　　int 的变量,而指针变量本身存储在 data 区＊/

注意,在表 6.3 中,指针类型的变量占据的空间可能是 1 个字节、2 个字节或 3 个字节,因为编译器需要知道指针所指向的变量的存储类型以及数据长度,以便决定使用何种指令进行访问以及如何访问。例如上例中的 var3 指针变量,由于它所指向对象的存储类型未定,因此在程序运行过程中需要一个字节来表示当前所指对象的存储类型,再由于它所指对象的地址可能是 8 位也可能是 16 位,因此 var3 指针本身占用 3 个字节;对于 var4 指针变量,尽管本身的存储区域确定,但是它所指向对象的存储类型和地址宽度同样是未确定的,因此该指针变量同样需要占用 3 个字节;对于 var5 指针变量,该指针只能指向一个存储在 data 区中的变量,由于不需要单独的字节指示其指向对象的存储类型,并且指向的对象地址为 8 位宽度,因此该指针变量只占用 1 个字节;对于 var6 指针变量,该指针只能指向一个存储在 xdata 区中的变量,由于不需要单独的字节指示其指向对象的存储类型,并且指向的对象地址为 16 位宽度,因此该指针变量只占用 2 个字节。

6.6.3　指针变量的引用

指针变量只能存放所指向对象的地址。与指针相关的运算符有两个:取地址运算符 & 以及指针访问运算符 *。例如在图 6 - 3 中,"&var"表示提取 var 变量的地址;"*ip"表示指针变量 ip 所指向的变量。

例 6.6　输入两个整数,然后按从小到大输出。

```c
#include<stdio.h>
#include<reg52.h>
void init_serial()
{
    SCON = 0x50;
    TMOD = 0x20;
    TCON = 0x40;
    TH1 = 0xE8;
    TL1 = 0xE8;
    TI = 1;
    TR1 = 1;
}
void main()
{
    int x,y;
    int *p, *p1, *p2;
    init_serial();
    printf("Input x and y:\n");
    scanf("%d %d",&x,&y);
    p1 = &x;
    p2 = &y;
    if(x>y)
```

```
    {
        p = p1;
        p1 = p2;
        p2 = p;
    }
    printf("max = % d,min = % d\n", * p1, * p2);
    while(1);
}
```

执行结果：

Input x and y:

3　2回车

max = 2,min = 3

在上面的程序中,init_serial()函数用于初始化 51 单片机的 UART 接口,由于 printf 函数、scanf 函数是标准输出输入函数,而对于 51 单片机,标准输入输出接口就是 UART 接口,因此需要先正确地配置好 UART 端口后才能调用 printf、scanf 函数。关于 UART 的知识会在后面章节进行讲解。因此这里读者只需理解 main 函数的内容即可。

6.6.4　函数指针

函数虽然不是变量,但函数也具有其入口地址,如果将函数的入口地址存储到一个变量当中,则可以通过该变量来调用它所指向的函数,这样的变量就是函数指针。在 C 语言中,函数与变量不同,不能将一个函数名传递给另一个函数,但利用函数指针,则可以将函数作为参数传递给另一个函数。

函数指针的定义如下：

函数返回类型(* 函数指针名)(形参列表);

其中,函数返回类型表示函数指针所指向的函数返回值的类型;形参列表中的个数和类型必须与函数指针所指向的函数的形参个数和类型一致。例如：

int(* fun1)(void);

void(* fun2)(int , char);

第一条语句定义了一个函数指针 fun1,用于指向所有返回值类型为整型且无形参的函数。第二条语句定义了一个函数指针 fun2,用于指向所有返回值类型为空且第一个形参为整型,第二个形参为字符型的所有函数。

由于函数指针指向程序存储器区中的某个函数,因此可以通过函数指针调用相应的函数。需要注意的是在使用函数指针之前必须先给指针赋值为某个函数的地址。下面是一个函数指针使用的例子。

例 6.7　输入 3 个整型值,输出两个值的最大值、最小值、以及 3 个数之和。

```
# include<stdio.h>
# include<reg52.h>
void init_serial()
{
```

```
    SCON = 0x50;
    TMOD = 0x20;
    TCON = 0x40;
    TH1 = 0xE8;
    TL1 = 0xE8;
    TI = 1;
    TR1 = 1;
}
void max(int a,int b,int c)
{
    int temp;
    temp = a>b? a:b;
    temp = temp>c? temp:c;
    printf("MAX = % d\n",temp);
}
void min(int a,int b,int c)
{
    int temp;
    temp = a<b? a:b;
    temp = temp<c? temp:c;
    printf("MIN = % d\n",temp);
}
void add(int a,int b,int c)
{
    printf("SUM = % d\n",a + b + c);
}
void main()
{
    int x,y,z;
    void ( * fun)(int,int,int);
    init_serial();
    printf("Input x y z:\n");
    scanf(" % d % d % d",&x,&y,&z);
    fun = max;
    fun(x,y,z);
    fun = min;
    fun(x,y,z);
    fun = add;
    fun(x,y,z);
```

```
    while(1);
}
```

执行结果：

Input x y z：

3 5 6 回车

MAX = 6

MIN = 3

SUM = 14

在该例子中定义了一个函数指针 fun，它用于指向具有三个 int 类型形参且无返回值的函数。在使用该函数指针时，需要先将某个与 fun 函数指针相匹配的函数名（函数名代表了该函数的入口地址）赋值给函数指针，然后才能通过函数指针进行函数调用。

另外，需要注意的是函数指针与指针函数是不一样的两个概念。前者是一个指针变量，用于指向某个函数；后者是指返回类型为指针类型的函数。

6.6.5 抽象指针

在指针类型中还有一种较为特殊，那就是抽象指针"void *"，也称为空指针。抽象指针是一种指向未知类型数据的指针。将一个地址赋值给抽象类型指针是隐式类型转换的，而将一个抽象指针的数据赋值给确定类型的指针需要进行强制类型转换。如下例所示：

```
int i;
int * p1;
void * p2;
p1 = &i;
p2 = &i;
p2 = p1;
p1 = (int *)p2;
```

在访问抽象指针所指向的存储器单元时，必须先强制转换为某种恰当的确定类型的数据之后才能进行访问，因为编译器需要知道多大空间中的数据以及如何使用这些数据。

函数的返回值也可以是抽象指针类型（"void *"类型），表示函数返回的是一个地址，该地址是一个未知类型数据的地址。另外函数的形参也可以是"void *"类型，表示从实参传递的是指向一个未知类型数据的地址。

例 6.8 利用抽象指针实现一个输出函数，使之能输出整型、长整型、字符串型的数据。

```
#include<stdio.h>
#include<reg52.h>
void init_serial()
{
    SCON = 0x50;
    TMOD = 0x20;
    TCON = 0x40;
    TH1 = 0xE8;
```

```
        TL1 = 0xE8;
        TI = 1;
        TR1 = 1;
    }
    int a = 12345;
    long b = 123456789;
    char c[] = "abcd";
    void function()
    {
        printf("This is a function");
    }
    void display(void * p,int i)
    {
        switch(i)
        {
            case 0:printf("Int: % d\n", * ((int * )p));break;
            case 1:printf("Long: % ld\n", * ((long * )p));break;
            case 2:printf("String: % s\n",(char * )p);break;
            case 3:( * (void(code * )())p)();break;
            default:printf("ERROR\n");
        }
    }

    void main()
    {
        init_serial();
        display(&a,0);           // 将整型变量 a 的地址传递给抽象指针 p
        display(&b,1);           // 将长整型变量 b 的地址传递给抽象指针 p
        display(c,2);            //将字符数组 c 的首地址传递给抽象指针 p
        display(function,3);     //将 function 函数的入口地址传递给抽象指针 p
        while(1);
    }
```

该例子中,display 函数的第一个形参为抽象指针 p,该形参可以是任何类型数据的地址,包括函数的入口地址。第二个形参 i 用于区分函数调用时传递给抽象指针 p 的是什么类型数据的地址。

表达式"* ((int *)p))"首先将抽象指针 p 中的地址强制转换为"int * "类型,然后再使用指针访问运算符" * "读取以 p 中的值为地址的整形数据。同理,表达式"* ((long *)p))"首先将抽象指针 p 中的地址强制转换为"long * "类型,然后再使用指针访问运算符" * "读取以 p 中的值为地址的长整形数据;表达式"(char *)p"将抽象指针 p 强制转换为"char * "类型的指针;语句"(* (void(code *)())p)();"首先将抽象指针 p 强制转换为函数指针(即转换为指向以 p 的内容为入口地址的函数指针),然后再使用函数指针进行调用。

6.7 绝对地址访问

绝对地址访问是访问一个确定地址的存储器单元。该存储器单元可位于内部数据存储器、外部数据存储器、程序存储器。这种访问方式十分必要,比如需要向外部数据存储器某一固定地址单元写入数据或者是读取程序存储器中某一固定地址单元,或者调用某个固定地址的程序等。

6.7.1 数据的绝对地址访问

数据绝对地址的访问主要可以通过两种方式实现:绝对宏以及_at_关键字。

1. 绝对宏

下面是一个例子:

unsigned char xdata ＊ pt＝((unsigned char xdata ＊)0);

pt[0xFFFE]＝0x55;

第一个语句是定义一个指针变量 pt,该指针指向一个位于 xdata 区的 unsigned char 类型的数据单元,并初始化该指针,使它指向 xdata 区地址为 0x0000 的单元。第二个语句将数据 0x55 写入到外部数据存储器地址为 0xFFFE 的存储单元。由于指针指向的对象属于单字节类型,因此下表为 0xFFFE。如果指向的对象属于双字节类型,比如为 unsigned int 类型,则访问首地址为 0xFFFE 的双字节单元下表应为 0x7FFF。

同样,上面的两条语句的功能可以用一种变形方式来实现。

((unsigned char xdata ＊)0)[0xFFFE]＝0x55;

这种方式是使用常量指针加偏移量的方式来实现的。事实上,在占统治地位的 51 系列单片机开发工具 Keil 软件的 absacc.h 头文件中,已经为这种访问方式做好了定义:

```
#define CBYTE ((unsigned char volatile code ＊) 0)
#define DBYTE ((unsigned char volatile data ＊) 0)
#define PBYTE ((unsigned char volatile pdata ＊) 0)
#define XBYTE ((unsigned char volatile xdata ＊) 0)
#define CWORD ((unsigned int volatile code ＊) 0)
#define DWORD ((unsigned int volatile data ＊) 0)
#define PWORD ((unsigned int volatile pdata ＊) 0)
#define XWORD ((unsigned int volatile xdata ＊) 0)
```

由于是通过宏定义方式实现的,所以称为绝对宏。前四条宏定义分别用于实现对程序存储器(code 区)、片内直接访问数据存储器区(data 区)、片外页区(pdata 区)、片外数据存储器区(xdata 区)以 unsigned char 类型数据进行绝对地址访问;后四条宏定义分别用于实现对程序存储器(code 区)、片内直接访问数据存储器区(data 区)、片外页区(pdata 区)、片外数据存储器区(xdata 区)以 unsigned int 类型数据进行绝对地址访问。上面定义中的关键字 volatile 表示对应的数据存储单元内容是易变的。

2. _at_关键字

_at_关键字是 C51 语言的一个扩展关键字。用于将所修饰的变量定位到一个确定地址上去。使用方法是在说明变量时,在变量名的后面接_at_关键字,然后在该关键字的后面写上绝对地址值。

例如:unsigned char data var1 _at_ 0x30;

该语句的含义是将变量 var1 固定在片内直接地址寻址区(data 区)的 0x30 地址上。需要注意的是,使用这种方式时不能同时给修饰的变量初始化,并且 bit 类型的绝对地址访问不能使用这种方式实现。

下面是一个关于 I/O 操作的 C51 程序示例,该程序将外部数据存储器中地址 0000H~001FH 中的数据通过 P1 端口传送出去。程序如下:

```
sfr P1 = 0x90;                        //定义 I/O 口 P1 地址为 0x90
# define XBYTE ((unsigned char volatile xdata * )0)      //使用宏定义方式将
                                      //XBYTE 定义为外部数据存储器的 0 地址单元
void delay()                          //延时函数
{
    unsigned int delay_var = 10000;
    while(delay_var - - >0);
}
void main()
{
    unsigned char i = 0;   //变量 i 用于控制循环次数
    while(i<0x20)
    {
        P1 = XBYTE[i];   //读取外部数据存储器地址为 0000H + i 的字节单元,
                         //并传送给 P1 端口
        delay();         //调用延时函数
        i + + ;          //变量 i 加 1
    }
    while(1);            //数据传送完毕后,程序在此处无限循环
}
```

6.7.2　程序的绝对地址调用

程序的绝对地址调用是通过将地址数据强制转化为函数指针来实现的。具体的方法是首先将目标函数的地址强制转化为某种恰当类型的函数指针,然后通过函数指针调用目标函数。下面是一个在 C51 程序调用一段汇编函数的例子。

汇编程序:

```
ORG 001BH
MOV P2, # 0x55
RET
```

C51 程序：

void (* fun)();

fun = (void (code *)())0x001B;

(* fun)();

由于需要调用的汇编函数的入口地址为 0x001B，因此 C 程序要想调用该函数可以通过先将地址值 0x001B 转化为无返回值且无形参的函数指针，然后使用该函数指针进行程序调用。

习　题

6-1　sbit 类型与 bit 类型有何异同？

6-2　C51 程序中的变量具有哪些存储类型，各存储类型的特点是什么？

6-3　利用可再入函数实现求取两个正整数 m 和 n 的最大公约数。提示：

m 和 n 的最大公约数 $gcd(m,n) = \begin{cases} m, & \text{当 } n=0 \\ gcd(n, m\%n), & \text{当 } n>0 \end{cases}$

6-4　指针函数与函数指针有何区别，它们各自如何定义？

6-5　编写一段 C51 程序，实现将程序存储器 0x0000～0x00FF 中的数据复制到外部数据存储器相同的地址单元中。

第7章 定时器/计数器

51 单片机内部有两个 16 位可编程的定时器/计数器,即定时器 T0 和定时器 T1(52 子系列提供 3 个,第三个称定时器/计数器 T2)。它们既可工作在定时器方式,又可工作在计数器方式。

7.1 定时器/计数器结构

如图 7-1 所示,每个定时器/计数器的核心部件是两个 8 位的计数器(其中 TH0、TL0 是 T0 的计数器,TH1、TL1 是 T1 的计数器)。

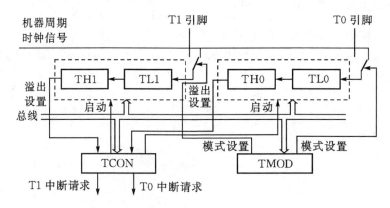

图 7-1 定时计数器 T0、T1 结构框图

当作定时器使用时,工作所需驱动信号是由晶体振荡器的输出经 12 分频后得到的机器周期时钟信号,所以定时器也可看作是对机器周期的计数器(每经过一个机器周期,定时计数器就会自动加 1,而机器周期时间非常稳定,因此可以用作定时功能,所以称这种方式为定时器方式)。

当作计数使用时,驱动信号是由外部引脚 T0(P3.4)或 T1(P3.5)输入的。在这种情况下,当检测到输入引脚上的一个负跳变时,计数器就加 1(它在每个机器周期的 S5P2 时采样外部引脚电平,当采样值在一个机器周期为高电平,而在下一个机器周期为低电平时,则计数器加 1)。加 1 操作发生在检测到负跳变之后的机器周期中 S3P1 时刻,因此需要两个机器周期来识别一个从 1 到 0 的跳变,故最高计数频率为晶振频率的 1/24。这就要求输入信号的电平在跳变后至少应保持一个机器周期,以保证能够正确地被检查。

定时器/计数器有四种工作方式,其工作方式的选择及控制都由两个特殊功能寄存器(TMOD 和 TCON)的内容来决定。当改变 TMOD 或 TCON 的内容后,新的设置会在下一个机器周期的 S1P1 时刻起作用。

1. 模式寄存器 TMOD

TMOD 特殊寄存器中每位的定义如表 7.1 所示。高 4 位用于定时器/计数器 T1,低 4 位用于定时器/计数器 T0。

表 7.1　TMOD 寄存器各位定义

D7	D6	D5	D4	D3	D2	D1	D0
GATE	C/$\overline{\text{T}}$	M1	M0	GATE	C/$\overline{\text{T}}$	M1	M0
T1 方式控制字				T0 方式控制字			

(1)**M1、M0**　用于确定定时器计数器的 4 种工作方式,如表 7.2 所示。

表 7.2　工作方式选择表

M1 M0	方式	说明
0　0	0	13 位定时器/计数器方式
0　1	1	16 位定时器/计数器方式
1　0	2	自动重装的 8 位定时器/计数器方式
1　1	3	不自动重装的 8 位定时器/计数器方式(T0 分为两个 8 位独立计数器;对 T1 置方式 3 时停止工作)

(2)**C/$\overline{\text{T}}$**　定时器方式和计数器方式的选择位。C/$\overline{\text{T}}$=1 时,设置为计数器模式;C/$\overline{\text{T}}$=0 时,设置为定时器模式。

(3)**GATE**　定时器/计数器运行控制位,用来确定对应的外部中断请求引脚($\overline{\text{INT0}}$ 或 $\overline{\text{INT1}}$)是否参与 T0 或 T1 的运行控制。当 GATE=0 时,只要定时器控制寄存器 TCON 中的 TR0(或 TR1)被置 1 时,T0(或 T1)就会开始定时/计数;当 GATE=1 时,不仅需要 TCON 中的 TR0 或 TR1 置位,还需要 P3 口的 $\overline{\text{INT0}}$ 或 $\overline{\text{INT1}}$ 引脚为高电平,才允许定时器/计数器工作。

2. 控制寄存器 TCON

TCON 特殊功能寄存器用于控制定时器的运行以及对定时器/计数器溢出的设置。其各位定义如表 7.3 所示,其中低 4 位与外部中断相关,将在下一章中详细讲解。

表 7.3　TCON 寄存器各位定义

D7	D6	D5	D4	D3	D2	D1	D0
TF1	TR1	TF0	TR0	IE1	IT1	IE0	IT0
用于定时器/计数器				用于外部中断			

(1)**TR0**　TR0 是 T0 的运行控制位。该位置 1 或清 0 用来实现启动定时/计数或停止定时/计数。

(2)**TF0**　TF0 是 T0 的溢出标志位。当 T0 产生溢出时会由硬件自动置 1;该位可以软件清 0 或者在 CPU 响应中断请求后由硬件清 0。

(3)**TR1**　TR1 是 T1 的运行控制位,功能同 TR0。

(4)**TF1**　TF1 是 T1 的溢出中断标志位,功能同 TF0。

注意:TMOD 和 TCON 特殊功能寄存器中内容会在复位后自动清零。

7.2　定时器/计数器的四种工作方式

如前所述,定时器/计数器 T0 和 T1 的工作方式由 TMOD 特殊功能寄存器的 M1 和 M0 两位来决定。注意:在下面四种工作方式的详细讲解中,"x"表示定时器/计数器的选择。

1. 工作方式 0

当 M1 和 M0 设置为 00 时,定时器/计数器工作于 13 位定时/计数方式。该工作方式的逻辑框图如图 7-2 所示。在这种方式下,16 位寄存器只用了其中的 13 位,即 THx 的全部 8 位和 TLx 的低 5 位组合为一个 13 位定时器/计数器(TL0 的高 3 位未用)。

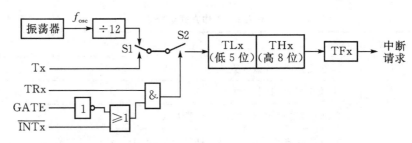

图 7-2　定时计数器工作方式 0 的逻辑框图

当 GATE=0 时,只要 TCON 中的 TRx 为 1,TLx 及 TH0 组成的 13 位计数器就开始计数;当 GATE=1 时,此时仅 TR0=1 仍不能使计数器计数,还需要 $\overline{\text{INTx}}$ 引脚为高电平才能使计数器工作。由此可知,当 GATE=1 和 TRx=1 时,THx 和 TLx 是否计数取决于 $\overline{\text{INTx}}$ 引脚的信号,当 $\overline{\text{INTx}}$ 变为高电平时,开始计数;当 $\overline{\text{INTx}}$ 变为低电平时,停止计数,因此常使用这种方法来测量 $\overline{\text{INTx}}$ 端出现的脉冲宽度。

当计数器中的值增加到所能承载的最大值时,再来一个驱动信号(即再过一个机器周期),计数器的值就会复位为全 0 值,也就是产生了一次溢出,这时硬件会自动将 TFx 置位,如果打开了中断,还会向 CPU 发出中断请求信号。

2. 工作方式 1

当 M1 和 M0 设置为 01 时,定时器/计数器选定为工作方式 1,即 16 位定时器/计数器方式。该工作方式的逻辑框图如图 7-3 所示。工作方式 1 和工作方式 0 的运行方式相似,唯一的差别是计数器硬件为 16 位而不是 13 位。

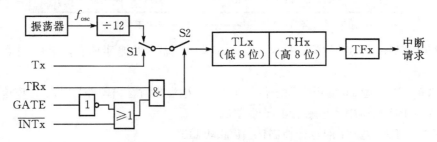

图 7-3　定时计数器工作方式 1 的逻辑框图

3．工作方式 2

当 M1 和 M0 设置为 10 时,定时器/计数器选定为工作方式 2,即自动重装的 8 位定时器/计数器方式。该工作方式的逻辑框图如图 7-4 所示。工作方式 2 把 TLx 配置成一个可以自动重装初值的 8 位计数器,THx 作为常数暂存器并由程序初始化初始值。当 TLx 产生溢出时,一方面会将溢出标志 TFx 置 1,同时也会把 THx 中的 8 位数据重新装入 TLx 中。

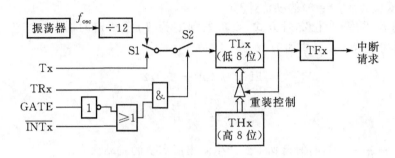

图 7-4　定时计数器工作方式 2 的逻辑框图

4．工作方式 3

当 M1 和 M0 设置为 11 时,定时器/计数器选定为工作方式 3,即双 8 位定时器/计数器方式。该工作方式的逻辑框图如图 7-5 所示。注意:定时器/计数器 T1 没有工作方式 3,对 T1 设置该方式属于无效操作。

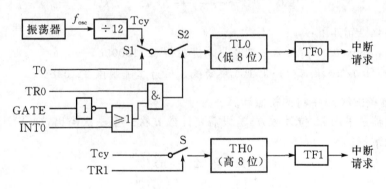

图 7-5　定时计数器工作方式 3 的逻辑框图

方式 3 把 TL0 和 TH0 分成两个相互独立的 8 位计数器,TL0 利用了 T0 本身的一些控制方式(C/$\overline{T}$,GATE,TR0,TF0,$\overline{INT0}$引脚和 T0 引脚),它的操作与方式 0 和方式 1 类似。而 TH0 只能用作定时器功能,即对机器周期计数,它占用了 T1 的控制位 TR1 和 TF1,并且占用了 T1 的中断入口地址。当 T0 设置为工作方式 3 时,T1 用于任何不需要中断控制的场合,比如用作串行口的波特率发生器。

通常,当 T1 用作串行口波特率发生器时,T0 才定义为方式 3,以增加一个 8 位计数器。

7.3 定时器/计数器初始值的计算

7.3.1 工作方式 0 的初值计算

1. 定时器模式(C/$\overline{T}$=0)的初值计算

由于定时器采用 13 位定时方式,设机器周期为 T,需要定时时长 t 产生一次溢出,则 THx、TLx 的初始值计算公式如下

$$THx = (2^{13} - \frac{t}{T})/2^5 \tag{7-1}$$

$$TLx = (2^{13} - \frac{t}{T}) \% 2^5 \tag{7-2}$$

其中 $N = 2^{13} - \frac{t}{T}$ 为从初始值自加 1 到产生溢出所需要的跳动次数。

例 7.1 设定时器 0 采用工作方式 0,需要定时时长为 1 ms,假设 $f_{osc} = 6$ MHz。

解 由于 $f_{osc} = 6$ MHz,则机器周期 $T = 12 \times 1/(6 \times 10^6)$ s $= 2$ μs;又因为采用定时器的工作方式 0,因此将数据代入 THx、TLx 初值计算公式(7-1)、(7-2)得

$$TH0 = (2^{13} - \frac{1000\ \mu s}{2\ \mu s})/2^5 = 0xF0$$

$$TL0 = (2^{13} - \frac{1000\ \mu s}{2\ \mu s}) \% 2^5 = 0x0C$$

汇编初始化语句如下:

```
MOV   TH0,♯0xF0     ;初始化 TH0 为二进制值 11110000b
MOV   TL0,♯0x0C     ;初始化 TL0 中的低 5 位为二进制值 01100b
```

2. 计数器模式(C/$\overline{T}$=1)的初值计算

由于计数器是采用 13 位计数方式,设需要计数 n 次产生一次溢出,则 THx、TLx 的初始值计算公式如下

$$THx = (2^{13} - n)/2^5 \tag{7-3}$$
$$TLx = (2^{13} - n) \% 2^5 \tag{7-4}$$

7.3.2 工作方式 1 的初值计算

1. 定时器模式(C/$\overline{T}$=0)的初值计算

由于定时器是采用 16 位定时方式,设机器周期为 T,需要定时时长 t 产生一次溢出,则 THx、TLx 的初始值计算公式如下

$$THx = (2^{16} - \frac{t}{T})/2^8 \tag{7-5}$$

$$TLx = (2^{16} - \frac{t}{T}) \% 2^8 \tag{7-6}$$

其中 $N = 2^{16} - \frac{t}{T}$ 为从初始值自加 1 到产生溢出所需要的跳动次数。

例 7.2 若单片机 $f_{osc}=12\,\text{MHz}$,当采用定时器、计数器 1 并且使用工作方式 1 时,请计算定时时长为 50 ms 所需的定时器初值。

解 由于 $f_{osc}=12\,\text{MHz}$,则机器周期 $T=12\times1/(12\times10^6)\,\text{s}=1\,\mu\text{s}$;又因为采用定时器的工作方式 1,因此将数据带入 THx、TLx 初始值计算公式(7-5)、(7-6)得

$$TH1 = (2^{16} - \frac{50000\,\mu\text{s}}{1\,\mu\text{s}})/2^8 = 0\text{x}3C$$

$$TL1 = (2^{16} - \frac{50000\,\mu\text{s}}{1\,\mu\text{s}})\%2^8 = 0\text{x}B0$$

汇编初始化语句如下:

```
MOV  TH1,♯0x3C      ;初始化 TH1 二进制值 00111100b
MOV  TL1,♯0xB0      ;初始化 TL1 二进制值 10110000b
```

2. 计数器模式($C/\overline{T}=1$)的初值计算

由于计数器是采用 16 位计数方式,设需要计数 n 次产生一次溢出,则 THx、TLx 的初始值计算公式如下

$$THx = (2^{16} - n)/2^8 \tag{7-7}$$

$$TLx = (2^{16} - n)\%2^8 \tag{7-8}$$

7.3.3 工作方式 2 的初值计算

1. 定时器模式($C/\overline{T}=0$)的初值计算

由于定时器是采用 8 位自动重装的定时方式,设机器周期为 T,需要定时时长 t 产生一次溢出,则 THx、TLx 的初始值计算公式如下

$$THx = TLx = 2^8 - \frac{t}{T} \tag{7-9}$$

例 7.3 假设 f_{osc} 为 12 MHz,编写一个延时函数 DELAY,利用定时器/计数器 T1 的工作方式 2 实现定时时长为 1 s。

解 由于 $f_{osc}=12\,\text{MHz}$,则机器周期 T 为 $1\,\mu\text{s}$。又因为 T1 采用的是工作方式 2,则该方式下一次溢出的最长时长为 $2^8\,\mu\text{s}$,该时长远远小于需要的定时时长 1 s。因此这时就需要采用记录定时器溢出次数的方式来实现,如果设置 T1 每经过 200 μs 产生一次溢出(即定时器跳动 200 次产生一次溢出),则定时 1 s 相当于产生 5000 次溢出。根据公式(7-9)可知

$$TH1 = TL1 = 2^8 - \frac{200\,\mu\text{s}}{1\,\mu\text{s}} = 0\text{x}38$$

汇编程序如下:

```
DELAY:MOV TMOD,♯20H   ;设置定时器/计数器 1 为 8 位自动重装的定时方式,并且
                      ;不需要INT1引脚的有效信号参与定时器计数器的开启
                      ;工作,因此 GATE 位为 0
      MOV TH1,♯38H    ;初始化 TH1、TL1 的值为 38H,使得产生一次溢出的
                      ;时长为 200 μs
      MOV TL1,♯38H
      SETB TR1        ;开启定时器 1 的工作
```

```
        MOV R0,#14H        ;设置 R0,R1 寄存器,用于计数溢出次数为 20 * 250 = 5000
LOOP:  MOV R1,#0FAH
WAITE:JNB TF1,$           ;等待 TF1 标志位硬件置 1,即等待一次溢出
        CLR TF1            ;将 TF1 标志位清除,以便硬件能够再次置位
        DJNZ R1,WAITE      ;将 R1 减 1,不为 0,则直接等待下一次溢出
        DJNZ R0,LOOP       ;R1 为 0 后,就将 R0 减 1,然后跳转到 LOOP 处
        CLR TR0            ;R0 变为 0,表示 1s 秒延时到达,停止计数器 1 的工作
        RET               ;函数返回
```

C51 程序如下:

```
void delay()
{
    unsigned int count = 0;        //定义局部变量 count,用于计录溢出次数
    TMOD = 20H;                    //设置定时器/计数器 1 为 8 位自动重载的定时方式
    TH1 = 38H;                     //初始化 TH1、TL1
    TL1 = 38H;
    TR1 = 1;                       //开启定时器 1
    do
    {
        while(TF1 = = 0);          //等待溢出
        TF1 = 0;                   //清除溢出标志位
    }while( + + count<5000);       //判断是否产生了 5000 次溢出
    TR1 = 0;                       //1 秒时间到达后,关闭定时器 1,之后函数返回
}
```

2. 计数器模式$(C/\overline{T}=1)$的初值计算

由于计数器是采用 8 位自动重装的计数方式,设需要计数 n 次产生一次溢出,则 THx、TLx 的初始值计算公式如下

$$THx = TLx = 2^8 - n \tag{7-10}$$

7.3.4　工作方式 3 的初值计算

工作方式 3 只能用在定时器/计数器 0 上,并且该工作方式是将 TH0 和 TL0 设置为两个独立的 8 位计数单元。

对于 TL0,由于它既可以用作定时器也可以用作计数器,因此 TL0 的初始值计算公式如下

定时器模式:　　　　　　　　$$TL0 = 2^8 - \frac{t}{T} \tag{7-11}$$

计数器模式:　　　　　　　　$$TL0 = 2^8 - n \tag{7-12}$$

对于 TH0,由于它只能用作定时器,因此 TH0 的初始值计算公式如下

定时器模式:　　　　　　　　$$TH0 = 2^8 - \frac{t}{T} \tag{7-13}$$

例 7.4 假设 $f_{osc}=6$ MHz，编写一个延时函数，利用定时器计数器 0 的工作方式 3，并且使用 TH0 实现延时 100 μs。

解 由于 $f_{osc}=6$ MHz，机器周期 $T=2$ μs，根据 TH0 初值计算公式(7-13)可得

$$TH0 = 2^8 - \frac{100\ \mu s}{2\ \mu s} = 0xCE$$

汇编程序如下：

```
DELAY:MOV TMOD,#03H      ;设置 T0 为双 8 位定时器/计数器方式
      MOV TH0,#0CEH      ;初始化 TH0，以定时 100 μs
      SETB TR1           ;通过置位 TR1 来开启 TH0 的运行
      JNB TF1,$          ;通过判断 TF1 的置位来等待定时 100 μs 的到达
      CLR TF1            ;清除溢出标志位
      CLR TR1            ;停止 TH0 的工作
      RET                ;函数返回
```

C51 程序如下：

```
void delay()
{
    TMOD = 03H;          //设置 T0 为双 8 位定时器/计数器方式
    TH0 = 0CEH;          //初始化 TH0，以定时 100 μs
    TR1 = 1;             //开启 TH0 的运行
    while(TF1 = = 0);    //待定时 100 μs 的到达
    TF1 = 0;             //清除溢出标志位
    TR1 = 0;             //停止 TH0 的工作，之后函数返回
}
```

7.4 应用举例

例 7.5 如图 7-6 所示，T0 引脚与一脉冲源相连，要求当输入 10 个脉冲时将与 P1 相连的 LED 灯作十进制加 1 操作(P1.7~P1.4 为十位，P1.3~P1.0 为个位)。

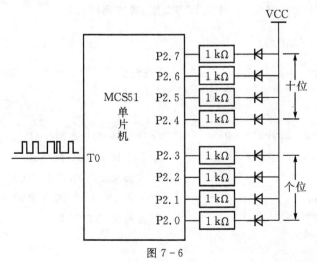

图 7-6

分析　由于 8 个 LED 灯采用的是灌电流点亮方式(即 I/O 口输出为低电平的时候,相应的 LED 灯亮),因此在将十进制数据通过 LED 显示时,需要把数据进行按位取反操作。下面是计数器 0 采用工作方式 0 时的汇编及 C51 程序。

根据初值计算公式(7-3)、(7-4)可得

$$TH0 = (2^{13} - 10)/2^5 = 0xFF , TL0 = (2^{13} - 10)\%2^5 = 0x16$$

汇编程序如下:

```
        ORG 0000H
        AJMP START
        ORG 0030H
START:MOV P2, #0FFH        ;初始化 P2 口,使 8 个 LED 灯全灭
        MOV R7, #00H        ;清零 R7 寄存器,R7 用于十进制计数
        MOV TMOD, #04H      ;设置 TMOD,使 T0 工作在 13 位计数器方式
        MOV TH0, #0FFH      ;初始化 TH0、TL0,使得每十个脉冲产生一次溢出
        MOVT L0, #16H
        SETB TR0            ;启动计数器
LOOP1:JNB TF0, $           ;等待 TF0 溢出标志位置位,即等待一次溢出
        CLR TF0            ;清除 TF0 溢出标志位
        MOV TH0, #0FFH      ;重新装载 TH0、TL0
        MOV TL0, #16H
LOOP2:MOV A, R7            ;将 R7 中的十进制计数值装载到累加器 A 中
        ADD A, #01H        ;注意这里不能使用 INC A 指令,因为 INC A 对 CY、
                           ;AC 状态位没有影响,但十进制跳转指令 DA A 需要
                           ;根据 CY、AC 位进行操作
        DA A               ;作十进制跳转操作
        MOV R7, A          ;将跳转后的值存回 R7 寄存器
        CPL A              ;将十进制值以二进制按位取反
        MOV P2,A           ;将显示值输出至 P2 端口
        JMP LOOP1          ;跳转至 LOOP1 处,实现无限循环
        END
```

C51 程序如下:

```
#include<reg51.h>                    //在该头文件中已经对 P2、TMOD 等作了地址定义
void main()
{
    unsigned char lowbits = 0;       //用于记录十进制个位
    unsigned char highbits = 0;      //用于记录十进制十位
    P2 = 0xFF;                       //初始化 P2 口,使 8 个 LED 灯全灭
    TMOD = 0x04;                     //设置 TMOD,使 T0 工作在 13 位计数器方式
    TH0 = 0xFF;                      //初始化 TH0、TL0
    TL0 = 0x16;
```

```
    TR0 = 1;                        //开启计数器 0
    do
    {
        while(TF0 = = 0);           //等待计数器的溢出
        TF0 = 0;                    //将溢出标志位清零
        TH0 = 0xFF;                 //重新装载 TH0、TL0
        TL0 = 0x16;
        if( + + lowbits＞9)          //将个位变量加 1,并判断是否大于 9,如果大
                                    //于 9,则执行 if 体语句
        {
            lowbits = 0;            //将个位变量清零
            if( + + highbits＞9)    //十位变量加 1,判断是否大于 9,如果大于
                                    //9,则执行 if 体语句
            {
                highbits = 0;       //将个位变量清零
            }
        }
        P2 = ～(highbits＜＜4|lowbits);  //highbits 左移四位再和 lowbits 位或,
                                    //然后再按位取反,之后送到 P2 端口
    }while(1);                      //无限循环
}
```

例 7.6 编写一段程序,使单片机 P1 口的低 4 位输出 4 路低频方波脉冲,频率分别为 50 Hz、40 Hz、20 Hz、10 Hz,假设 $f_{osc}=12$ MHz。

分析 由于 $f_{osc}=12$ MHz,则机器周期为 1 μs。对于题目中的频率要求,即需要每 10000 μs、12500 μs、25000 μs、50000 μs 改变相应输出引脚的电平状态。由于这些时间数据的最大公约数为 2500,如果定时器每 500 μs 产生一次溢出,则 4 路输出相当于每 4、5、10、20 次溢出产生一次电平翻转。如果采用定时器 1 的 16 位定时方式,则根据公式(7-5)、(7-6)可得

$$TH1 = (2^{16} - \frac{2500\ \mu s}{1\ \mu s})/2^8 = 0xF6 \ , \ TL1 = (2^{16} - \frac{2500\ \mu s}{1\ \mu s})\%2^8 = 0x3C$$

汇编程序如下:

```
        ORG   0000H
        AJMP  START
        ORG   0030H
START:MOV 7CH, #00H      ;7CH 地址单元用于记录关于 50 Hz 频率的溢出次数
        MOV 7DH, #00H      ;7DH 地址单元用于记录关于 40 Hz 频率的溢出次数
        MOV 7EH, #00H      ;7EH 地址单元用于记录关于 20 Hz 频率的溢出次数
        MOV 7FH, #00H      ;7FH 地址单元用于记录关于 10 Hz 频率的溢出次数
        MOV TMOD, #10H     ;初始化定时器 1 为 16 位定时器方式
```

```
                MOV TH1，♯0F6H      ;初始化定时器1的初值
                MOV TL1，♯3CH
                SETB TR1           ;开启定时器1
        LOOP：JNB TF1，$          ;等待定时器溢出
                CLR TF1            ;清除溢出标志位
                MOV TH1，♯0F6H      ;重装定时器初值
                MOV TL1，♯3CH
                INC 7CH            ;将7CH地址单元加1
                INC 7DH            ;将7DH地址单元加1
                INC 7EH            ;将7EH地址单元加1
                INC 7FH            ;将7FH地址单元加1
                ACALL SIG1         ;调用第一路信号(50 Hz)的处理函数
                ACALL SIG2         ;调用第二路信号(40 Hz)的处理函数
                ACALL SIG3         ;调用第三路信号(20 Hz)的处理函数
                ACALL SIG4         ;调用第四路信号(10 Hz)的处理函数
                AJMP  LOOP         ;跳回到LOOP处,实现无限循环
        ;第一路信号(50 Hz)的处理函数
        SIG1：MOV A,7CH
                MOV B,♯04H
                DIV AB
                MOV A,B
                JNZ RRET1
                CPL P1.0
                MOV 7CH,♯00H
        RRET1:RET
        ;调用第二路信号(40 Hz)的处理函数
        SIG2：MOV A,7DH
                MOV B,♯05H
                DIV AB
                MOV A,B
                JNZ RRET2
                CPL P1.1
                MOV 7DH,♯00H
        RRET2:RET
        ;第三路信号(20 Hz)的处理函数
        SIG3：MOV A,7EH
                MOV B,♯0AH
                DIV AB
                MOV A,B
```

```
        JNZ RRET3
        CPL P1.2
        MOV 7EH,#00H
RRET3:RET
;调用第四路信号(10 Hz)的处理函数
SIG4: MOV A,7FH
        MOV B,#14H
        DIV AB
        MOV A,B
        JNZ RRET4
        CPL P1.3
        MOV 7FH,#00H
RRET4:RET
        END
```

C51 程序如下：

```c
#include<reg51.h>              //在该头文件中已经对 P1、TMOD 等作了地址定义
sbit channel1 = P1^0;          //定义信号 1 通道为 P1.0
sbit channel2 = P1^1;          //定义信号 2 通道为 P1.1
sbit channel3 = P1^2;          //定义信号 3 通道为 P1.2
sbit channel4 = P1^3;          //定义信号 4 通道为 P1.3
//信号 1 的处理函数
void sig1(unsigned char *p)
{
    if(*p==4)
    {
        *p=0;
        channel1 = ! channel1;
    }
}
//信号 2 的处理函数
void sig2(unsigned char *p)
{
    if(*p==5)
    {
        *p=0;
        channel2 = ! channel2;
    }
}
//信号 3 的处理函数
```

```
void sig3(unsigned char  * p)
{
    if( * p = = 10)
    {
        * p = 0;
        channel3 = ! channel3;
    }
}
//信号 4 的处理函数
void sig4(unsigned char  * p)
{
    if( * p = = 20)
    {
        * p = 0;
        channel4 = ! channel4;
    }
}
void main()
{
unsigned char count1 = 0;        // count1 用于记录关于 50 Hz 频率的溢出次数
unsigned char count2 = 0;        // count2 用于记录关于 40 Hz 频率的溢出次数
unsigned char count3 = 0;        // count3 用于记录关于 20 Hz 频率的溢出次数
unsigned char count4 = 0;        // count4 用于记录关于 10 Hz 频率的溢出次数
TMOD = 0x10;                     //初始化定时器 1 为 16 位定时器方式
TH1 = 0xF6;                      //设置定时器 1 的初始值
TL1 = 0x3C;
TR1 = 1;                         //开启定时器 1
while(1)
{
    while(TF1 = = 0);            //等待溢出
    TH1 = 0xF6;                  //重新装载初始值
    TL1 = 0x3C;
    TF1 = 0;                     //清除溢出标志位
    count1 + + ;
    count2 + + ;
    count3 + + ;
    count4 + + ;
    sig1(&count1);
    sig2(&count2);
```

```
    sig3(&count3);
    sig4(&count4);
  }
}
```

例 7.7 编写一段程序,实现信号扩展。如图 7-7 所示,在 P3.4 引脚有一低频窄脉冲信号,需要将此信号进行扩展,并将扩展后的信号从 P0.0 引脚输出。假设 $f_{osc} = 12$ MHz。

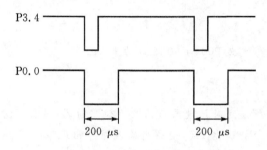

图 7-7 I/O 波形和 T0 方式变换

分析 由于 $f_{osc} = 12$ MHz,即机器周期 $T = 1$ μs,需要将信号宽度扩展到 200 μs,由于计数器模式时计数值的增加恰是发生在外部信号从高电平变为低电平时,并且需要使用定时器来控制扩展信号的宽度。因此这里采用定时器/计数器 0 的工作方式 3,将 TL0 用于判断窄脉冲输入信号的到来;TH0 用于控制扩展信号的延时。根据初值计算公式(7-12)、(7-13)可得

$$TH0 = 2^8 - \frac{200 \ \mu s}{1 \ \mu s} = 0x38 \ , \ TL0 = 2^8 - 1 = 0xFF$$

汇编程序如下:

```
        ORG 0000H
        AJMP START
        ORG 0030H
START:  MOV TMOD, #07H    ;设定时计数器 0 为双 8 位定时器/计数器方式,其中 TL0
                          ;用于 8 位计数器;TH0 用于 8 位定时器
        MOV TL0, #0FFH    ;初始化 TL0,使得当输入信号出现下降沿就溢出
        MOV TH0, #38H     ;初始化 TH0,以延时 200μs
        SETB TR0          ;开启计数器 TL0
LOOP1:  JBC TF0, DEAL1    ;等待 TF0 置位(即 TL0 溢出),检测到置位后将其清除
        SJMP LOOP1
DEAL1:  CLR P0.0          ;将 P0.0 置为低电平
        SETB TR1          ;开启定时器 TH0
        CLR TR0           ;关闭计数器 TL0
        MOV TL0, #0FFH    ;重新装载 TL0 初值
LOOP2:  JBC TF1, DEAL2    ;等待 TF1 置位(即 TH0 溢出),检测到置位后将其清除
        SJMP LOOP2
```

```
DEAL2:SETB P0.0          ;将 P0.0 置为高电平
      SETB TR0           ;开启计数器 TL0
      CLR TR1            ;关闭定时器 TH0
      MOV TH0，＃38H      ;重新装载 TH0 初值
      SJMP LOOP1         ;跳转到 LOOP1 处,实现无限循环
      END
```

C51 程序如下：

```c
#include<reg52.h>
sbit P00 = P0^0;    //定义 P00 为 P0 端口的第 0 位
void main()
{
    TMOD = 0x07;    //设定时计数器 0 为双 8 位定时器/计数器方式
    TL0 = 0xFF;     //初始化 TL0,使得当输入信号出现下降沿就溢出
    TH0 = 0x38;     //初始化 TH0,以延时 200 μs
    TR0 = 1;        //开启计数器 TL0
    while(1)
    {
        while(TF0 = = 0);//等待 TL0 溢出
        TR1 = 1;          //开启定时器 TH0
        P00 = 0;          //将 P00 置为低电平
        TF0 = 0;          //清除 TL0 溢出标志位 TF0
        TR0 = 0;          //关闭计数器 TL0
        TL0 = 0xFF;       //重新装载 TL0 初始值
        while(TF1 = = 0);//等待定时器 TH0 的溢出
        TR0 = 1;          //开启计数器 TL0
        P00 = 1;          //将 P00 置为高电平
        TF1 = 0;          //清除定时器 TH0 的溢出标志位 TF1
        TR1 = 0;          //关闭定时器 TH0
        TH0 = 0x38;       //重新装载定时器 TH0 初始值
    }
}
```

习　题

7-1　51 单片机内部有几个定时器/计数器？它们由哪些专用寄存器组成？

7-2　51 单片机的定时器/计数器有哪几种工作方式？各有什么特点？

7-3　定时器/计数器用作定时方式时,其定时时间与哪些因素有关？作计数时,对外界计数频率有何限制？

7-4　当定时器 T0 用作方式 3 时,由于 TR1 位已被 T0 占用,如何控制定时器 T1 的开

启和关闭?

7-5　已知 51 单片机系统时钟频率为 6M Hz,请利用定时器 T0 和 P1.2 输出矩形脉冲,其波形如下:

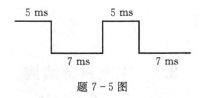

题 7-5 图

7-6　在 51 单片机中,已知时钟频率为 12M Hz,请编程使 P1.0 和 P1.1 分别输出周期为 2 ms 和 500 μs 的方波。

7-7　设系统时钟频率为 6 MHz,试用定时器 T0 作外部计数器,编程实现每计到 1000 个脉冲,使 T1 开始 2 ms 定时,定时时间到后,T0 又开始计数,这样反复循环不止。

7-8　利用 51 单片机定时器/计数器测量某正脉冲宽度,已知此脉冲宽度小于 10 ms,主机频率为 12 MHz。编程测量脉冲宽度,并把结果转换为 BCD 码顺序存放在以片内 50H 单元为首地址的内存单元中(50H 单元存个位)。

第8章　中断系统

8.1　中断系统结构

MCS51 系列单片机中断系统的结构如图 8-1 所示,中断系统管理着所有中断源的中断请求信号,包括总中断的打开与关闭、各中断源中断功能的打开与关闭、各中断源中断优先级的设置等。

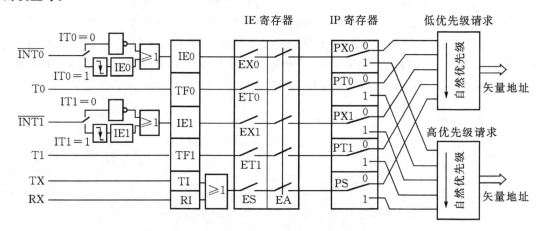

图 8-1　MCS51 中断系统原理结构图

从图 8-1 可知,在中断源的中断打开并且总的中断也打开的情况下,该中断源的中断请求信号会送至 CPU,使 CPU 响应中断请求并执行中断服务程序。其中与中断使能操作相关的控制寄存器为 IE 寄存器。具体如表 8.1 所示。

表 8.1　IE 寄存器

D7	D6	D5	D4	D3	D2	D1	D0
EA	—	*ET2	ES	ET1	EX1	ET0	EX0

(1)**EA(IE.7)**　总中断使能控制位。EA = 1,总中断打开;EA=0,总中断关闭。

(2)**ES(IE.4)**　串行口中断使能位。ES = 1,串行口中断打开;ES = 0,串行口中断关闭。

(3)**ET1(IE.3)**　定时器 1 中断使能位。ET1 = 1,定时器 1 中断打开;ET1 = 0,定时器 1 中断关闭。

(4)**EX1(IE.2)**　外部中断 1 中断使能位。EX1 = 1,外部中断 1 中断打开;EX1 = 0,外部中断 1 中断关闭。

(5)**ET0(IE.1)**　定时器 0 中断使能位。ET0 = 1,定时器 0 中断打开;ET0 = 0,定时器 0 中断关闭。

（6）**EX0（IE.0）**　外部中断 0 中断使能位。EX0 = 1,外部中断 0 中断打开;EX0 = 0,外部中断 0 中断关闭。

（7）**ET2（IE.5）**　定时器 2 中断使能位。ET2 = 1,定时器 2 中断打开;ET2= 0,定时器 2 中断关闭。（该控制位存在于 52 子系列单片机中）

当多个中断请求信号同时到达 CPU 时,CPU 就需要根据它们的重要程度（优先级高低）进行选择,CPU 会首先响应更重要（优先级较高）的中断请求;如果这些中断请求信号处于同级优先级,则 CPU 会按照自然优先级来进行选择。这里的自然优先级是根据中断向量地址的高低进行排序的,中断优先级从高到低分别为:外部中断 0、定时器/计数器 0、外部中断 1、定时器/计数器 1、串口中断、定时器/计数器 2（52 子系列单片机）。

对于优先级的设置,MCS51 系列单片机提供 2 级优先级,每个中断源都可以独立编程为高优先级（对应的中断优先级位设置为 1）或低优先级（对应的中断优先级位设置为 0）。与中断优先级的设置相关的控制寄存器为 IP 寄存器。具体如表 8.2 所示。

表 8.2　IP 寄存器

D7	D6	D5	D4	D3	D2	D1	D0
—	—	* PT2	PS	PT1	PX1	PT0	PX0

（1）**PS（IP.4）**　串行口中断优先控制位。PS = 1,设定串行口为高优先级中断;PS = 0,设定串行口为低优先级中断。

（2）**PT1（IP.3）**　定时器/计数器 T1 中断优先控制位。PT1 = 1,设定 T1 中断为高优先级中断;PT1 = 0,设定 T1 中断为低优先级中断。

（3）**PX1（IP.2）**　外部中断 1 中断优先控制位。PX1 = 1,设定外部中断 1 为高优先级中断;PX1 = 0,设定外部中断 1 为低优先级中断。

（4）**PT0（IP.1）**　定时器/计数器 T0 中断优先控制位。PT0 = 1,设定 T0 中断为高优先级中断;PT0 = 0,设定 T0 中断为低优先级中断。

（5）**PX0（IP.0）**　外部中断 0 中断优先控制位。PX0 = 1,设定外部中断 0 为高优先级中断;PX0 = 0,设定外部中断 0 为低优先级中断。

（6）**PT2（IP.5）**　定时器/计数器 T2 中断优先控制位。PT1 = 1,T2 中断为高优先级中断;PT1 = 0,T2 中断为低优先级中断。（注意该控制位在 52 子系列单片机中才有效）

8.2　外部中断

MCS51 系列单片机具有两个外部中断源,分别是外部中断 0（$\overline{\text{INT0}}$）和外部中断 1（$\overline{\text{INT1}}$）。这两个中断请求信号的输入引脚分别是 P3.2 和 P3.3。也就是说,在一般情况下,当这两个引脚用作外部中断的信号输入功能时,就不能再用作普通的数据输入和输出。

外部中断具有两种触发方式:电平触发方式和跳变（边沿）触发方式。当工作在电平触发方式的时候,有效信号为低电平;当工作在跳变触发方式的时候,有效信号是下降沿。这两种触发方式是通过 TCON 特殊功能寄存器来设置的（见表 8.3）。

表 8.3 TCON 寄存器

D7	D6	D5	D4	D3	D2	D1	D0
TF1	TR1	TF0	TR0	IE1	IT1	IE0	IT0

TCON 特殊功能寄存器与外部中断相关的是低 4 位,而高 4 位与定时器/计数器的控制相关。

(1)**IT0(TCON.0)** 外部中断 0 的触发方式控制位。当该位设置为 0 时,外部中断 0 工作在电平触发方式;设置为 1 时,工作在跳变触发方式下。

(2)**IE0(TCON.1)** 外部中断 0 的中断请求标志位。当 IT0=0 时(即工作在电平触发方式时),中断控制器会在每一个机器周期的 S5P2 期间采样外部中断 0 的输入引脚电平,如果为低电平,就会将 IE0 置 1,若这时使能中断允许,就会同时向 CPU 发出中断申请,如果为高电平(即无中断请求信号或者是中断请求信号撤销),就会将 IE0 置 0;当 IT0=1 时(即工作在跳变触发方式时),中断控制器若在前一个机器周期采样到高电平,并且在后一个机器周期采样到低电平,也就是出现了一个有效的下降沿信号,则会将 IE0 置 1,若这时使能了中断允许,就会同时向 CPU 发出中断申请,当 CPU 响应中断请求后,硬件会自动将该中断请求标志位清 0。

(3)**IT1(TCON.2)** 外部中断 1 的触发方式控制位。使用方式与 IT0 相同。

(4)**IE1(TCON.3)** 外部中断 1 的中断请求标志位。使用方式与 IE0 相同。

注意:当外部中断工作在电平触发方式时,CPU 响应了中断请求后,中断请求标志位不会被硬件自动清除,也不能被软件清除,只能依靠撤销外部中断的有效电平信号清除该中断标志位。

例 8.1 使用外部中断方式,对从外部中断 0 引脚输入的脉冲个数计数。计数值存储在内部数据存储器的 7FH 地址单元。

分析 由于使用电平触发的方式效率较低(需要中断处理程序等待电平变化为高电平),因此采用下降沿触发方式。

汇编程序如下:

```
        ORG 0000H          ;将地址计数器定位到复位向量地址
        AJMP START         ;跳转到程序的开始位置
        ORG 0003H          ;将地址计数器定位到外部中断 0 的中断入口地址
        AJMP INT_0         ;跳转到外部中断 0 的中断服务程序
        ORG 0030H          ;将地址计数器定位到 0030H 地址
START:MOV 7FH,#0x00        ;将计数脉冲个数的存储单元清 0
        SETB IT0           ;设置外部中断 0 为下降沿触发方式
        SETB EA            ;打开总中断使能
        SETB EX0           ;打开外部中断 0 的中断使能
        SJMP $             ;主程序在这里无限运行
INT_0:INC 7FH             ;将计数脉冲个数的存储单元加 1
        RETI               ;中断返回
        END                ;程序结束
```

C51 程序如下:

```
  sfr IE = 0xA8;          //定义中断使能寄存器为地址
  sfr TCON = 0x88;        //定义定时/外部中断控制寄存器
```

```
sbit EA = IE^7;              //定义总中断控制位
sbit EX0 = IE^0;             //定义外部中断 0 控制位
sbit IT0 = TCON^0;           //定义外部中断 0 触发方式控制位
#define DBYTE ((unsigned char volatile data * )0)
#define Counter DBYTE[0x7F]//绝对地址访问,使 Counter 指向内部数据
//存储器地址为 0x7F 的字节单元,且将该单元用作 unsigned char 类型
void int_0(void) interrupt 0 using 1//外部中断 0 的中断服务程序
{
    Counter + + ;            //将 0x7F 单元的值加 1
}
void main(void)
{
    Counter = 0;             // 初始化 0x7F 单元的值为 0
    IT0 = 1;                 //设置外部中断 0 为下降沿触发方式
    EA = 1;                  //打开总中断使能
    EX0 = 1;                 //打开外部中断 0 的中断使能
    while(1);                //主程序无限循环
}
```

8.3　定时器/计数器中断

定时器/计数器的工作原理以及工作方式设置等相关的内容在上一章中已经作了详细的讲解,因此在这里就不再累述。本节只对定时器/计数器的中断工作方式进行介绍。

当定时器/计数器的定时/计数单元(THx 以及 TLx)在脉冲信号的激励下自加到溢出时,定时器/计数器的溢出标志位 TFx 会自动置 1,如果该定时器/计数器的中断以及总中断处于打开状态,则 TFx 置 1 的同时硬件会向 CPU 发送中断请求信号,当 CPU 响应该中断请求后,TFx 标志位会立即被自动清除。

例 8.2　利用定时器/计数器 0 的中断方式,通过 P1.0 口控制 LED 灯的闪烁,闪烁周期为大约 2 s(假设机器周期为 1 μs,并且 P1.0 等于 1 时,LED 灯亮;P1.0 等于 0 时,LED 灯灭)。

分析　LED 闪烁周期为大约 2 s,也就是 LED 灯从亮到灭的时间为大约 1 s,再从灭到亮的时间为大约 1 s;又因为机器周期为 1 μs,如果定时器工作在溢出时间最长的工作方式 1 下,溢出周期就为 65536 μs,由于这个时间远远小于需要的 1 s,因此需要借助一个对定时器溢出次数进行计数的变量。假设设置一次溢出的时间为 50000 μs(TL0=0xB0,TH0=0x3C),那么,计数溢出次数为 20 次即为 1 s 时间。

汇编程序如下:

```
ORG 0000H                    ;设置地址计数器为 0000H
AJMP START                   ;跳转到主程序处
ORG 000BH                    ;设置程序计数器为定时器 0 的中断入口地址
AJMP TIMER0                  ;跳转到定时器 0 的中断服务程序
```

```
        ORG 0030H                   ; 设置地址计数器为 0030H
START:MOV R7,#0x00                  ;初始化 0 溢出次数的 R7 寄存器为 0
    MOV TMOD,#0x01                  ;设置定时器 0 为 16 位定时方式
    MOV TL0,#0xB0                   ;装载定时初始值为 0x3CB0;即跳 50000 次为一次溢出
    MOV TH0,#0x3C
    SETB EA                         ;打开总中断
    SETB ET0                        ;打开定时器 0 中断
    SETB TR0                        ;开启定时器 0 的工作
LOOP:CJNE R7,#0x14, $               ;等待 R7 变为 20,即等待 1s 的到来
    MOV R7,#0x00                    ;1 秒到来后先将 R7 复位为 0
    CPL P0.0                        ;将 P0.0 翻转,即 LED 灯产生一次变化
    SJMP LOOP                       ;跳转到 LOOP 处,以便等待下一个 1 秒的到来
TIMER0:MOV TL0,#0xB0                ;重新装载定时器 0 的初始值
    MOV TH0,#0x3C
    INC R7                          ;给 R7 加 1
    RETI                            ;中断返回
    END                            ;程序结束
```

C51 程序如下:

```c
sfr IE = 0xA8;                      //定义中断使能寄存器
sfr TCON = 0x88;                    //定义定时器控制寄存器
sfr TMOD = 0x89;                    //定义定时器模式控制寄存器
sfr TL0 = 0x8A;                     //定义定时器/计数器 0 的 TL0
sfr TH0 = 0x8C;                     // 定义定时器/计数器 0 的 TH0
sfr P0 = 0x80;                      //定义 P0 端口
sbit EA = IE^7;                     //定义总中断使能位
sbit ET0 = IE^1;                    //定义定时器/计数器 0 的中断使能位
sbit TR0 = TCON^4;                  //定义定时器/计数器 0 的开启工作控制位
sbit P00 = P0^0;                    //定义 P0 端口的第 0 位
unsigned char volatile counter = 0; //定义全局变量 counter 并初始化为 0
void timer0(void) interrupt 1       //定时器/计数器 0 的中断服务函数
{
    TL0 = 0xB0;                     //定时器/计数器 0 的初始值重装
    TH0 = 0x3C;
    counter + + ;                   //将变量 counter 加 1
}
void main(void)
{
    TMOD = 0x01;                    //设置定时器/计数器 0 为 16 位定时器方式
    TL0 = 0xB0;                     //装载定时器 0 的初始值为 0x3CB0
```

```
    TH0 = 0x3C;
    EA = 1;                          //打开总中断
    ET0 = 1;                         //打开定时器 0 的中断
    TR0 = 1;                         //开启定时器 0 的工作
    do
    {
        while(counter<20);          //等待 counter 等于 20,即 1 秒的到来
        counter = 0;                //将 counter 复位为 0
        P00 = ! P00;                //将 P0.0 端口输出电平反向
    }while(1);                       //死循环控制
}
```

8.4 串行口中断

串行口在发送数据或者接收数据后能够触发中断,通知 CPU 当前已经发送完数据或者是已经接收完数据。在程序存储器的中断向量地址区,串行口中断只有一个入口地址(即 0023H 地址),但是引发串行口中断的事件有两个(即发送中断和接收中断),这称为多源中断。对于大多数的单片机,当 CPU 响应多源中断时,硬件不会自动将中断标志位清除(标志位可以由软件清除),因此一般需要软件读取中断标志位以便能够进行区分,MCS51 单片机也不例外。详细的串行口中断将在下一章中进行讲解。

习 题

8-1 MCS51 单片机有几个中断源?各中断源的中断标志是什么?中断标志置位后如何复位?各中断源的中断入口地址是多少?

8-2 试编写一段中断的初始化程序,使之允许外部中断 0、定时器/计数器 1,并且使外部中断 0 为高优先级中断,定时器/计数器 0 为低优先级中断。

8-3 如下图所示,编写程序,使用外部中断方式控制 LED 灯的循环亮灭(开关第一次闭合,第一个 LED 灯亮;第二次闭合,第二个 LED 灯亮,如此循环下去)。

8-4 编写程序,要求从 P2.0 引脚输出 100 Hz 的方波,假设晶振频率为 12 MHz。

8-5 编写程序,利用定时器/计数器 1 的中断方式产生的定时时钟来控制与 P0 口相连的两个 LED 灯,要求第一个 LED 灯每 0.5 s 闪烁一次,第二个 LED 灯每 1 s 闪烁一次。

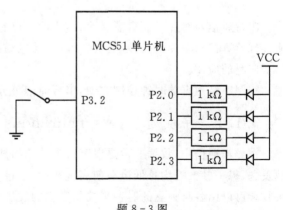

题 8-3 图

第9章 51系列单片机串行通信

串行接口是单片机与外部设备之间进行数据通信的主要途径。单片机的串行接口通信简单,需要的传输线少,特别适合用于远程通信和分布式控制系统,是单片机之间或单片机和其他设备通信的主要方式。本章首先介绍了串行通信的基本知识,然后深入讲解51系列单片机集成的全双工的串行接口(在本书中也称为串行口或串口),并给出常见的应用设计。

9.1 串行通信基础

在单片机系统中,单片机和外部通信有两种通信方式,如图9-1所示,并行通信和串行通信。并行通信,即数据的各位同时传送;串行通信,即数据一位一位顺序传送。

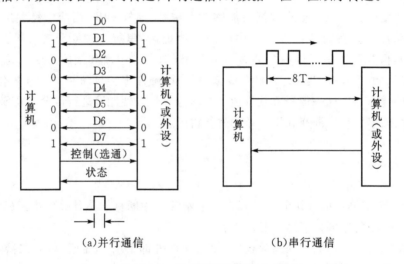

图9-1 通信的两种基本方式

串行通信对单片机而言意义重大,不但可以实现将单片机的数据传输到计算机端,而且也能实现计算机对单片机的控制。由于其所需电缆线少,接线简单,所以在较远距离传输中,得到了广泛的应用。

按照串行数据的时钟控制方式,串行通信可分为同步通信和异步通信。

9.1.1 异步通信(Asynchronous Communication)

在异步通信中,数据通常是以字符为单位组成字符帧传送的。字符帧由发送端一帧一帧地发送,每一帧数据均是低位在前高位在后,通过传输线被接收端一帧一帧地接收。发送端和接收端可以由各自独立的时钟来控制数据的发送和接收,这两个时钟彼此独立,互不同步。

在异步通信中,接收端是依靠字符帧格式来判断发送端是何时开始发送,何时结束发送的。字符帧格式(如图9-2所示)是异步通信的一个重要指标,字符帧也叫数据帧,由起始位、数据位、奇偶校验位和停止位等 4 部分组成。异步通信的另一个重要指标为波特率,波特率为每秒钟传送二进制数码的位数,也叫比特数,单位为 bit/s,即位/秒。波特率用于表征数据传输的速度,波特率越高,数据传输速度越快。但波特率和字符的实际传输速率不同,字符的实际传输速率是每秒内所传字符帧的帧数,和字符帧格式有关。

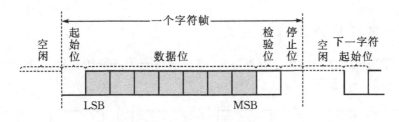

图 9 - 2　异步通信的数据格式

　　一个字符帧按顺序一般可以分为 4 部分,即起始位、数据位、奇偶校验位和停止位。下面分别介绍各位的含义。

1. 起始位

起始位位于字符帧的开始,用于表示向接收端开始发送数据。起始位占用 1 位,是一个低电平信号。

2. 数据位

数据位即要准备发送的数据。根据需要数据位可以是 5 位、6 位、7 位或 8 位,发送时首先发送低位(LSB)。

3. 奇偶校验位

奇偶校验位为可编程位,用来表明串行数据是采用奇校验还是偶校验。奇偶校验位占用 1 位。

4. 停止位

停止位在字符帧的末尾,用来表明一帧信息的结束。停止位可以选取 1 位、1 位半或者 2 位,是一个高电平信号。

9.1.2　同步通信(Synchronous Communication)

同步通信是一种比特同步通信技术,即一种连续串行传送数据的通信方式。要求发收双方具有同频同相的同步时钟信号,只需在传送报文的最前面附加特定的同步字符,使发收双方建立同步,此后便在同步时钟的控制下逐位发送/接收。没有数据发送时,传输线处于 MARK 状态。为了表示数据传输的开始,发送方先发送一个或两个特殊字符,该字符称为同步字符。当发送方和接收方达到同步后,就可以一个字符接一个字符地发送一大块数据,而不再需要用起始位和停止位了,这样可以明显地提高数据的传输速率(如图 9 - 3 所示)。采用同步方式传送数据时,在发送过程中,收发双方还必须用一个时钟进行协调,用于确定串行传输中每一位的位置。接收数据时,接收方可利用同步字符使内部时钟与发送方保持同步,然后将同步字符后面的数据逐位移入,并转换成并行格式,供 CPU 读取,直至收到结束符为止。

　　同步通信的优点是不用单独发送每个字符,其传输速率高,一般用于高速率的数据通信;

缺点是需要使发送方和接收方之间的时钟同步,系统的设计复杂度增加。

| SYN | SYN | SOH | 标题 | STX | 数据块 | ETB/ETX | 块校验 |

图 9-3 同步通信的同步格式

9.1.3 串行接口的传输方式

根据通信双方之间信息的传送数据流向,串行通信分为三种传输模式,即单工、半双工和全双工模式,如图 9-4 所示。

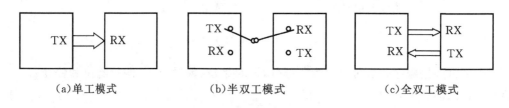

（a）单工模式　　　　　　（b）半双工模式　　　　　　（c）全双工模式

图 9-4 串行口传输方式

1. 单工

单工是指数据传输仅能沿一个方向,不能实现反向传输。如收音机、广播等。

2. 半双工

半双工是指数据传输可以沿两个方向,但需要分时进行。如对讲机、微信等。

3. 全双工

全双工是指数据可以同时进行双向传输。例如手机、固定电话等。

51 系列单片机内部集成有全双工串行通信端口,可以实现多机全双工数据通信。

9.1.4 串行通信的错误校验

1. 奇偶校验

在发送数据时,数据位尾随的 1 位为奇偶校验位(1 或 0)。奇校验时,数据中"1"的个数与校验位"1"的个数之和应为奇数;偶校验时,数据中"1"的个数与校验位"1"的个数之和应为偶数。接收字符时,对"1"的个数进行校验,若发现不一致,则说明传输数据过程中出现了差错。

2. 代码和校验

代码和校验是发送方将所发数据块求和(或各字节异或),产生一个字节的校验字符(校验和)附加到数据块末尾。接收方接收数据同时对数据块(除校验字节外)求和(或各字节异或),将所得的结果与发送方的"校验和"进行比较,相符则无差错,否则即认为传送过程中出现了差错。

3. 循环冗余校验

这种校验是通过某种数学运算实现有效信息与校验位之间的循环校验,常用于对磁盘信息的传输、存储区的完整性校验等。这种校验方法纠错能力强,广泛应用于同步通信中。

9.1.5　串行传输速率与传输距离

1. 传输速率

比特率是每秒钟传输二进制代码的位数,单位:位/秒(bps)。如每秒钟传送 240 个字符,而每个字符格式包含 10 位(1 个起始位、1 个停止位、8 个数据位),这时的比特率为

10 位×240 个/秒 ＝ 2400 bps

波特率表示每秒钟调制信号变化的次数,单位:波特(Baud)。波特率和比特率不总是相同的,对于将数字信号 1 或 0 直接用两种不同电压表示的所谓基带传输,比特率和波特率是相同的。所以,我们也经常用波特率表示数据的传输速率。

2. 传输距离与传输速率的关系

串行接口或终端直接传送串行信息位流的最大距离与传输速率及传输线的电气特性有关。当传输线使用每 0.3 m(约 1 英尺)有 50 pF 电容的非平衡屏蔽双绞线时,传输距离随传输速率的增加而减小。当比特率超过 1000 bps 时,最大传输距离迅速下降,如 9600 bps 时最大距离下降到只有 76 m(约 250 英尺)。

9.1.6　串行通信接口标准

1. RS－232C 接口

RS－232C 是 EIA(美国电子工业协会)1969 年修订的 RS－232C 标准。RS－232C 定义了数据终端设备(DTE)与数据通信设备(DCE)之间的物理接口标准。

2. 电气特性

RS－232C 标准采用的接口是 25 型(如图 9－5 所示)或 9 型(如图 9－6 所示)的 D 型插头,常用的一般是 9 针插头(DB－9),表 9.1 是 DB9 的引脚说明。

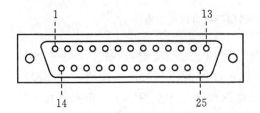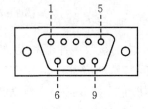

图 9－5　DB－25 型连接器的外形　　　　　图 9－6　DB－9 型连接器的外形

表 9.1　DB9 的引脚说明

引脚号	引脚名称	全程	说明
1	CD	Carrier Detect	载波检出,用以确认是否收到 Modem 的载波
2	RXD	Received Data	数据输入线
3	TXD	Transmitted Data	数据传输线
4	DTR	Data Terminal Ready	告知数据终端处于待命状态
5	SG	Signal Ground	信号线的接地线

引脚号	引脚名称	全程	说明
6	DSR	Data Set Ready	告知本机的待命状态
7	RTS	Request to Send	要求发送数据
8	CTS	Clear to Send	回应对方发送的 RTS 的发送许可,告诉对方可以发送
9	RI	Ring Indicator	振铃指示

9.2　51 单片机的串行接口

9.2.1　51 串行接口的结构

51 单片机也有一个串行接口,该接口既可以作为 UART(通用异步收发器)使用,又可以作为一位寄存器使用。51 单片机的串行接口主要由数据发送缓冲器、发送控制器 TI、输出控制门、接收控制器、输入移位寄存器、数据接收缓冲器等组成,如图 9-7 所示。

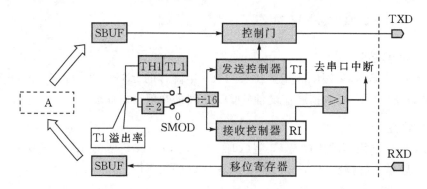

图 9-7　单片机串行接口内部结构

串行接口内的接收缓冲器和发送缓冲器在物理上是隔离的,但是占用同一个地址(99H)。可以通过访问特殊功能寄存器 SBUF,来访问接收缓冲器和发送缓冲器。接收缓冲器具有双缓冲的功能,即它在接收第一个数据字节后,能接收第二个数据字节。但是在接收完第二个字节后,若第一个数据字节还未取走,那么该数据字节将丢失。

9.2.2　串行接口的相关寄存器

51 系列单片机是通过特殊功能寄存器的设置、检测和读取来管理串行通信接口的。与单片机的串行接口控制相关的特殊功能寄存器有两个:串行口控制寄存器 SCON(见表 9.2),电源控制寄存器 PCON(见表 9.3)。

表 9.2　SCON 的格式

寄存器	D7	D6	D5	D4	D3	D2	D1	D0	地址
SCON	SM0	SM1	SM2	REN	TB8	RB8	TI	RI	98H

表 9.3　PCON 的格式

寄存器	D7	D6	D5	D4	D3	D2	D1	D0	地址
PCON	SMOD	X	X	X	CF1	CF0	PD	IDL	97H

1. 串行口控制寄存器 SCON

(1)**SM0、SM1**　由软件置位或清零,用于选择串行口四种工作方式。

(2)**SM2**　多机通信控制位。在方式 2 和方式 3 中,如 SM2=1,则接收到的第 9 位数据 (RB8)为 0 时不启动接收中断标志 RI(即 RI=0),并且将接收到的前 8 位数据丢弃;当 RB8 为 1 时,才将接收到的前 8 位数据送入 SBUF,并置位 RI,产生中断请求。当 SM2=0 时,则不论第 9 位数据为 0 或 1,都将前 8 位数据装入 SBUF 中,并产生中断请求。在方式 0 时,SM2 必须为 0。

(3)**REN**　允许串行接收控制位。若 REN=0,则禁止接收;REN=1,则允许接收,该位由软件置位或复位。

(4)**TB8**　发送数据 D8 位。在方式 2 和方式 3 时,TB8 为所要发送的第 9 位数据。在多机通信中,以 TB8 位的状态表示主机发送的是地址还是数据,TB8=0 时,主机发送的是数据;TB8=1 时,主机发送的是地址。TB8 也可用作数据的奇偶校验位。该位由软件置位或复位。

(5)**RB8**　接收数据 D8 位。在方式 2 和方式 3 时,接收到的第 9 位数据,可作为奇偶校验位或地址帧或数据帧的标志。在工作方式为 1 时,若 SM2=0,则 RB8 是接收到的停止位。在方式 0 时,不使用 RB8 位。

(6)**TI**　发送中断标志位。在方式 0 时,当发送数据第 8 位结束后,或在其他方式发送停止位后,由内部硬件使 TI 置位,向 CPU 请求中断。CPU 在响应中断后,必须用软件清零。此外,TI 也可供查询使用。

(7)**RI**　接收中断标志位。在方式 0 时,当接收数据的第 8 位结束后,或在其他方式接收到停止位后由内部硬件使 RI 置位,向 CPU 请求中断。同样,在 CPU 响应中断后,也必须用软件清零。RI 也可供查询使用。

2. 电源控制寄存器 PCON

PCON 特殊功能寄存器中与串行通信相关的只有最高位 SMOD,该位是串行口波特率系数控制位。当 SMOD=1 时,串行口的波特率将增大一倍。

串行口中有两个缓冲寄存器 SBUF,一个是发送寄存器,一个是接收寄存器,在物理结构上是完全独立的。它们都是字节寻址的寄存器,字节地址均为 99H。这个重叠的地址靠读/写指令区分。

(1)发送 SBUF 存放待发送的 8 位数据,写入 SBUF 将同时启动发送。

向串口发送数据指令:　　MOV　SBUF,A

(2)接收 SBUF 存放已接收成功的 8 位数据,供 CPU 读取。

读取串口接收到数据指令:MOV　A,SBUF

9.2.3　串行接口的工作模式

51 单片机的串行工作方式共有 4 种,如表 9.4 所示。

表 9.4　串行接口的 4 种工作方式

SM0	SM1	工作方式	功能	波特率
0	0	方式 0	移位寄存器方式,用于并行 I/O 扩展	$f_{osc}/12$
0	1	方式 1	8 位通用异步接收器/发送器	可变
1	0	方式 2	9 位通用异步接收器/发送器	$f_{osc}/32$ 或 $f_{osc}/64$
1	1	方式 3	9 位通用异步接收器/发送器	可变,由定时器控制

1. 工作方式 0

串行口工作于方式 0 时,串行口为同步移位寄存器的输入输出方式。主要用于扩展并行输入或输出口。数据由 RXD(P3.0)引脚输入或输出,同步移位脉冲由 TXD(P3.1)引脚输出。发送和接收均为 8 位数据,低位在先,高位在后。波特率固定为 $f_{osc}/12$。

(1)方式 0 发送过程如下(见图 9-8)

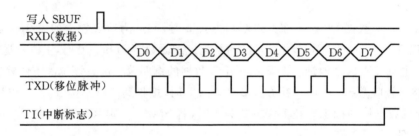

图 9-8　方式 0 发送过程

(2)方式 0 接收过程如下(见图 9-9)

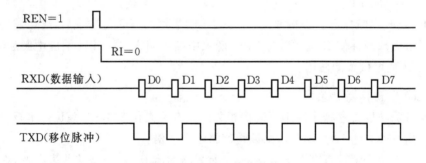

图 9-9　方式 0 接收过程

方式 0 常用接收和发送的典型电路应用,如图 9-10 所示。

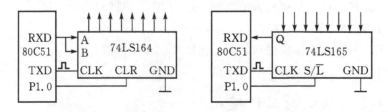

图 9-10　80C51 串行方式 0 接收和发送典型电路

2. 工作方式 1

串行口工作于方式 1 时,为波特率可变的 8 位异步通信接口。数据位由 P3.0 (RXD)端接收,由 P3.1(TXD)端发送。传送一帧信息为 10 位(如图 9−11 所示):1 位起始位(0),8 位数据位(低位在前)和 1 位停止位(1)。波特率是可变的,它取决于定时器 T1 的溢出速率及 SMOD 的状态。

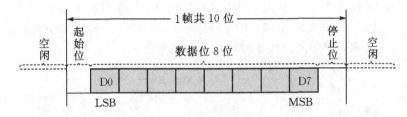

图 9−11　串口工作在方式 1 时的字符帧格式

(1)方式 1 发送过程如下(见图 9−12)

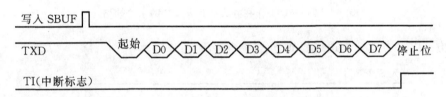

图 9−12　方式 1 发送过程

用软件清除 TI 后,CPU 执行任何一条以 SBUF 为目标寄存器的指令,就启动发送过程。数据由 TXD 引脚输出,此时的发送移位脉冲是由定时器/计数器 T1 送来的溢出信号经过 16 或 32 分频而取得的。一帧信号发送完时,将置位发送中断标志 TI=1,向 CPU 申请中断,完成一次发送过程。如果此时串口中断(ES)和全局中断(EA)都已经打开,则会进入串口服务程序执行代码。如要再次发送数据,必须用软件将 TI 清零,并再次执行写 SBUF 指令。

(2)方式 1 接收过程如下(见图 9−13)

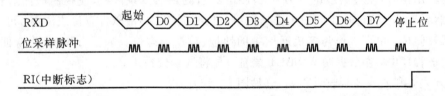

图 9−13　方式 1 接收过程

用软件清除 RI 后,当允许接收位 REN 被置位 1 时,接收器以选定波特率的 16 倍的速率采样 RXD 引脚上的电平,即在一个数据位期间有 16 个检测脉冲,并在第 7、8、9 个脉冲期间采样接收信号,然后用三中取二的原则确定检测值,以抑制干扰。并且采样是在每个数据位的中间,避免了信号边沿波形失真造成的采样错误。当检测到有从"1"到"0"的负跳变时,则启动接收过程,在接收移位脉冲的控制下,接收完一帧信息。与此同时,接收控制器硬件置接收中断标志 RI=1,向 CPU 申请中断,如果此时串口中断(ES)和全局中断(EA)都已经打开,则会进入串口服务程序执行代码。CPU 响应中断后,用软件使 RI＝0,使移位寄存器开始接收下一帧信息,然后通过读接收缓冲器的指令,例如"MOV A ,SBUF",读取 SBUF 中的数据。

3. 工作方式 2 和工作方式 3

串口工作在方式 2 或方式 3 时为 9 位数据的异步通信口。TXD 为数据发送引脚,RXD 为数据接收引脚。它们的每帧数据结构是 11 位的(如图 9－14 所示):最低位是起始位(0),其后是 8 位数据位(低位在先),第 10 位是用户定义位(SCON 中的 TB8 或 RB8),最后一位是停止位(1)。方式 2 和方式 3 工作原理相似,唯一的差别是方式 2 的波特率是固定的,即为 $f_{osc}/32$ 或 $f_{osc}/64$,而方式 3 的波特率是可变的,与定时器 T1 的溢出率有关。

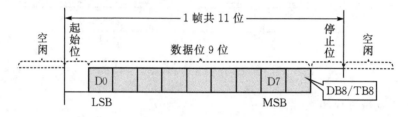

图 9－14 串口工作在方式 2 和方式 3 的字符帧格式

(1)方式 2 和方式 3 发送过程如下(见图 9－15)

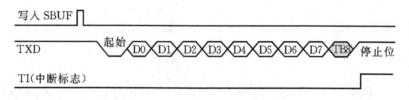

图 9－15 方式 2 和方式 3 发送过程

发送开始时,先把起始位 0 输出到 TXD 引脚,然后发送移位寄存器的输出位(D0)到 TXD 引脚。每一个移位脉冲都使输出移位寄存器的各位右移一位,并由 TXD 引脚输出。第一次移位时,停止位"1"移入输出移位寄存器的第 9 位上 ,以后每次移位,左边都移入 0。当停止位移至输出位时,左边其余位全为 0,检测电路检测到这一条件时,使控制电路进行最后一次移位,然后置 TI＝1,向 CPU 请求中断。第 9 位数据(TB8)由软件置位或清零,可以作为数据的奇偶校验位,也可以作为多机通信中的地址、数据标志位。如把 TB8 作为奇偶校验位,可以在发送程序中,在数据写入 SBUF 之前,先将数据位写入。

(2)方式 2 和方式 3 接收过程如下(见图 9－16)

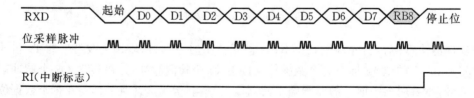

图 9－16 方式 2 和方式 3 接收过程

与方式 1 类似,方式 2 和方式 3 接收过程始于在 RXD 端检测到负跳变时,为此,CPU 以波特率 16 倍的采样速率对 RXD 端不断采样。一检测到负跳变,16 分频计数器就立刻复位,同时把 1FFH 写入输入移位寄存器。计数器的 16 个状态把一位时间等分成 16 份,在每一位的第 7、8、9 个状态时,位检测器对 RXD 端的值采样。如果所接收到的起始位无效(为 1),则复位接收电路,等待另一个负跳变的到来。若起始位有效(为 0)则起始位移入移位寄存器,并开始接收这一帧的其余位。当起始位 0 移到最左面时,通知接收控制器进行最后一次移位。把 8 位数据装入接收缓冲器 SBUF,第 9 位数据装入 SCON 中的 RB8,并置中断标志 RI=1。

注意:与方式 1 不同,方式 2 和 3 中装入 RB8 的是第 9 位数据,而不是停止位。所接收的停止位的值与 SBUF、RB8 和 RI 都没有关系,利用这一特点可用于多机通信中。

9.2.4　波特率的设置方法

串行口的 4 种工作方式对应着三种波特率模式。

对于方式 0,波特率是固定的,为 $f_{osc}/12$。

对于方式 2,波特率由振荡频率 f_{osc} 和 SMOD(PCON.7)所决定。其对应公式为

$$波特率 = 2SMOD \times f_{osc}/64$$

即当 SMOD=0 时,波特率为 $f_{osc}/64$;当 SMOD=1 时,波特率为 $f_{osc}/32$。

对于方式 1 和方式 3,波特率由定时器/计数器 T1 的溢出率和 SMOD 决定,即由下式确定

$$波特率 = 2SMOD \times 定时器/计数器 T1 溢出率/32$$

当 T1 作为波特率发生器时,最典型的用法是使 T1 工作在自动再装入的 8 位定时器方式(即方式 2,且 TCON 的 TR1=1,以启动定时器)。这时溢出率取决于 TH1 中的计数值。

$$T1 溢出率 = f_{osc}/\{12 \times [256 - (TH1)]\}$$

在单片机的应用中,常用的晶振频率为:12 MHz 和 11.0592 MHz。所以,选用的波特率也相对固定。常用的串行口波特率以及各参数的关系如表 9.5 所示。

表 9.5　常用波特率与定时器 1 的参数关系

串口工作方式及波特率		f_{osc}	SMOD	定时器 T1		
				C/T	工作方式	初值
方式 1、3	62.5k	12	—	0	2	FFH
	19.2k	11.0592	1	0	2	FDH
	9600	11.0592	0	0	2	FDH
	4800	11.0592	0	0	2	FAH
	2400	11.0592	0	0	2	F4H
	1200	11.0592	0	0	2	E8H

9.2.5　多机通信

多个 80C51 单片机可以利用串行口进行多机通信。在多机通信中要保证主机与所选择的从机实现可靠地通信,必须保证串口具有识别功能。

控制寄存器 SCON 的 SM2 位就是为满足多机通信而设置的通信控制位。

1. 硬件连接

单片机构成的多机系统常采用总线型主从式结构。所谓主从式,即在数个单片机中,有一个是主机,其余的是从机(如图 9-17 所示),从机要服从主机的调度、支配。当然采用不同的通信标准时,还需进行相应的电平转换,有时还要对信号进行光电隔离。

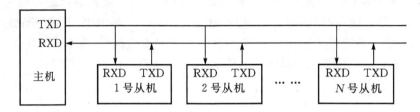

图 9-17　多机系统硬件连接图

2. 通信方法

多机通信的实现,主要依靠主从机之间正确的设置与判断多机通信控制位 SM2 和发送或接收的第 9 数据位(D8)。下面简述如何实现多机通信。

(1)主从机均初始化为方式 2 或方式 3,置 SM2=1,允许中断。

(2)主机置 TB=1,发送要寻址的从机地址。

(3)所有从机均接收主机发送的地址,并进行地址比较。

(4)被寻址的从机确认地址后,置本机 SM2=0,向主机返回地址,供主机核对。

(5)核对无误后,主机向从机发送命令,通知从机接收或发送数据。

(6)两个从机之间的通信依赖于主机。

9.3　串行口的应用

9.3.1　串行口的编程方法

串行口工作之前,应对其进行初始化,主要是设置产生波特率的定时器 1、串行口控制和中断控制。具体步骤如下:

(1)确定 T1 的工作方式(初始化 TMOD 寄存器);

(2)计算 T1 的初值,装载 TH1、TL1;

(3)启动 T1(将 TCON 中的 TR1 位置 1);

(4)确定串行口控制(初始化 SCON 寄存器);

(5)串行口在中断方式工作时,要进行中断设置(初始化 IE、IP 寄存器)。

9.3.2　串口编程举例

利用串行口进行双机通信(晶振为 11.0592 MHz)

功能如下:实现两个单片机的互相通信,如图 9-18 所示。

(1)甲机发送联络信号 0xAA,等待乙机回复 0xBB;

(2)如果甲机收到回应数据,就立刻发送数据 0x01、0x02、0x03……0x07,sum(sum 为前面的数据和）；

（3）乙机收到检测校验和，如果正确，回送数据 0x22 给甲机，否则发送重发信号；

（4）甲机收到 0x22，继续发送联络信号，否则重发数据。

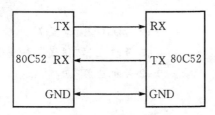

图 9-18　双机通信系统

汇编程序如下：

发送程序清单：

```
ASTART:CLR   EA
       MOV   TMOD,#20H          ;定时器1置为方式2
       MOV   TH1,#0FDH          ;装载定时器初值,波特率9600
       MOV   TL1,#0FDH
       MOV   PCON,#00H
       SETB  TR1                ;启动定时器
       MOV   SCON,#50H          ;设定串口方式1,且准备接收应答信号
ALOOP1:MOV   SBUF,#0AAH         ;发联络信号
       JNB   TI,$               ;等待一帧发送完毕
       CLR   TI                 ;允许再发送
       JNB   RI,$               ;等待2号机的应答信号
       CLR   RI                 ;允许再接收
       MOV   A,SBUF             ;2号机应答后,读至A
       XRL   A,#022H            ;判断2号机是否准备完毕
       JNZ   ALOOP1             ;2号机未准备好,继续联络
ALOOP2:MOV   R0,#40H            ;2号机准备好,设定数据块地址指针初值
       MOV   R7,#07H            ;设定数据块长度初值
       MOV   R6,#00H            ;清校验和单元
ALOOP3:MOV   SBUF,@R0           ;发送一个数据字节
       MOV   A,R6
       ADD   A,@R0              ;求校验和
       MOV   R6,A               ;保存校验和
       INC R0
       JNB   TI,$
       CLR   TI
       DJNZ  R7,ALOOP3          ;整个数据块是否发送完毕
       MOV   SBUF,R6            ;发送校验和
```

```
        JNB   TI,$
        CLR   TI
        JNB   RI,$              ;等待 2 号机的应答信号
        CLR   RI
        MOV   A,SBUF            ;2 号机应答,读至 A
        JNZ   ALOOP2           ;2 号机应答"错误",转重新发送
        RET                    ;2 号机应答"正确",返回
```

接收程序清单:

```
BSTART:CLR   EA
        MOV   TMOD,#20H
        MOV   TH1,#0F4H
        MOV   TL1,#0F4H
        MOV   PCON,#00H
        SETB  TR1
        MOV   SCON,#50H        ;设定串口方式 1,且准备接收
BLOOP1:JNB   RI,$              ;等待 1 号机的联络信号
        CLR   RI
        MOV   A,SBUF            ;收到 1 号机信号
        XRL   A,#0AAH           ;判断是否为 1 号机联络信号
        JNZ   BLOOP1           ;不是 1 号机联络信号,再等待
        MOV   SBUF,#0BBH        ;是 1 号机联络信号,发应答信号
        JNB   TI,$
        CLR   TI
        MOV   R0,#40H           ;设定数据块地址指针初值
        MOV   R7,#07H           ;设定数据块长度初值
        MOV   R6,#00H           ;清校验和单元
BLOOP2:JNB   RI,$
        CLR   RI
        MOV   A,SBUF
        MOV   @R0,A             ;接收数据转储
        INC   R0
        ADD   A,R6              ;求校验和
        MOV   R6,A
        DJNZ  R7,BLOOP2        ;判断数据块是否接收完毕
        JNB   RI,$              ;完毕,接收 1 号机发来的校验和
        CLR   RI
        MOV   A,SBUF
        XRL   A,R6              ;比较校验和
        JZ    END1              ;校验和相等,跳至发正确标志
```

```
        MOV   SBUF,#0FFH        ;校验和不相等,发错误标志
        JNB   TI,$              ;转重新接收
        CLR   TI
END1:   MOV   SBUF,#22H
        RET
```

C 语言程序如下:

甲机发送程序:

```c
#include "reg52.h"
#define uchar unsigned char
#define uint unsigned int
void Init_Uart()              //初始化串口
{
    TMOD = 0x20;
    TH1 = 0xFD;
    TL1 = 0xFD;               //配置串口波特率为 9600
    TR1 = 1;                  //开启定时器

    SCON = 0x50;             //选择串口模式 1
    PCON = 0x00;             //波特率不倍增
    TI = 0;                  //清除 TI 标志位
    RI = 0;                  //清除 RI 标志位

}
////发送字节程序/////
void Send_Byte(uchar Byte)
{
    SBUF = Byte;             //把要发送的数据放入 SBUF 里,此时 SBUF 自动执行发送
    while(! TI);             //等待发送结束
    TI = 0;                 //清除发送标志位,为下次发送做准备
}
//发送联络信号
void Send_Call(uchar CMD)
{
    uchar temp;             //用来保存接收的数据
    do
    {
        Send_Byte(CMD);     //发送联络信号
        while(RI == 0);     //等待回复
        temp = SBUF;        //保存接收数据
```

```
        RI = 0;                    //清除接收标志位
    }while(temp! = 0xBB);         //如果收到回应 0xBB,则返回,否则继
                                   //续发送联络信号
}
//给乙机发送数据
void  Send_Data()
{
    uchar i;
    uchar sum;                     //数据的校验和
    do{
        sum = 0;
        for(i = 0;i<8;i + +)
        {
            Send_Byte(i);          //这里发送 0x01 、0x02 、0x03……0x07
            sum + = i;             //求校验和
        }
        Send_Byte(sum);            //发送校验和
        while(RI = = 0);          //等待乙机的回应,如果接收正确,则程序返回,否则继
                                   //续发送
        RI = 0;
    }while(SBUF! = 0x22);         //收到乙机的回复数据 0x22
}
/////////main 函数////////
void main()
{
    EA = 0;                        //关闭所有中断
    Init_Uart();                   //初始化串口
    while(1)
    {
        Send_Call(0xAA);           //发送联络信号 0xAA
        Send_Data();               //发送数据
    }
}
乙机接收程序:
#include ˝reg52.h˝
#define uchar unsigned char
#define uint unsigned int
uchar buf[10];                     //用来接收数据
void Init_Uart()                   //初始化串口
```

```
{
    TMOD = 0x20;
    TH1 = 0xFD;
    TL1 = 0xFD;                  //配置串口波特率为 9600
    TR1 = 1;                     //开启定时器

    SCON = 0x50;                 //选择串口模式 1
    PCON = 0x00;                 //波特率不倍增
    TI = 0;                      //清除 TI 标志位
    RI = 0;                      //清除 RI 标志位

}
////发送字节程序/////
void Send_Byte(uchar Byte)
{
    SBUF = Byte;                 //把要发送的数据放入 SBUF 里,此时 SBUF 自动执行发送
    while(! TI);                 //等待发送结束
    TI = 0;                      //清除发送标志位,为下次发送做准备
}
void Wait_Ask()                  //等待联络信号
{
    uchar temp;                  //用来保存接收的数据
    do
    {
        while(RI = = 0);         //等待联络信号
        temp = SBUF;             //保存接收数据
        RI = 0;                  //清除接收标志位
    }while(temp! = 0xAA);        //如果收到回应 0xAA,则返回,否则继续等待联络
}
//发送回应信号
void Send_Answer(uchar Answer)
{
    Send_Byte(Answer);           //发送回应信号
}
void Recieve_Data()
{
    uchar sum;                   //保存校验和
    uchar i;
    while(1)
```

```
    {
        sum = 0;                    //清除校验和
        for(i = 0;i<8;i + +)
        {
            while(RI = = 0);        //等待接收数据
            RI = 0;
            buf[i] = SBUF;          //存储数据
            sum + = buf[i];         //计算校验和
        }
        while(RI = = 0);            //等待接收甲机发送的校验和
        RI = 0;
        if((SBUF^sum) = = 0)
        {
            Send_Byte(0x22);        //接收正确,返回甲机 0x22
            break;                  //跳出 while 循环
        }
            else
            {
              Send_Byte(0xFF);     //接收错误,返回甲机 0xFF
            }
        }
}
/////////main 函数/////////
void main()
{
    EA = 0;                         //关闭所有中断
    Init_Uart();                    //初始化串口
    while(1)
    {
        Wait_Ask();                 //等待联络信号
        Send_Answer(0xBB);          //发送回应
        Recieve_Data();             //接收并保存数据
    }
}
```

9.4 小 结

本章首先介绍了串行通信的基本方式,包括异步通信和同步通信,以及单工模式、半双工模式、全双工模式三种数据传输方式,并介绍了串口通信中的接口标准。51 系列单片机集成了全双工的串行接口,本章详细介绍了单片机串行接口的内部结构、工作模式及其应用。单片机的串行口应用很广泛,熟练掌握本章内容很重要。

习　题

9-1　51 单片机串行口有几种工作方式? 如何选择? 简述其特点?

9-2　串行通信的接口标准有哪几种?

9-3　在串行通信中通信速率与传输距离之间的关系如何?

9-4　利用单片机串行口扩展 24 个发光二极管和 8 个按键,要求画出电路图并编写程序使 24 个发光二极管按照不同的顺序发光(发光的时间间隔为 1 s)。

9-5　编写图 9-12 的中断方式的数据发送接收程序。

9-6　简述单片机多机通信的特点。

9-7　在微机与单片机构成的测控网络中,提高通信的可靠性要注意哪些问题?

第10章 并行 I/O 口的扩展

51 系列单片机内部有 4 个双向并行 I/O 端口:P0～P3,共占 32 根引脚。P0 口的每一位可以驱动 8 个 TTL 负载,P1～P3 口的负载能力为 4 个 TTL 负载。

在无片外存储器扩展的系统中,这 4 个端口都可以作为双向通用 I/O 口使用。在具有片外扩展存储器的系统中,P0 口可以分时复用为低 8 位地址线和数据线,P2 口作为高 8 位地址线。这时,P0 口和部分或全部的 P2 口无法再作通用 I/O 口。

P3 口具有第二功能,在应用系统中也常被使用。因此在大多数的应用系统中,真正能够提供给用户作为 I/O 口使用的只有 P1 口。

综上所述,51 单片机的 I/O 端口通常需要扩充,以便和更多的外设(例如显示器、键盘)进行联系。

由于 CPU 与外部设备之间的数据传送非常复杂,不能与外设进行直接连接,故必须在两者之间加一个接口电路。并行接口连接外设示意图如图 10-1 所示。

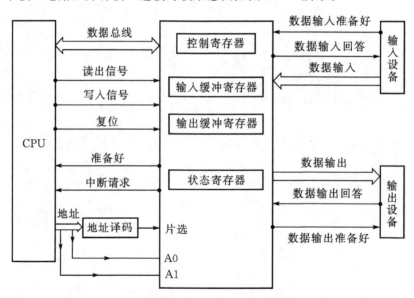

图 10-1 并行接口连接外设的示意图

51 单片机中扩展的 I/O 口采用与片外数据存储器相同的寻址方法,所有扩展的 I/O 口,以及通过扩展 I/O 口连接的外设都与片外 RAM 统一编址,因此,对片外 I/O 口的输入/输出指令就是访问片外 RAM 的指令。

10.1 I/O 口扩展概述

10.1.1 I/O 接口电路的功能

(1)实现速度协调:能够解决高速主机与低速外围设备间的矛盾。
(2)实现数据锁存:能够处理外围设备与 CPU 之间的不同信息格式。
(3)实现三态缓冲:能够使主机与外设协调工作。
(4)实现数据转换:能够使外设和主机信号电平一致。

10.1.2 I/O 口扩展芯片

扩展 I/O 接口所用的芯片主要有通用可编程 I/O 芯片和 TTL、CMOS 锁存器、三态门电路芯片两类。通用 I/O 口芯片一般选用 Intel 公司的芯片,其接口最为简单可靠,如 8255、8155 等。

采用 TTL 或 CMOS 锁存器、三态门电路作为 I/O 扩展芯片,也是单片机应用系统中经常采用的方法。这些扩展芯片具有体积小、成本低、配置灵活的特点,一般在扩展 8 位输入或输出口时十分方便,可以作为 I/O 口扩展的 TTL 芯片有 74LS373、74LS277、74LS244、74LS273、74LS367 等。在实际应用中,根据芯片特点及输入量、输出量的特征,选择合适的扩展芯片。

10.2 8255A 可编程并行 I/O 口的扩展

10.2.1 I/O 口扩展方法

根据扩展并行 I/O 口时数据线的连接方式,I/O 口扩展可分为总线扩展方法、串行口扩展方法和 I/O 口扩展方法。其中总线扩展方法,扩展的并行 I/O 芯片,其并行数据输入线取自51 单片机的 P0 口,这种扩展方法只分时占有 P0 口,并不影响 P0 口与其他扩展芯片的连接操作,不会造成单片机硬件的额外开销。因此,在 51 单片机应用系统的 I/O 扩展中广泛采用这种扩展方法。

10.2.2 常用的可编程接口芯片

51 单片机是 Intel 公司的产品,而 Intel 公司的配套可编程 I/O 接口芯片的种类齐全,这就为 51 单片机扩展 I/O 接口提供了很大的方便。Intel 公司常用的外围 I/O 接口芯片如表 10.1 所示。

表 10.1　常用的可编程接口芯片名称

型号	名称
8255	可编程外围并行接口
8259	可编程中断控制器
8279	可编程键盘/显示接口
8155	带定时器和 256 字节静态 RAM 的可编程并行接口
8253	可编程通用定时器
8755	具有 I/O 口及 16384 位 EPROM
8251	可编程通信接口

10.2.3　8255A 内部结构和外部引脚

1. 8255A 的内部结构

8255A 的内部结构如图 10-2 所示,根据 8255A 的内部结构图,我们可以看出,其内部主要由数据总线缓冲器、读/写控制逻辑、三个并行 I/O 端口组成,下面分别介绍 8255A 内部结构图中的各模块及其功能。

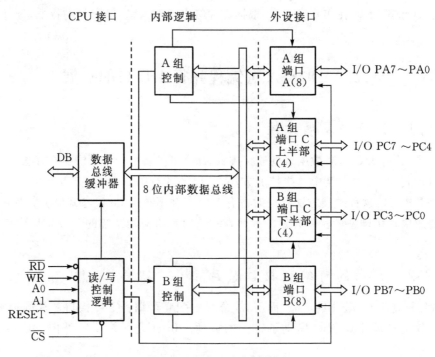

图 10-2　8255 内部结构图

　　(1)**数据总线缓冲器**　数据总线缓冲器是双向三态的 8 位驱动器,用于和单片机的数据总线连接,以实现单片机与 8255A 芯片的数据传送。

　　(2)**并行 I/O 端口**　A 口:具有一个 8 位数据输出锁存/缓冲器和一个 8 位数据输入锁存器,可编程为 8 位输入输出或双向寄存器;

B 口:具有一个 8 位数据输出锁存/缓冲器和一个 8 位数据输入缓冲器(不锁存),可编程为 8 位输入或输出寄存器,但不能为双向寄存器;

C 口:具有一个 8 位数据输出锁存/缓冲器和一个 8 位数据输入缓冲器(不锁存),在方式控制字的控制下,可分为两个 4 位口使用。除了作输入、输出口使用外,还可作 A 口、B 口选通方式操作时的状态控制信号。

(3)**读/写控制逻辑**　用于控制所有数据、控制字或状态字的传送,接收单片机的地址线和控制信号来控制各个口的工作状态。

(4)**工作方式控制电路**　8255A 三个端口可分为 A、B 组。

A 组:包括 A 口 8 位和 C 口高 4 位;

B 组:包括 B 口 8 位和 C 口低 4 位。

2. 8255A 引脚说明

8255A 引脚图如图 10-3 所示,功能示意图如图 10-4 所示。

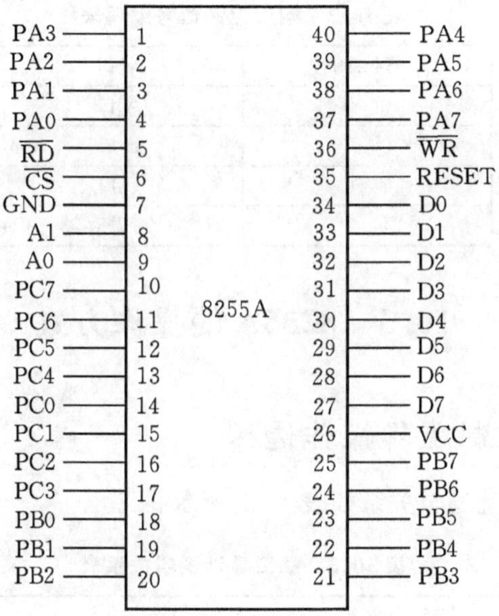

	8255A	
PA3 — 1		40 — PA4
PA2 — 2		39 — PA5
PA1 — 3		38 — PA6
PA0 — 4		37 — PA7
$\overline{RD}$ — 5		36 — $\overline{WR}$
$\overline{CS}$ — 6		35 — RESET
GND — 7		34 — D0
A1 — 8		33 — D1
A0 — 9		32 — D2
PC7 — 10		31 — D3
PC6 — 11		30 — D4
PC5 — 12		29 — D5
PC4 — 13		28 — D6
PC0 — 14		27 — D7
PC1 — 15		26 — VCC
PC2 — 16		25 — PB7
PC3 — 17		24 — PB6
PB0 — 18		23 — PB5
PB1 — 19		22 — PB4
PB2 — 20		21 — PB3

图 10-3　8255A 芯片引脚图

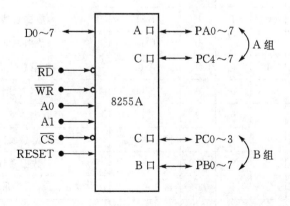

图 10-4　8255A 功能示意图

8255A 有 40 个引脚,采用 DIP 封装,+5V 单电源供电,下面介绍各引脚的功能。

(1)**RESET**　复位输入端,高电平有效。复位后,所有寄存器均清零,所有 I/O 口均置为输入方式。

(2)$\overline{\text{CS}}$　片选信号输入端,低电平有效。

(3)$\overline{\text{RD}}$　读信号输入端,低电平有效。

(4)$\overline{\text{WR}}$　写信号输入端,低电平有效。

(5)**D0~D7**　三态双向数据总线,用来传送数据或控制字。

(6)**PA0~PA7**　A 口的输入输出数据线是双向的,由软件确定输入或输出。

(7)**PB0~PB7**　B 口的输入输出数据线是双向的,由软件确定输入或输出。

(8)**PC0~PC7**　C 口数据/信号线是双向的。

(9)**A0A1**　端口控制信号。8255A 共有四个端口,分别是 A 口、B 口、C 口和控制寄存器供用户编程。A0A1 的不同编码可分别选择上述三个口和一个控制寄存器。地址编码如表 10.2 所示。

表 10.2　端口控制信号编码表

A1 A0	端口
0　0	A 口
0　1	B 口
1　0	C 口
1　1	控制寄存器

10.3　8255A 的操作方式

10.3.1　读写控制逻辑操作选择

8255A 的四个端口寻址逻辑关系如表 10.3 所示。

表 10.3　端口寻址逻辑关系表

操作	A1	A0	$\overline{\text{RD}}$	$\overline{\text{WR}}$	$\overline{\text{CS}}$	所选端口	完成的操作
输入功能（读）	0	0	0	1	0	A 口	数据总线读 PA 口数据
	0	1	0	1	0	B 口	数据总线读 PB 口数据
	1	0	0	1	0	C 口	数据总线读 PC 口数据
输出功能（写）	0	0	1	0	0	A 口	数据总线向 PA 口写数据
	0	1	1	0	0	B 口	数据总线向 PB 口写数据
	1	0	1	0	0	C 口	数据总线向 PC 口写数据
	1	1	1	0	0	控制寄存器	数据总线向控制口写数据
禁止	×	×	×	×	1	—	数据总线呈高阻状态
	1	1	0	1	0	—	非法状态
	×	×	×	1	0	—	数据总线呈高阻状态

10.3.2　8255A 方式控制字及状态字

8255A 的三个端口具体工作在什么方式下,是通过 CPU 对控制口的写入控制字来决定的。8255A 有两个控制字:方式选择控制字和 C 口置位/复位控制字。用户通过程序把这两个控制字送到 8255A 的控制寄存器(A0A1=11),这两个控制字以 D7 来作为标志。

1. 方式选择控制字

方式选择控制字用来决定 8255A 三个数据端口各自的工作方式,它由一个 8 位的寄存器组成,它的格式如表 10.4 所示。

表 10.4　方式选择控制字

A 组控制				B 组控制		
D7	D6　D5	D4	D3	D2	D1	D0
特征位	A 组方式 00=方式 0 01=方式 1 1X=方式 2	A 口 0=输出 1=输入	C 口 C7~C4 0=输出 1=输入	B 组方式 0=方式 0 1=方式 1	B 口 0=输出 1=输入	C 口 C3~C0 0=输出 1=输入

D7 位为"1"时,为方式选择控制字的标识位;

D6、D5 位决定 A 端口的工作方式;

D4 位决定 A 端口工作在输入还是输出方式;

D3 位决定 C 端口高 4 位 PC7~PC4 是作为输入端口,还是作为输出端口;

D2 位用来选择 B 端口的工作方式;

D1 位决定 B 端口作为输入还是输出端口;

D0 位决定 C 端口低 4 位 PC3~PC0 是作为输入端口,还是输出端口。

2. C 口的按位置位/复位控制字

8255A 和 CPU 传输数据的过程中,经常将 C 端口的某几位作为控制位或状态位来使用,从而配合 A 端口或 B 端口的工作。

在 8255A 芯片初始化时,C 端口置 1/置 0 控制字可以单独设置 C 端口的某一位为 0 或某一位为 1。控制字的 D7 位为"0"时,是 C 端口置 1/置 0 控制字的标识位,这个控制字只对 C 口起作用,任何一位都可以通过按位置位/复位控制字来设置。如图 10-5 所示。

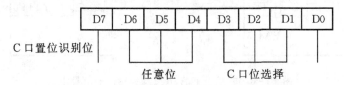

图 10-5　C 口的按位操作控制字格式

注意:对 C 口的置位/复位控制不是把控制字送到 C 口,而是由控制口决定各位的状态,把控制字送到控制口。

D7 位必须为 0

　　　　000:PC0　　　　　　　　　100:PC4

001:PC1	101:PC5
010:PC2	110:PC6
011:PC3	111:PC7

D0 位的状态决定了是对由 D3～D1 选中位是复位还是置位,每设置一次只能对其中的一位实现置位。

10.3.3 8255A 的工作方式

工作方式的指定可通过程序设置控制口来确定。三种基本的工作方式为:

方式 0——基本的输入输出方式;

方式 1——选通输入输出方式;

方式 2——双向传送方式。

10.3.4 工作方式 0(基本输入输出方式)

功能:方式 0 不使用联络信号,也不使用中断,A 口和 B 口可定义为输入或输出口,C 口分成两个部分(高四位和低四位),C 口的两个部分也可分别定义为输入或输出。在方式 0,所有口输出均有锁存,输入只有缓冲,无锁存,C 口还具有按位将其各位清 0 或置 1 的功能。常用于与外设无条件的数据传送或接收外设的数据。

10.3.5 工作方式 1(选通输入输出方式)

1. 方式 1 下 A 口、B 口为输出口

A 口借用 C 口的一些信号线用作控制和状态信号,组成 A 组;B 口借用 C 口的一些信号线用作控制和状态信号,组成 B 组。在方式 1 下,C 口的某些位被占用。方式 1 下,A、B 口为输出口的信号定义如图 10-6 所示。

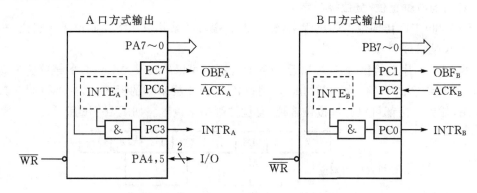

图 10-6 方式 1 下 A、B 口均为输出的信号定义

当 A 口工作于方式 1 且用作输出口时,C 口的 PC7 线用作输出缓冲器满 $\overline{OBF}$ 信号线,PC6 用作外设收到数据后的响应信号线 $\overline{ACK}$,PC3 用作中断请求输出信号线 INTR。

当 B 口工作于方式 1 且用作输出口时,C 口的 PC1 线用作输出缓冲器满信号线 $\overline{OBF}$,PC2 用作外设收到数据后的响应信号线 $\overline{ACK}$,PC0 用作中断请求输出信号线 INTR。

控制字的设置如表 10.5 所示。

表 10.5 方式 2 下的控制字寄存器

D7	D6 D5	D4	D3	D2	D1	D0
0	A 组方式 01＝方式 1	A 口 0＝输出	C 口 I/O	B 组方式 1＝方式 1	B 口 0＝输出	C 口 I/O

(1)$\overline{OBF}$ 输出缓冲器满信号,低电平有效。8255A 输出信号,当其有效时,CPU 已将数据送到指定的口,用于通知外设可将数据取走。

(2)$\overline{ACK}$ 外设响应信号,低电平有效。由外设送来,有效时表明 8255A 的数据已被外设取走。

(3)**INTR** 中断请求信号,高电平有效。它是当外设将数据取走并给出应答信号 $\overline{ACK}$ 之后,8255 向 CPU 提出中断请求,让 CPU 输出一个新的数据。

(4)**INTE** 中断允许信号,高电平有效。为低电平时则屏蔽中断请求,即不发出中断请求信号 INTR。INTE 的状态是通过对 C 口 PC6 或 PC2 置 1 后 A 口或 B 口才允许中断。

8255A 的中断设置方法:

INTE＝1,允许 A 口或 B 口向 CPU 申请中断;INTE＝0,禁止 A 口或 B 口向 CPU 申请中断。

中断允许信号 INTE 是由软件通过对 C 口的按位置位/复位控制字的置 1 或清 0 来设置的,PC6 置 1 时,A 口允许中断,PC2 置 1 时,B 口允许中断。

注意:在方式 1 输出方式时,PC4 和 PC5 的工作状态由控制字决定其为输出还是输入。设置后不影响其他位的作用。

2. 方式 1 下 A 口、B 口为输入口

A 口工作于方式 1 且用作输入口时,C 口的 PC4 线用作选通输入信号线 STB,PC5 用作输入缓冲器满输出信号线 IBF,PC3 用作中断请求输出信号线 INTR。

B 口工作于方式 1 且用作输入口时,C 口的 PC2 线用作选通输入信号线 STB,PC1 用作输入缓冲器满输出信号线 IBF,PC0 用作中断请求输出信号线 INTR。

方式 1 下,A、B 口为输入口的信号定义如图 10－7 所示。

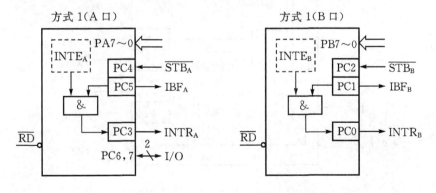

图 10－7 方式 1 下 A、B 口均为输入口时的信号定义

控制字的设置如表 10.6 所示。

表 10.6　方式 1 下的控制字寄存器

D7	D6 D5	D4	D3	D2	D1	D0
0	A 组方式 01＝方式 1	A 口 1＝输入	C 口 I/O	B 组方式 1＝方式 1	B 口 1＝输入	C 口 I/O

（1）$\overline{STB}$　选通控制，输入信号。当外部设备来的 8 位数据送入到 8255A 的输入缓冲器时该位有效。

在时间上，外部设备先把数据送到 8255A 的数据口 A 或 B，然后再送出 STB 信号，用于把数据锁存到 8255A 的输入数据寄存器，等待 CPU 取数据。

（2）IBF　输入缓冲器满信号，输出信号，高电平有效。当 8255A 的输入缓冲器有新数据后，该位有效，为 8255A 给外设的联络信号，告知外设输入的数据已被接收到，但还没被 CPU 取走，不能再送新的数据。该信号在 STB 变为低电平后，300 ns 内变为高电平（自动完成）。

在 CPU 读取了数据后，RD 信号撤消后的 300 ns 内 IBF 信号才撤销，变为低电平，告知外设可输入新的数据。

（3）INTR　为中断请求信号，高电平有效。中断请求的条件：STB 变高后 300 ns 内，并且 IBF 信号也为高。（要等数据全部进入到输入缓冲器后才发出中断请求）

（4）INTE　中断允许信号，高电平有效，为低电平时则屏蔽中断请求。INTE 的状态是通过对 C 口 PC4 或 PC2 置 1 后 A 口和 B 口才允许中断。（与 INTR 完全不同，是无条件的，由软件对 C 口 PC4 或 PC2 置 1 即可实现中断）

10.3.6　工作方式 2（双向输入输出方式）

功能：方式 2 是 A 组独有的工作方式。外设既能在 A 口的 8 条引线上发送数据，又能接收数据。此方式也是借用 C 口的 5 条信号线作控制和状态线，A 口的输入和输出均带有锁存。方式 2 下的信号定义如图 10-8 所示。

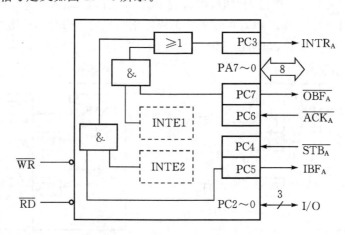

图 10-8　方式 2 下的信号定义

（1）$\overline{OBF}$　输出缓冲器满，输出，低有效。这是 8255A 送给外设的控制信号，有效时表示数据已送入到 A 口输出锁存器中，用该信号通知外设将数据取走。

（2）$\overline{\text{ACK}}$ 应答，输入，低有效。这是外设送来的信号，有效时表示外设已经从 A 口输出线上将数据取走。

（3）$\overline{\text{STB}}$ 选通信号，输入，低有效。这是由外设送来的信号，有效时将由外设送来的位于 A 口引线的 8 位数据锁存到 A 口的输入锁存器中。

（4）**IBF** 输入缓冲器满，输出，高有效。这是 8255A 送给外设的响应信号，有效时表示数据已送入输入锁存器中，CPU 可以取走。

（5）**INTR** 中断请求，输出，高有效。这是 8255A 送给 CPU 的中断请求信号。

无论是输入操作还是输出操作，当一个操作完成，要进行下一个操作时，8255A 都通过该引脚向 CPU 发中断请求信号。

方式 2 的 A 口输入和输出传送各自作为一个中断源，两个中断请求信号在 8255A 内部相或，只产生一个中断请求通过 PC3 发给 CPU。

（6）**INTE1** 中断允许 1。它是由内部的中断控制触发器发出的允许中断或屏蔽中断的信号。INTE1＝1，允许 A 口在输出缓冲器变空（数据已被外设取走）时向 CPU 申请中断，让 CPU 输出一个新的数据；INTE1＝0，则屏蔽了输出中断请求，这样，即使 A 口的输出缓冲器已经变空了，也不能在 INTR 上产生中断请求信号。INTE1 为 0 还是为 1 是由软件通过对 PC6 复位/置位来完成的，PC6＝0 使 INTE1 为 0，PC6＝1 使 INTE1 为 1。（由软件置 1 实现中断）

（7）**INTE2** 中断允许 2。它也是由内部的中断控制触发器发出的允许中断或屏蔽中断的信号。INTE2＝1，允许 A 口在输入数据就绪时向 CPU 申请中断，让 CPU 将数据取走；INTE2＝0，则屏蔽了输入中断请求。INTE2 为 0 还是为 1 是由软件通过对 PC4 复位/置位来完成的，PC4＝0 使 INTE2 为 0，PC4＝1 使 INTE2 为 1。（由软件置 1 实现中断）

习 题

10-1 简述 I/O 接口电路的功能以及扩展方法。

10-2 8255A 芯片有几种工作方式？分别是什么？

10-3 P0～P3 口作为输出口时，各有何要求？

10-4 使用 8255A 可以扩展出多少根 I/O 口线？

10-5 8255A 的两个控制字分别是什么？

10-6 P1 口作输出口，接 8 只发光二极管，编写程序，使发光二极管循环点亮。

第 11 章　单片机人机接口交互设计

11.1　键盘及程序设计

一个好的单片机应用系统,应该有好的人机交互接口。键盘是与单片机进行人机交互的最优途径,以按键的形式来设置控制功能或输入数据。人们通常通过键盘来输入一些命令或者数据,以达到控制单片机运行的目的。

常用的键盘有独立键盘和矩阵键盘。其中,独立键盘按键接口简单,适合简单而且输入少的系统。矩阵键盘按键则适合输入参数多,功能复杂的系统,可以最大限度地节约单片机资源。本节主要介绍独立键盘和矩阵键盘。

11.1.1　键盘接口概述

键盘是在人机交互系统中用来输入控制信号或数据的接口。其中,人机交互系统是一个完整的单片机系统的组成部分,用来使单片机识别不同的输入信号,并作出相应的响应。在进行单片机键盘设计的时候,需要注意如下几点。

1. 按键编码

按键的编码就是每个按键在单片机程序设计时对应的键值。每个按键对应于唯一的键值。在硬件上,键盘按键使用单片机的 I/O 线与 CPU 相连接进行通信,通过 I/O 线上高低电平的不同组合表示键盘输入的不同键值。键盘编码设计的主要任务就是选择合理的结构来满足系统设计要求。

2. 输入的可靠性

输入的可靠性就是让单片机程序能够准确无误地响应按键操作。目前的键盘均为机械式触点,由于触点的机械弹性效应,在按键按下的时候会出现抖动,这样就会可能导致错误响应。对于键盘的可靠性输入需要在程序中做如下两方面的处理。

(1)去抖动。由于机械特性的不同,按键的抖动时间长短不等,一般在 5~10 ms 之间,抖动波形如图 11-1 所示。消除抖动可以在软件中进行处理,在软件中处理主要靠延时,也可以在硬件中进行处理。硬件消抖电路如图 11-2 所示。

(2)对按键释放等待的处理。由于人操作按键是需要一定时间才能完成的,因此按键闭合有一定的时间限制,一般在 0.1~5 s。由于单片机执行速度快,如果不对一次按键的释放等待进行处理,有可能导致单片机程序对该次按键的多次响应。

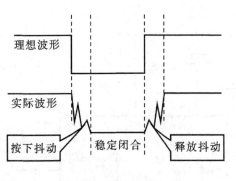

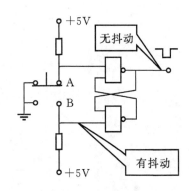

图 11-1 按键抖动波形   图 11-2 硬件消抖电路

3. 程序检测及响应

对于键盘的检测方式一般有查询或中断两种方式。查询就是在程序中反复的循环扫描按键的状态,因此会占用大量的 CPU 时间,这种方式适用于一般的程序。中断方式就是通过中断系统来响应按键,适应于一些对实时性要求较高的单片机应用系统。

11.1.2 独立式按键及编程

1. 独立式按键的电路连接

独立式按键采用每个按键单独占用一个 I/O 端口的结构,其特点是结构简单。当按键被按下以后,输入到单片机 I/O 端口的电平不一样,单片机根据端口电平的变化来判断独立按键是否已经被按下。

单片机的独立按键电路结构如图 11-3 所示,其中按键与单片机引脚直接相连,当没有按键按下的时候,引脚电平为高电平,当有按键按下的时候,引脚电平为低电平,从而实现电平的变化来达到按键的目的。

2. 独立式按键的程序设计

独立式按键的程序比较简单,一般按照查询的方式。在程序设计的时候既可以采用汇编语言,也可以采用 C51 语言,下面给出 C 语言程序设计的范例。

```
＃include˝reg52.h˝
sbit Key1 = P3^4;
sbit Key2 = P3^7;
void delay(unsigned int t)        //延时函数
{
    while(t－－＞0)
}
void main()                       //主函数
{
    Key1 = 1;
```

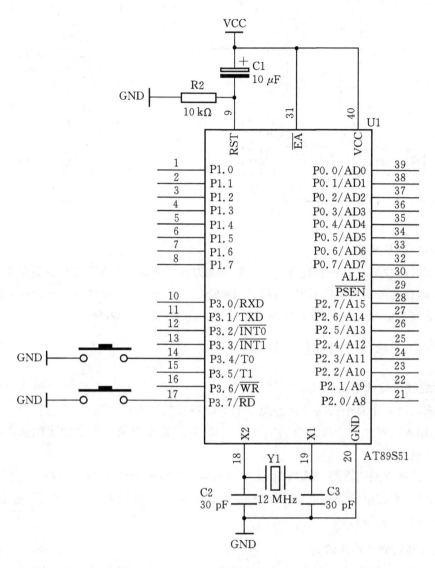

图 11 - 3　独立按键电路结构

```
Key2 = 1;
whlie(1)
{
    if(Key1 = = 0)          //判断 Key1 是否被按下
    {
        delay(20);          //软件延时消抖
        if(Key1 = = 0)      //确定 Key1 是否真的被按下
        …;                  //处理 Key1 按键程序
    }
    if(Key2 = = 0)          //判断 Key2 是否被按下
```

```
    {
        delay(20);          //软件延时消抖
        if(Key2 = = 0)      //确定 Key2 是否真的被按下
        …;                  //处理 Key2 按键程序
    }
    }
}
```

11.1.3　矩阵键盘及程序设计

对于比较复杂的单片机应用系统和按键比较多的场合，如果采用独立按键，会引起 I/O 引脚资源的短缺，此时，可以用矩阵键盘来解决该问题。矩阵键盘有很多种，常用的是 4×4 的矩阵键盘，下面将详细介绍。

4×4 矩阵键盘的结构如图 11-4 所示。由 4 根行线和 4 根列线交叉构成，按键位于交叉点上，这样 4 行 4 列就构成了 16 个按键。交叉点处的行线和列线不是直接连接上的，而是按键按下后，行线和列线才能导通。

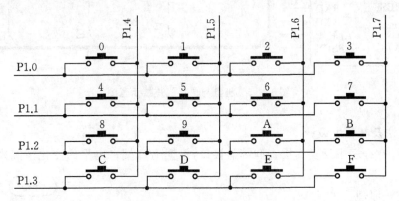

图 11-4　矩阵键盘的结构

在电路结构上，一般将行和列分别接到单片机的一个 8 位并行端口上，程序分别对行线和列线进行不同的操作便可以确定按键状态。这样只占用 8 个 I/O 口就可以实现 16 个按键，因此键盘的利用率很高。

矩阵键盘的工作方式有扫描法和线反转法，下面将详细介绍。键盘与单片机的电路连接如图 11-5 所示。

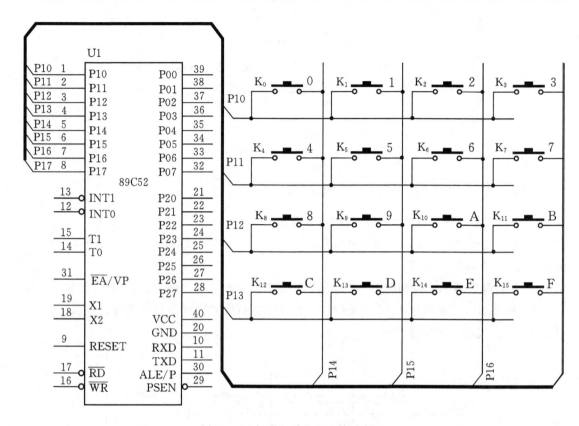

图 11-5 键盘与单片机连接示意图

1. 扫描法及其程序设计

扫描法是在程序中反复扫描查询键盘接口,根据 I/O 端口电平的变化情况来确定按键的情况。

(1)扫描法原理。

在使用扫描法时,将行线赋 1,列线赋 0。当没有按键按下的时候,行线为高电平,列线为低电平;当有键按下时,相应的行线和列线连接,行线依赖列线输出低电平。由此就可以实现键盘的编码处理,键盘扫描的流程图如图 11-6 所示。

键盘扫描的一般步骤如下。

①给键盘的行线赋 1,列线赋 0;读取行线的值,如果全为 1,则无键按下,否则有键按下。进而执行下面的步骤。

②软件消抖。当判断有按键按下之后,程序中延时 10 ms 左右的时间后,再次判断是否有键按下,如有则继续执行下面的步骤。

③扫描按键的位置。先将列线 P1.7 赋值为低电平,其余高电平,然后,读取行的状态,如

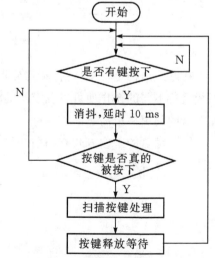

图 11-6 键盘扫描程序流程图

果行线全部为高电平,则按键不是在这一列,如果行线状态不全为高,则按键在这一列与行线相交的点,按照这样的方法依次检查 P1.6,P1.5,P1.4 有没有按键按下。这样就实现了逐行扫描,以便找到按键的位置。

④按键释放等待处理。有时候,为了保证一次按键只进行一次处理,可以通过等待按键释放来完成。

(2)扫描法程序。

```c
// * * * * * * * * * * * "延时" * * * * * * * * * * * * * * * * * * * *
//"函数名称:void delay(unsigned char delay_time)"
//"函数功能:延时"
//"参数说明:有 delay_time"
// * * * * * * * * * * * * * * * * * * * * * * * * * * * * * * * * * *
void delay(unsigned int delay_time)
{
   while(delay_time){delay_time - - ;}
       //"延时(8 + 6 * delay_time)  μs"
}
// * * * * * * * * * * * * "按键扫描" * * * * * * * * * * * * * * * * * *
//"函数名称:unsigned char key_scan(void)"
//"函数功能:用行列扫描方式进行键盘扫描,P1 口低四位作为行,高四位作为列"
//"参数说明:无"
// * * * * * * * * * * * * * * * * * * * * * * * * * * * * * * * * * *
void   key_scan(void)
{
    unsigned char key_code;              //"键盘行编码"
    unsigned char row = 0,j = 0;         //"行值"
    unsigned char line = 0;              //"列值"
    unsigned char temp = 0x7F;           //"列扫描码"
    unsigned char I,key_value;
    P1 = 0x0F;                           //"P1 口赋初值,准备进行行、列扫描"
    if((P1&0x0F)! = 0x0F)                //"表示有键按下"
    {
    delay(2000);                         //"延时 10ms 消抖"
    if((P1&0x0F)! = 0x0F)                //"表明确实有键按下,进行键盘扫描"
    {
        key_code = P1&0x0F;              //"得出行编码"
        for(i = 0;i<4;i + +)             //"列扫描"
        {
            P1 = temp;                   //"送列扫描码"
            if((P1&0x0F)! = 0x0F)
```

```
            {
                line = 3 - i;              //"计算出列值"
                break;
            }
            temp = (temp>>1)|0x80;        //"进行下一列扫描"
        }
        switch(key_code)                   //"根据行编码得出行值"
        {
            case 0x0E: row = 0;break;
            case 0x0D: row = 1;break;
            case 0x0B: row = 2;break;
            case 0x07: row = 3;break;
            default:  ;
        }
        key_value = row * 4 + line;        //"根据行、列值计算出键值"
        do
        {
          while((P2&0xF0)! = 0xF0);        //"等待按键释放"
          deby(2000);                      //"递时 10ms 消抖"
        }
        while((P2&0xF0)! = 0xF0);          //"等待按键释放"
    }
  }
}
```

2. 线反转法及程序

线反转法实际上也是一种扫描方法。和扫描法的主要区别就是不用逐行扫描查询。采用线反转法，无论按键在最后一列还是在第一列，都只需要经过两步便可以获得此按键的位置。

(1)线反转法的原理。

线反转法的具体步骤如下：

①将行线作为输出线，列线作为输入线。输出线全部为 0，即输出线为低电平；输入线全部为 1，即输入线为高电平。读取输入线状态，状态是 0 的一列为按键所在的列。

②将第一步反转过来，即将列作输出线，行作输入线，此时行线为 0 的为按键所在行。至此，行和列的交点处即为按键的位置。

③按键等待释放处理。为了保证一次按键只进行一次处理，可以通过等待按键释放来完成。

(2)线反转法的程序设计。

```
//线反转法键盘扫描程序
unsigned char key_scan(void)
{
```

```
unsigned char key_code;
unsigned char key_value;
unsigned char row = 0;
unsigned char line = 0;
P1 = 0x0F;
if((P1&0x0F)! = 0x0F)
{
    delay(2000);//调用延时程序消抖
    if((P1&0x0F)! = 0x0F)
    {
        key_code = P1&0x0F;
        switch(key_code)
        {
            case 0x0E: row = 0;break;
            case 0x0D: row = 1;break;
            case 0x0B: row = 2;break;
            case 0x07: row = 3;break;
            default: ;
        }
        P1 = 0x0F0;//线反转
        key_code = P1&0xF0;
        switch(key_code)
        {
            case 0xE0: line = 0;break;
            case 0xD0: line = 1;break;
            case 0xB0: line = 2;break;
            case 0x70: line = 3;break;
            default: ;
        }
        key_value = row * 4 + line;
    }
    do
    {
      while((P1&0xF0)! = 0xF0;
      deby(2000);//调用延时程序消抖
    }while((P1&0xF0)! = 0xF0);
}
return(key_value);
}
```

11.2　数码管显示程序设计

对于人机交互系统来说,不仅需要响应用户的输入,同时也需要将一些测控信息输出显示出来。这些显示的信息可以反映实时的数据或图形结果,以便掌握整个系统的运行状态。目前,在单片机系统的显示设计中最常用的是 LED 数码管显示。本节将介绍数码管的显示原理和种类,以及单片机如何实现数码管的显示。

11.2.1　数码管介绍

数码管是由多个发光二级管(LED)组合而成。通过控制每一个 LED 的亮灭来实现数码管的显示。在单片机系统中用得最多的数码管是 7 段 LED,用于显示数字和简单的字符。其中,7 段数码管又分为共阴数码管和共阳数码管,下面将详细介绍。

1. 7 段共阴 LED 数码管结构

7 段共阴数码管由 7 个条形发光二极管和一个小数点位构成,其引脚配置如图 11 - 7 所示,其中 com 端接 GND,内部结构如图 11 - 8 所示。

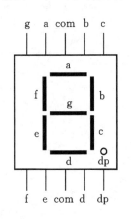
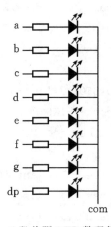

图 11 - 7　数码管引脚配置　　　　图 11 - 8　7 段共阴 LED 数码管内部结构

从图 11 - 7 可以看出,其中 7 个发光二极管构成一个 8 字形,可以用来显示数字,另一个发光二极管构成小数点。7 段数码管的每一段和字节的对应关系如图 11 - 9 所示。

D7	D6	D5	D4	D3	D2	D1	D0
dp	g	f	e	d	c	b	a

图 11 - 9　数码管与字节对应关系

从图 11 - 8 可以看出,所有发光二极管的阴极连接在一起称为公共端,直接接地。如果发光二极管的阳极接高电平的时候,相应的发光二极管发光;相反,当发光二极管的阳极为低电平时,发光二极管不导通,该段不亮。

7 端共阴数码管显示字符和单片机并口输出关系,如表 11.1 所示。这样可以直接从单片机并口输出数据,通过控制字段的亮灭来显示不同的数据或字符。

表 11.1 7 段共阴数码管显示字符的段码

显示字符	共阴数码管段码	显示字符	共阴数码管段码
0	3FH	C	39H
1	06H	D	5EH
2	5BH	E	79H
3	4FH	F	71H
4	66H	P	73H
5	6DH	U	3EH
6	7DH	T	31H
7	07H	Y	6EH
8	7FH	H	76H
9	6FH	L	38H
A	77H	全亮	FFH
B	7CH	全灭	00H

如果采用汇编语言进行程序设计,则可以用 MOV 指令向端口写数据,从而控制 LED 数码管的显示,如要显示字符"1",则代码为"MOV P1,♯06H";如果采用 C51 语言设计程序,则可以直接向端口寄存器赋值,代码为"P1＝0x06;"。

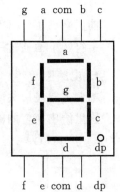

图 11 - 10 数码管引脚配置

2. 7 段共阳数码管结构

7 段共阳数码管和 7 段共阴数码管结构类似,其引脚配置如图 11 - 10 所示,其中 com 端接 VCC。也是由 8 个 LED 发光二极管构成,其中 7 个发光二极管构成"8"字形,另一个发光二极管构成小数点。

共阳数码管的内部结构如图 11 - 11 所示,发光二极管的阳极为公共端,接高电平＋5V,当某个发光二极管的阴极为低电平的时候,发光二极管截止,则该字段不发光。

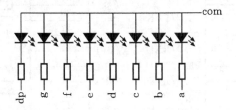

图 11 - 11 7 段共阳 LED 数码管内部结构

共阳数码管显示字符与单片机并口输出数据的关系,如表 11.2 所示。

表 11.2 7 段共阳数码管显示字符及段码

显示字符	共阳 LED 段码	显示字符	共阳 LED 段码
0	C0H	C	C6H
1	F9H	D	A1H
2	A4H	E	86H

续表 11.2

显示字符	共阳 LED 段码	显示字符	共阳 LED 段码
3	B0H	F	8EH
4	99H	P	8CH
5	92H	U	C1H
6	82H	T	CEH
7	F8H	Y	91H
8	80H	H	89H
9	90H	L	C7H
A	88H	全亮	00H
B	83H	全灭	FFH

如果采用汇编语言进行设计,则可以采用 MOV 指令来向端口写数据,从而控制数码管的显示,如显示"A",则为"MOV P1,♯88H";如果采用 C 语言设计,代码为"P1＝0x88;"。

11.2.2　单个 LED 驱动实例

前面介绍了 LED 数码管的结构及其显示方式。LED 数码管主要用于显示数字和一些特定的字符。下面通过一个具体的实例介绍如何使用 51 系列单片机进行数字和字母显示。

1. 电路图

本例主要使用共阳极 LED 数码管显示数字或字符,读者可以掌握 LED 数码管的基本方法。这里给出完整的电路原理图,如图 11-12 所示。

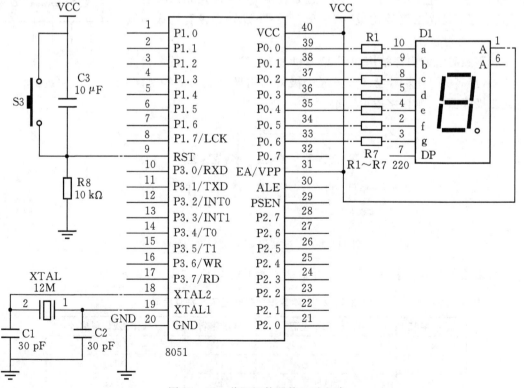

图 11-12　共阳极数码管显示电路

在本电路中,共阳数码管公共端接 5V,其余分别与 P0 口通过一个限流电阻相连。当 P0 端口的某个引脚输出低电平,则该段发光;如果输出高电平,则该段不发光。

2. 程序设计

以下实例程序就是重复显示数字 0～9 和字母 A～F。

```
#include"reg52.h"
unsgined char table[] = {0xC0,0xF9,0xA4,0xB0,0x99,
                         0x92,0x82,0xf8,0x80,0x90,
                         0x88,0x83,0xC6,0xA1,0x86,0x8E};  //LED 数码管显示码段码
void delay(unsigned int t)      //延时函数
{
    while(t - - >0);
}
void main()                     //主函数
{
    while(1)
    {
        unsigned char i;
        for(i = 0;i<16;i + +)
        {
            P0 = table[i];      //送显示码
            delay(5000);
        }
    }
}
```

11.3　LCD1602A 液晶显示程序设计

11.3.1　LCD1602A 液晶控制基础

液晶是物质介于固态和液体之间的一种形态。而我们常说的液晶显示器是指利用特殊的有机材料通过特殊的工业加工制成的显示设备,这种有机材料在常温下会呈现液晶形态,并且当在两端施加电场的时候,这种有机材料可以和偏振片配合使用从而可以改变透光性。因此,当有机材料背后有一发光光源,并通过控制是否施加交流电场,就可以在材料的正面出现亮/灭的状态。

使用液晶作为显示设备具有功耗低、操作简单,体积小的特点,但由于显示材料的液晶状态只在一定温度范围内才会出现。因此液晶显示设备又有工作温度范围比较小的缺点。

本节主要是以 1602A 型液晶显示模块为例讲解该模块的显示控制方法。1602A 液晶显示模块的实物图如图 11-13 所示。

LCD1602A 液晶模块可以同时显示 2 行,每行 16 个字符。该模块的接口定义如表 11.3 所示。

图 11-13　LCD1602A 液晶显示模块

表 11.3　LCD1602A 端口定义

编号	符号	引脚含义	编号	符号	引脚含义
1	VSS	电源地	6	E	使能端
2	VDD	电源正极	7~14	D0~D7	双向数据口
3	VEE	显示对比度调节端	15	BLA	背光正极端
4	RS	数据/命令选择端(H/L)	16	BLK	背光负极端
5	R/W	读/写控制端(H/L)			

LCD1602A 液晶模块内部具有 80 字节的 DDRAM(显示数据存储器 RAM),其地址及对应的显示位置如图 11-14 所示。每一个字节用于存储一个字符代码,对应于屏上的一个字符位置区域。在默认显示情况下,显示屏上的第一行 16 个字符对应 DDRAM 中地址为 00H~0FH 的字节单元;第二行 16 个字符对应 DDRAM 中地址为 40H~4FH 的字节单元。DDRAM 中地址为 10H~27H 以及 4FH~67H 单元中的字符需要使用移屏指令才能够显示出来。

一般情况下的显示区

单元地址	显示位置	1	2	3	4	5	…	16	17	…	40
	第一行	00H	01H	02H	03H	04H	…	0FH	10H	…	27H
	第二行	40H	41H	42H	43H	44H	…	4FH	50H	…	67H

图 11-14　DDRAM 单元地址及与屏幕的对应关系

LCD1602A 液晶的操作分为四类:读状态、读数据、写命令、写数据。这四种操作的操作时序以及程序模块介绍如下。

1. 读状态

读状态也称为读状态字,是每次操作 LCD1602A 的第一步,目的是检查 LCD1602A 当前所处状态。

如表 11.4 所示,状态字中的低 7 位表示液晶模块的地址指针中的内容。最高位表示模块

表 11.4　LCD1602A 的状态字

D7	D6	D5	D4	D3	D2	D1	D0
忙/闲				地址指针			

的所处状态：当该位为逻辑 1 时表示模块处于忙状态，在这种情况下模块不会处理控制器发出的新数据或指令；当该位为逻辑 0 时表示模块处于闲状态，在这种情况下模块可以正常接收来自控制器的数据或指令。因此，应用程序在操作液晶模块时必须确认模块处于空闲状态。

读状态的操作时序如图 11－15 所示。

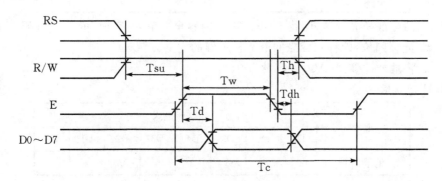

图 11－15　读状态操作时序

时序中的 Tsu 为 RS 引脚和 R/W 引脚信号的建立时间，该值最少为 40 ns。Tw 为使能引脚 E 的有效时长，该值最少为 230 ns。Td 为输出延迟时间，该值最长为 120 ns。Th 为 RS 引脚和 R/W 引脚信号的保持时间，该值最少为 10 ns。Tdh 为数据引脚信号保持时长，该值最少为 5 ns。Tc 为使能引脚 E 的信号周期，该值最少为 500 ns。

2. 读数据

读数据操作的作用是读取 LCD1602A 液晶模块中地址计数器所指向的 DDRAM 或 CGRAM 中的单元数据。

读数据操作时序除 RS 引脚置为高电平外，其余操作与读状态操作相同。读数据操作的时序如图 11－16 所示。

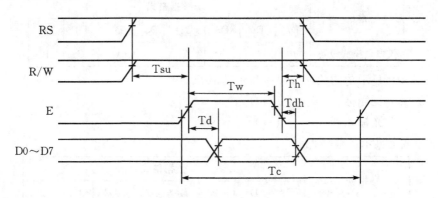

图 11－16　读数据操作时序

3. 写命令

写命令操作是将 LCD1602A 液晶的某个控制命令写入模块中。LCD1602A 液晶的命令详解如下。

(1)清除显示命令

指令	数据格式							
	D7	D6	D5	D4	D3	D2	D1	D0
清除显示	0	0	0	0	0	0	0	1

功能：a. 清除液晶显示器，即将 DDRAM 的内容全部填入"空白"的 ASCII 码 20H；

　　　b. 光标归位，即将光标撤回液晶显示屏的左上方；

　　　c. 将地址计数器(AC)的值设为 0。

(2)地址归 0 指令

指令	数据格式							
	D7	D6	D5	D4	D3	D2	D1	D0
地址归 0	0	0	0	0	0	0	1	—

功能：a. 把光标撤回到显示器的左上方；

　　　b. 把地址计数器(AC)的值设置为 0；

　　　c. 保持 DDRAM 的内容不变。

(3)入口点模式设置

指令	数据格式							
	D7	D6	D5	D4	D3	D2	D1	D0
入口点模式设置	0	0	0	0	0	1	I/D	S

功能：I/D　0＝写入新数据后光标左移；　1＝写入新数据后光标右移；

　　　S　　0＝写入新数据后显示屏不移动；1＝写入新数据后显示屏整体右移 1 个字符

(4)显示开/关控制

指令	数据格式							
	D7	D6	D5	D4	D3	D2	D1	D0
入口点模式设置	0	0	0	0	1	D	C	B

功能：D　0＝显示功能关，　　1＝显示功能开；

　　　C　0＝无光标，　　　　1＝有光标；

　　　B　0＝光标闪烁，　　　1＝光标不闪烁

(5)游标或者显示的移动控制

指令	数据格式							
	D7	D6	D5	D4	D3	D2	D1	D0
游标或者显示的移动控制	0	0	0	1	S/C	R/L	—	—

功能：使光标移位或使整个显示屏幕移位。参数设定的情况如下：

　　　S/C　　R/L　　设定情况

　　　0　　　0　　　光标左移 1 格,且 AC 值减 1

0	1	光标右移 1 格，且 AC 值加 1
1	0	显示器上字符全部左移一格，但光标不动
1	1	显示器上字符全部右移一格，但光标不动

（6）功能设定

指令	数据格式							
	D7	D6	D5	D4	D3	D2	D1	D0
功能设定	0	0	1	DL	N	F	—	—

功能：DL0＝数据总线为 4 位，　　　1＝数据总线为 8 位；

　　　N0＝显示 1 行，　　　　　　1＝显示 2 行；

　　　F0＝5×7 点阵/每字符，　　　1＝5×10 点阵/每字符

（7）设置 CGRAM 的地址

指令	数据格式							
	D7	D6	D5	D4	D3	D2	D1	D0
设置 CGRAM 的地址	0	1	A5	A4	A3	A2	A1	A0

其中：A5、A4、A3 为字符号，也就是将来要显示该字符时要用到的字符地址（能定义八个字符）；A2、A1、A0 为行号（八行）。

（8）设置 DDRAM 地址指令

指令	数据格式							
	D7	D6	D5	D4	D3	D2	D1	D0
设置 DDRAM 的地址	1	A6	A5	A4	A3	A2	A1	A0

写命令操作时序如图 11-17 所示。

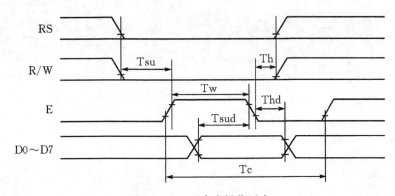

图 11-17　写命令操作时序

在该时序图中，Tsud 表示数据建立时间，该值最少为 80 ns；Thd 表示数据信号保存时间，该值至少为 10 ns。其余时间参数不变。

4. 写数据

写数据操作是将与显示相关的数据写入到 LCD 模块。该操作时序除 RS 引脚置为高电平外，其余操作与写命令操作相同。写数据操作的时序图如图 11-18 所示。

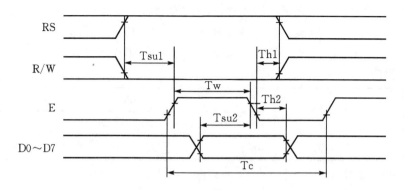

图 11-18 写数据操作时序

11.3.2 LCD1602A 操作程序模块

本节以图 11-19 所示的接口连接方案为例讲解 LCD1602A 的操作程序模块部分。本节中模块 2～5 为 LCD1602A 的基本操作模块,最后部分为测试主函数。

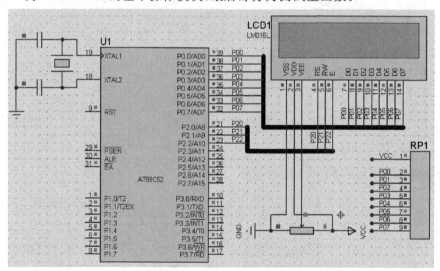

图 11-19 LCD1602A 显示示例连接图

1. 接口定义代码部分

```
#include <REG52.h>
sbit RS = P2^0;
sbit R_W = P2^1;
sbit E = P2^2;
#define DataPort P0
```

2. 读状态操作以及检查闲状态程序模块

```
unsigned char readState()
{
```

```
    unsigned char state;
    DataPort = 0xFF;              //写锁存器为逻辑 1,使端口能够正确输入数据
    RS = 0;
    R_W = 1;                      //置 LCD1602A 为读状态功能上
    E = 1;                        //拉高使能引脚 E 的电平
    state = DataPort;             //将状态信息读到局部变量 state 中
    E = 0;                        //拉低使能引脚 E 的电平
    return state;                 //返回状态值
}
void waitForIdle()
{
    do
    {}while(readState()&0x80);    //当 LCD1602A 闲状态时跳出循环
}
```

3. 读数据操作程序模块

```
unsigned char readData()
{
    unsigned char dat;
    waitForIdle();                //等待闲状态
    DataPort = 0xFF;              //写锁存器为逻辑 1,使端口能够正确输入数据
    RS = 1;
    R_W = 1;                      //置 LCD1602A 为读状态功能上
    E = 1;
    dat = DataPort;               //将数据信息读到局部变量 dat 中
    E = 0;
    return dat;
}
```

4. 写命令操作程序模块

```
void writeCommand(unsigned char command)
{
    waitForIdle();                //等待闲状态
    RS = 0;
    R_W = 0;                      //置 LCD1602A 为写命令功能上
    E = 1;
    DataPort = command;          //将命令值写入 LCD1602A
    E = 0;
}
```

5. 写数据操作程序模块

```
void writeData(unsigned char dat)
{
    waitForIdle();              //等待闲状态
    RS = 1;
    R_W = 0;                    //置 LCD1602A 为写数据功能上
    E = 1;
    DataPort = dat;             //将数据值写入 LCD1602A
    E = 0;
}
```

6. 测试主函数

```
void main()
{
    unsigned char i;
    unsigned char code charCodes[] = "Hello,World!";
    writeCommand(0x80 + 0x00);    //设置 DDRAM 开始地址
    writeCommand(0x0C);           //开显示
    for(i = 0;i<12;i++)
    {
        writeData(charCodes[i]);  //将字符码写入 DDRAM 中
    }
    while(1);
}
```

使用 Proteus 软件的仿真测试效果如图 11 - 20 所示。

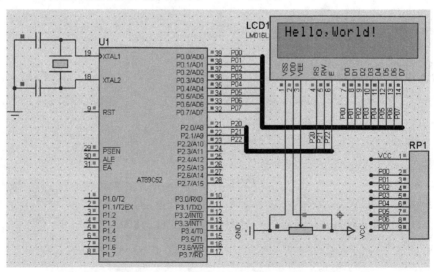

图 11 - 20　LCD1602A 仿真测试效果图

第 12 章　51 单片机的 A/D、D/A 接口设计

12.1　D/A 转换器接口

12.1.1　D/A 转换器概述

D/A 转换器输入的是数字量,经转换后输出的是模拟量。有关 D/A 转换器的技术性能指标很多,例如绝对精度、相对精度、线性度、输出电压范围、温度系数、输入数字代码种类(二进制或 BCD 码)等。

1. 分辨率

分辨率是 D/A 转换器对输入量变化敏感程度的描述,与输入数字量的位数有关。如果数字量的位数为 n,则 D/A 转换器的分辨率为 2^{-n}。这就意味着 D/A 转换器能对满刻度的 2^{-n} 输入量作出反应。

2. 建立时间

建立时间是描述 D/A 转换速度快慢的一个参数,指从输入数字量变化到输出达到终值误差 $\pm(1/2)$LSB(最低有效位)时所需的时间。通常以建立时间来表示转换速度。转换器的输出形式为电流时,建立时间较短;输出形式为电压时,由于建立时间还要加上运算放大器的延迟时间,因此要长一些。但总的来说,D/A 转换速度远高于 A/D 转换速度,快速的 D/A 转换器的建立时间可达 $1~\mu s$。

3. 接口形式

D/A 转换器与单片机接口方便与否,主要取决于转换器本身是否带数据锁存器。有两类 D/A 转换器,一类是不带锁存器的,另一类是带锁存器的。对于不带锁存器的 D/A 转换器,为了保存来自单片机的转换数据,接口要另加锁存器;而带锁存器的 D/A 转换器,可以把它看作是一个输出口,因此可直接接在数据总线上,不需另加锁存器。

12.1.2　典型 D/A 转换器芯片 DAC0832

DAC0832 是一个 8 位 D/A 转换器,单电源供电,从 $+5~V \sim +15~V$ 均可正常工作。基准电压的范围为 $-10V \sim +10V$;电流建立时间为 $1~\mu s$;CMOS 工艺,低功耗 20 mW。

DAC0832 转换器芯片为 20 引脚,双列直插式封装,其引脚排列如图 12 - 1 所示。DAC0832 内部结构框图如图 12 - 2 所示。该转换器由输入寄存器和 DAC 寄存器构成两级数据输入锁存。使用时,数据输入可以采用两级锁存(双锁存)形式、单级锁存(一级锁存,一级直通)形式,或直接输入(两级直通)形式。

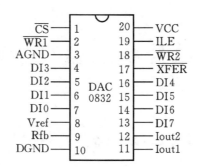

图 12-1 DAC0832 引脚图

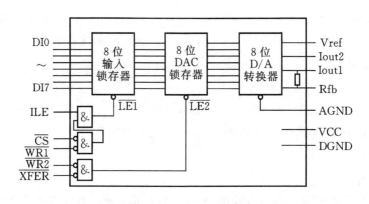

图 12-2 DAC0832 内部结构框图

此外,由三个与门电路组成寄存器输出控制逻辑电路,该逻辑电路的功能是进行数据锁存控制,当 $\overline{LE1}=0$ 时,输入数据被锁存;当 $\overline{LE1}=1$ 时,锁存器的输出跟随输入的数据。

D/A 转换电路是一个 R-2R、T 型电阻网络,实现 8 位数据的转换。对各引脚信号说明如下。

(1)**DI7~DI0** 转换数据输入。

(2)**$\overline{CS}$** 片选信号(输入),低电平有效。

(3)**ILE** 数据锁存允许信号(输入),高电平有效。

(4)**$\overline{WR1}$** 第 1 写信号(输入),低电平有效。

上述两个信号控制输入寄存器是数据直通方式还是数据锁存方式,当 ILE=1 和 $\overline{WR1}=0$ 时,为输入寄存器直通方式;当 ILE=1 和 $\overline{WR1}=1$ 时,为输入寄存器锁存方式。

(5)**$\overline{WR2}=1$** 第 2 写信号(输入),低电平有效。

(6)**$\overline{XFER}$** 数据传送控制信号(输入),低电平有效。

上述两个信号控制 DAC 寄存器是数据直通方式还是数据锁存方式,当 $\overline{WR2}=0$ 和 $\overline{XFER}=0$ 时,DAC 寄存器为直通方式;当 $\overline{WR2}=1$ 和 $\overline{XFER}=0$ 时,DAC 寄存器为锁存方式。

(7)**Iout1** 电流输出 1。

(8)**Iout2** 电流输出 2。

DAC 转换器的特性之一是:Iout1+Iout2=常数。

(9)**Rfb**　反馈电阻端。

DAC0832 是电流输出,为了取得电压输出,需在电压输出端接运算放大器,Rfb 即为运算放大器的反馈电阻端。

(10)**Vref**　基准电压,其电压可正可负,范围是$-10\sim+10$ V。

(11)**DGND**　数字地。

(12)**AGND**　模拟地。

12.1.3　DAC0832 与单片机接口及应用举例

1. 单缓冲方式的接口与应用

(1)单缓冲方式连接。

所谓单缓冲方式就是使 DAC0832 的两个输入寄存器中有一个处于直通方式,而另一个处于受控的锁存方式,或者说两个输入寄存器同时处于受控的方式。在实际应用中,如果只有一路模拟量输出,或虽有几路模拟量但并不要求同步输出时,就可采用单缓冲方式。

(2)单缓冲方式应用举例——三角波发生器。

电路连接如图 12-3 所示。图中的 DAC0832 工作于单缓冲方式,其中输入寄存器受控,而 DAC 寄存器直通。

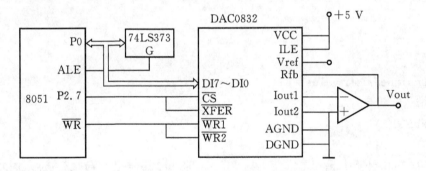

图 12-3　单缓冲方式 DAC0832 与单片机连接逻辑图

产生三角波的汇编程序如下:

```
        ORG 0000h
        AJMP START
        ORG 0030H
START:CLR 20H.0          ;标志位 20H.0 用于表示锯齿波下一步应该上升/下降
        MOV R7,#00H       ;初始化 R7 寄存器值为 00H
        MOV DPTR,#7FFFH   ;初始化 DPTR 为 DAC0832 的地址 7FFFH
LOOP: MOV A,R7
        MOVX @DPTR,A      ;将 A 中的值传递给 DAC0832,使其输出相应电压
        JB 20H.0,CCC      ;判断 20H.0 标志位,以决定程序的执行分支
        INC R7
        CJNE R7,#0FFH,BBB ;判断 R7 是否等于 255,如果不相等跳转至 BBB
```

```
        SETB 20H.0          ;将 20H.0 标志位设置为 1
BBB:ACALL DELAY             ;调用延时函数 DELAY
    AJMP LOOP               ;跳转至 LOOP 处,实现无限循环
CCC:DJNZ R7,BBB             ;将 R7 减 1 之后再判断 R7 是否等于 0,以实现分支
    CLR 20H.0               ;将 20H.0 标志位清 0
    AJMP BBB                ;跳转至 BBB 处
DELAY:MOV R6,#0AH           ;延时函数 DELAY
    DJNZ R6,$
    RET
    END
```

C51 程序如下:

```
#include<reg52.h>
#include<absacc.h>                    //该头文件包含了 XBYTE 宏定义
#define DAC0832 XBYTE[0x7FFF]         //定义宏名 DAC0832 为器件的访问地址
void delay(unsigned char time)        //延时函数
{
    for(;time>0;time--);
}
void main()
{
    unsigned char value = 0;
    bit flag = 0;
    while(1)
    {
    DAC0832 = value;                  //将 value 变量中的值传递给 DAC0832 器件
    if(flag = = 0)
    {
        if( + + value = = 255)
        {
            flag = 1;
        }
    }
    else
    {
        if( - - value = = 0)
        {
            flag = 0;
        }
    }
```

```
delay(10);//调用延时函数
    }
}
```

2. 双缓冲方式的接口与应用

(1)双缓冲方式连接。

所谓双缓冲方式,就是把 DAC0832 的两个锁存器都接成受控锁存方式。双缓冲 DAC0832 的连接如图 12-4 所示。为了实现寄存器的可控,应当给寄存器分配一个地址,以便能按地址进行操作。图中采用地址译码输出分别接 $\overline{CS}$ 和 $\overline{XFER}$ 来实现,然后再给 $\overline{WR1}$ 和 $\overline{WR2}$ 提供写选通信号,这样就完成了两个锁存器都可控的双缓冲接口方式。

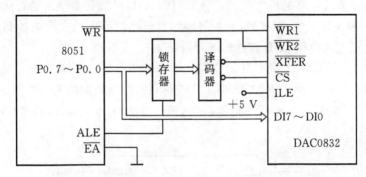

图 12-4　双缓冲方式 DAC0832 与单片机连接逻辑图

(2)双缓冲方式应用举例。

双缓冲方式用于多路 D/A 转换系统,以实现多路模拟信号同步输出的目的。例如使用单片机控制 X-Y 绘图仪,电路连接如图 12-5 所示。X-Y 绘图仪由 X、Y 两个方向的步进电机驱动,其中一个电机控制绘图笔沿 X 方向运动,另一个电机控制绘图笔沿 Y 方向运动,从而绘出图形。因此,对 X-Y 绘图仪的控制有两点基本要求:一是需要两路 D/A 转换器分别给 X 通道和 Y 通道提供模拟信号,二是两路模拟量要同步输出。

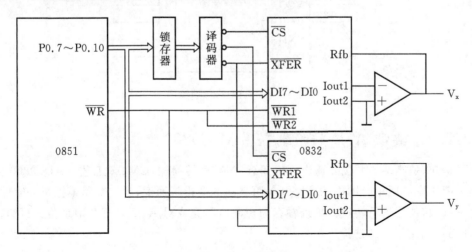

图 12-5　单片机控制 X-Y 绘图仪电路连接

12.2　A/D转换器接口

12.2.1　A/D转换器概述

　　A/D转换器用于实现模拟量→数字量的转换,按转换原理可分为 4 种,即:计数式 A/D 转换器、双积分式 A/D 转换器、逐次逼近式 A/D 转换器和并行式 A/D 转换器。

　　目前最常用的是双积分式 A/D 转换器和逐次逼近式 A/D 转换器。双积分式 A/D 转换器的主要优点是转换精度高,抗干扰性能好,价格便宜;其缺点是转换速度较慢。因此,这种转换器主要用于速度要求不高的场合。另一种常用的 A/D 转换器是逐次逼近式的,逐次逼近式 A/D 转换器是一种速度较快,精度较高的转换器,其转换时间大约在几微秒到几百微秒之间。通常使用的逐次逼近式典型 A/D 转换器芯片有:

　　(1)ADC0801～ADC0805 型 8 位 MOS 型 A/D 转换器(美国国家半导体公司产品);

　　(2)ADC0808 / 0809 型 8 位 MOS 型 A/D 转换器,其引脚如图 12 - 6 所示;

　　(3)ADC0816 / 0817 型,这类产品除输入通道数增加至 16 个以外,其他性能与 ADC0808 / 0809 型基本相同。

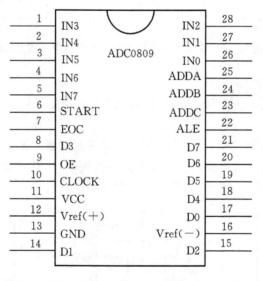

图 12 - 6　ADC0809 引脚图

12.2.2　典型 A/D 转换器芯片ADC0809

　　ADC0809 是典型的 8 位 8 通道逐次逼近式 A/D 转换器,CMOS 工艺。ADC0809 内部逻辑结构如图 12 - 7 所示。图中的多路开关可选通 8 个模拟通道,允许 8 路模拟量分时输入,共用一个 A/D 转换器进行转换。地址锁存与译码电路完成对 A、B、C 三个地址位进行锁存和译码,其译码输出用于通道选择。

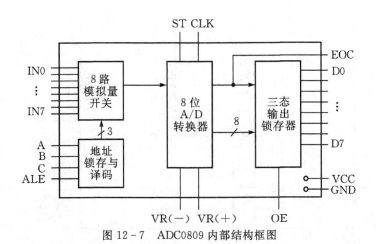

图 12 - 7　ADC0809 内部结构框图

对 ADC0809 主要信号引脚的功能说明如下。

(1)**IN7～IN0**　模拟量输入通道。ADC0809 对输入模拟量的要求主要有:信号单极性,电压范围 0～5 V,若信号过小还需进行放大。另外,在 A/D 转换过程中,模拟量输入的值不应变化太快。因此,对变化速度快的模拟量,在输入前应增加采样保持电路。

(2)**A、B、C**　地址线。A 为低位地址,C 为高位地址,用于对模拟通道进行选择。

(3)**ALE**　地址锁存允许信号。在对应 ALE 上升沿,A、B、C 地址状态送入地址锁存器中。

(4)**START**　转换启动信号。START 上升沿时,所有内部寄存器清 0;START 下降沿时,开始进行 A/D 转换,在 A/D 转换期间,START 应保持低电平。

(5)**D7～D0**　数据输出线。其为三态缓冲输出形式,可以和单片机的数据线直接相连。

(6)**OE**　输出允许信号。其用于控制三态输出锁存器向单片机输出转换得到的数据。OE＝0,输出数据线呈高电阻;OE＝1,输出转换得到的数据。

(7)**CLK**　时钟信号。ADC0809 的内部没有时钟电路,所需时钟信号由外界提供,因此有时钟信号引脚。通常使用频率为 500 kHz 的时钟信号。

(8)**EOC**　转换结束状态信号。EOC＝0,正在进行转换;EOC＝1,转换结束。该状态信号既可作为查询的状态标志,又可以作为中断请求信号使用。

(9)**VCC**　＋5 V 电源。

(10)**Vref**　参考电源。参考电压用来与输入的模拟信号进行比较,作为逐次逼近的基准。其典型值为＋5 V(Vref(＋)＝＋5 V,Vref(－)＝0 V)。

12.2.3　ADC0809 与单片机接口及应用举例

1. 51 单片机与 ADC0809 接口

ADC0809 与 8051 单片机的一种连接如图 12 - 8 所示。电路连接主要涉及两个问题,一是 8 路模拟信号通道选择,二是 A/D 转换完成后转换数据的传送。

A、B、C 分别接地址锁存器提供的低三位地址,只要把三位地址写入 ADC0809 中的地址锁存器,就实现了模拟通道选择。对系统来说,地址锁存器是一个输出口,为了把三位地址写入,还要提供口地址。图 12 - 8 中使用的是线选法,地址由 P2.0 确定,同时与 $\overline{WR}$ 经异或运

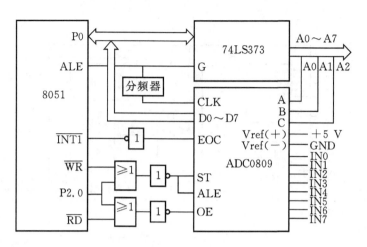

图 12-8　ADC0809 与单片机接口逻辑图

算,再将结果取反后作为开始转换的选通信号。

A/D 转换后得到的是数字量的数据,这些数据应传送给单片机进行处理。数据传送的关键问题是如何确认 A/D 转换完成,因为只有确认数据转换完成后,才能进行传送。因此可采用下述三种方式。

(1)定时传送方式。

对于一种 A/D 转换器来说,转换时间作为一项技术指标是已知的和固定的。例如, ADC0809 转换时间为 128 μs,相当于 6 MHz 的 51 单片机 64 个机器周期。可据此设计一个延时子程序,A/D 转换启动后即调用这个延时子程序,延迟时间一到,转换肯定已经完成了,接着就可进行数据传送。

(2)查询方式。

A/D 转换芯片有表明转换完成的状态信号,例如 ADC0809 的 EOC 端。因此,可以用查询方式,软件测试 EOC 的状态,即可确知转换是否完成,然后进行数据传送。

(3)中断方式。

把表明转换完成的状态信号(EOC)作为中断请求信号,以中断方式进行数据传送。在图 12-8 中,EOC 信号经过反相器后送到单片机的输入引脚,因此可以采用查询该引脚或中断的方式进行转换后数据的传送。

2. ADC0809 应用程序举例

(1)汇编程序举例。

假设图 12-8 所示接口电路用于一个 8 路模拟量输入的巡回检测系统,使用中断方式采样数据,把采样转换所得的数字量按次序存于片内 RAM 的 30H～37H 单元中,采样完一遍后停止采集。其数据采集的初始化程序和中断服务程序如下。

```
//初始化程序
MOV   R0,♯30H        ;设立数据存储区指针
MOV   R2,♯08H        ;设置 8 路采样计数值
SETB  IT0            ;设置外部中断 0 为边沿触发方式
SETB  EA             ;CPU 开放中断
```

```
SETB   EX0                ;允许外部中断 0 中断
MOV  DPTR，#FEF8H        ;送入口地址并指向 IN0
LOOP:MOVX  @DPTR，A       ;启动 A/D 转换，A 值无意义
HERE:SJMP HERE            ;等待中断
//中断服务程序
MOVX   A，@DPTR           ;读取转换后的数字量
MOVX   @R0，  A           ;存入片内 RAM 单元
INC  DPTR                 ;指向下一模拟通道
INC  R0                   ;指向下一个数据存储单元
DJNZ  R2，  INT0          ;8 路未转换完，则继续
CLR   EA                  ;已转换完，则关中断
CLR   EX0                 ;禁止外部中断 0 中断
RET1                      ;中断返回
INT0:MOVX @DPTR，A        ;再次启动 A/D 转换
RET1                      ;中断返回
```

(2)基于查询方式的 C 程序举例。

```c
sbit ST = P3^0;           //管脚的连接
sbit OE = P3^1;
sbit EOC = P3^2;
void AD_Transition(void)
{
    WR = 1;               //sbit EOC = P3^4;
    WR = 0;
    WR = 1;
    while(EOC = = 1);     //等待转换完成
    RD = 0;
    result = P2;          //读出结果值到 result 变量中
}
void main (void)
{
    OE = 0;
    while(1)
    {
        AD_Transition();
        display(result);//display( )子函数
    }
}
```

第 13 章 51 系列单片机读写 I²C 总线

I²C(Inter-Integrated Circuit)总线是一种由 PHILIPS 公司开发的两线式串行总线,用于连接微控制器及其外围设备。I²C 总线产生于 80 年代,最初为音频和视频设备开发,如今主要在服务器管理中使用,其中包括单个组件状态的通信。例如管理员可对各个组件进行查询,以管理系统的配置或掌握组件的功能状态,如电源和系统风扇。可随时监控内存、硬盘、网络、系统温度等多个参数,增加了系统的安全性,且方便管理。

13.1 I²C 总线概述

I²C 总线对数据通信进行了严格定义,要进行 I²C 总线的接口设计,就需要了解 I²C 的工作原理、寻址方式以及数据传输协议等。

13.1.1 I²C 总线的特点

(1)只要求两条总线线路:一条串行数据线(SDA),一条串行时钟总线。

(2)每个接到总线上的器件都可以用软件设定地址,通过唯一的地址来识别不同的设备。总线上的不同设备会一直存在着一个主从关系,主设备可以工作在主发送和主接收模式。

(3)它是一个真正的多主机总线,如果多个或更多主机同时初始化数据传输,可以通过冲突检测和仲裁检测来防止数据被破坏。

(4)串行的 8 位双向数据传输位速率在标准模式下可达 100 Kbit/s,快速模式下可达 400 Kbit/s,高速模式下可达 3.4 Mbit/s。

(5)片上集成有滤波器,可以滤除总线上的毛刺波,保证数据完整。连接到相同总线的I²C数量只受到总线的最大负载电容 400 pF 的限制,因为挂接的设备越多,在总线上产生的负载电容就越大,会严重影响数据的传输波形,导致总线无法正常工作。

(6)I²C 设备便于电路的模块化设计,能使系统的设计裁减更加灵活。

13.1.2 I²C 总线硬件结构

I²C 总线是 PHILIPS 公司推出的一种串行总线,是具备多主机系统所需的包括总线裁决和高低速器件同步功能的高性能串行总线。典型的 I²C 总线结构如图 13-1 所示,其采用两线制,由数据线 SDA 和时钟线 SCL 构成。总线上挂接有单片机、SRAM、AD/DA、日历时钟,以及其他 I²C 外围设备,其接口都应具有 I²C 总线的通信能力。

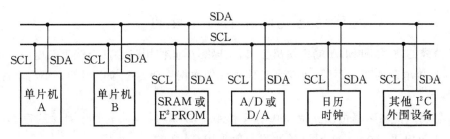

图 13-1　典型的 I²C 总线结构

为了避免总线信号的混乱,要求各设备连接到总线的输出端时必须是漏极开路输出或集电极开路输出。设备与总线的连接如图 13-2 所示。

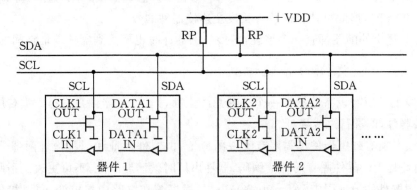

图 13-2　总线与设备连接图

设备上的串行数据线 SDA 接口电路应该是双向的,输出电路用于向总线上发送数据,输入电路用于接收总线上的数据。而串行时钟线也应是双向的,作为控制总线数据传送的主机,一方面要通过 SCL 输出电路发送时钟信号,另一方面还要检测总线上的 SCL 电平,以决定什么时候发送下一个时钟脉冲电平;作为接收主机命令的从机,要按总线上的 SCL 信号发出或接收 SDA 上的信号,也可以向 SCL 线发出低电平信号以延长总线时钟信号周期。总线空闲时,因各设备都是开漏输出,上拉电阻 Rp 使 SDA 和 SCL 线都保持高电平。任一设备输出的低电平都将使相应的总线信号线变低,也就是说,各设备的 SDA 是“与”关系,SCL 也是“与”关系。

总线的运行(数据传输)由主机控制。所谓主机是指启动数据的传送(发出启动信号)、发出时钟信号以及传送结束时发出停止信号的设备,通常主机都是微处理器。被主机寻访的设备称为从机。为了进行通讯,每个接到 I²C 总线的设备都有一个唯一的地址,以便于主机寻访。主机和从机的数据传送,可以由主机发送数据到从机,也可以由从机发到主机。凡是发送数据到总线的设备称为发送器,从总线上接收数据的设备被称为接收器。

I²C 总线上允许连接多个微处理器以及各种外围设备,如存储器、LED 及 LCD 驱动器、A/D 及 D/A 转换器等。为了保证数据的可靠传送,任一时刻总线只能由某一台主机控制,各微处理器应该在总线空闲时发送启动数据,为了妥善解决多台微处理器同时发送启动数据的传送(总线控制权)冲突,以及决定由哪一台微处理器控制总线的问题,I²C 总线允许连接不同传送速率的设备。多台设备之间时钟信号的同步过程称为同步化。

13.1.3　I²C 总线的电气结构和负载能力

I²C 总线的 SCL 和 SDA 端口输出为漏极开路,因此使用时必须连接上拉电阻。不同型号的器件对上拉电阻的要求不同,可参考具体器件的数据手册。上拉电阻的大小与电源电压、传输速率等有关系。

I²C 总线的传输速率可以支持 100 kHz 和 400 kHz 两种,对于 100 kHz 的速率一般采用 10 kΩ 的上拉电阻,对于 400 kHz 的速率一般采用 2 kΩ 的上拉电阻。

I²C 总线上的外围扩展器件都是属于电压型负载的 CMOS 器件,因此总线上的器件数量不是由电流负载能力决定,而是由电容负载能力确定。I²C 总线上每一个节点器件的接口都有一定的等效电容,这会造成信号传输的延迟。通常 I²C 总线的负载能力为 400 pF(通过驱动扩展可达 4000 pF),据此可计算出总线长度及连接器件的数量。

在总线上每个外围器都有一个地址,扩展外围器件时也要受到器件地址空间的限制。

13.1.4　I²C 总线的寻址方式

I²C 总线上的所有设备连接在一个公共总线上面,因此,主器件在进行数据传输前选择需要通信的从器件,即进行总线寻址。

I²C 总线上所有外围器件都需要有唯一的地址,由器件地址和引脚地址两部分组成,共 7 位。器件地址是 I²C 器件固有的地址编码,器件出厂时就已经给定,不可更改。引脚地址是由 I²C 总线外围器件的地址引脚(A2,A1,A0)决定,根据其在电路中接电源正极、接地或悬空的不同,形成不同的地址代码。引脚地址数也决定了同一种器件可接入总线的最大数目。

地址位与一个方向位共同构成 I²C 总线器件寻址字节。寻址字节的格式如表 13.1 所示。方向位($R/\overline{W}$)规定了总线上的主器件与外围器件(从器件)的数据传送方向。当方向位 $R/\overline{W}=1$,表示主器件读取从器件中的数据;$R/\overline{W}=0$,表示主器件向从器件发送数据。

表 13.1　寻址字节的格式

位序	D7	D6	D5	D4	D3	D2	D1	D0
定义	器件地址				引脚地址			
	DA3	DA2	DA1	DA0	A2	A1	A0	$R/\overline{W}$

13.2　I²C 总线时序分析及程序

I²C 总线严格地规定了数据通信的格式,所有的 I²C 设备都必须遵守总线协议,设备间才能进行通信。然而应用最为广泛的 51 系列单片机没有提供 I²C 总线接口。但是,利用单片机的普通 I/O 口采用软件模拟 I²C 总线 SCL 和 SDA 上的数据传输时序,完全可以实现对 I²C 设备的读写操作。

下面将介绍 I²C 总线数据传输过程中的格式及如何使用 8051 单片机来模拟 I²C 总线实现数据的传输,这里假设 51 系列单片机的外接晶振为 11.0592 MHZ,单片机的机器周期约为 1 μs,采用 P2.1 作为数据线 SDA,P2.0 作为时钟线 SCL。

13.2.1　起始信号

起始信号用于开始 I²C 总线的通信。在时钟信号线 SCL 为高电平期间,数据信号线 SDA 上出现由高电平跳变到低电平时,被认为是起始信号。起始信号出现以后,才能进行寻址和数据传输操作。起始信号如图 13-3 所示。

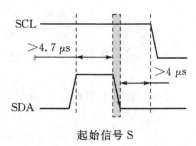

起始信号 S

图 13-3　起始信号时序图

如果采用汇编语言进行程序设计,其代码如下:

```
START:   SETB P2.1 ;将 SDA 引脚置为高电平
         SETB P1.0 ;将 SCL 引脚置为高电平
         NOP
         NOP
         NOP
         NOP
         NOP        ;延时 5 μs
         CLR P2.1   ;将 SDA 引脚拉为低电平
         NOP
         NOP
         NOP
         NOP
         NOP        ;延时 5 μs
         CLR P2.0;将 SCL 引脚拉为低电平
         RET
```

在程序中,使用 P2.1 作为 SDA,P2.0 作为 SCL,通过 SETB 和 CLR 指令来实现起始信号的时序。其中,采用 NOP 指令实现延时,使其满足时序时间的要求。

如果采用 C 语言程序设计,其程序代码如下:

```
sbit SDA = P2^1；              //定义 P2.1 引脚为数据线
sbit SCL = P2^0；              //定义 P2.0 引脚为时钟线
void delay (void)             //延时函数,延时 8 μs
{
    _nop_();_nop_();_nop_();_nop_();
    _nop_();_nop_();_nop_();_nop_();
```

```c
}
void start(void)              //启动信号
{
    SDA = 1;                  //将 SDA 引脚置为高电平
    delay();                  //延时约为 8 μs
    SCL = 1;                  //将 SCL 引脚置为高电平
    delay();                  //延时约为 8 μs,满足大于 4.7 μs 的要求
    SDA = 0;                  //将 SDA 引脚拉为低电平
    delay();
    SCL = 0;                  //将 SCL 引脚拉为低电平
}
```

13.2.2　终止信号

终止信号用来终止 I²C 总线的通信。在时钟线 SCL 为高电平期间,数据线 SDA 上出现由低电平跳变到高电平时候,被认为是终止信号。一旦终止信号出现,所有 I²C 总线的所有操作都结束,主控制器件释放了控制权。终止信号时序图如图 13-4 所示。

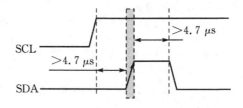

终止信号 P

图 13-4　终止信号时序图

如果采用汇编语言程序设计,代码如下:

```
STOP:CLR P1.1     ;将 SDA 引脚拉为低电平
     SETB P1.0    ;将 SCL 引脚置为高电平
     NOP
     NOP
     NOP
     NOP
     NOP          ;延时 5 μs
     SETB P1.1    ;将 SDA 引脚置为高电平
     NOP
     NOP
     NOP
     NOP
     NOP          ;延时 5 μs
     CLR  P1.0    ;将 SCL 引脚拉为低电平
```

```
    RET
```

在该程序中,同样是用 P2.1 作为数据线 SDA,P2.0 作为时钟线 SCL。通过 SETB 和 CLR 指令来实现终止信号的时序。NOP 指令用于实时延时,在外接口 12 MHz 晶振情况下,1 个 NOP 消耗 1 μs 的时间。

如果采用 C51 语言进行程序设计,则其程序实例如下:

```
void stop(void)         //停止信号
{
    SDA = 0;            //将数据信号 SDA 拉低为低电平
    delay();            //延时约为 8 μs
    SCL = 1;            //将时钟信号 SCL 设置为高电平
    delay();            //延时约为 8 μs
    SDA = 1;            //将数据信号 SDA 拉为高电平
    delay();
    SDA = 0;
}
```

在该程序中,通过对 SDA 和 SCL 赋值来实现终止信号的时序。其中 delay()为起始信号中的延时程序,来满足时间要求。

13.2.3 应答信号

应答信号用于表面数据传输结束时。I²C 总线进行数据传输的时候,每传输一个字节数据后都必须有应答信号。应答信号从主器件产生。主器件在第 9 个时钟上释放数据总线,使其处于高电平状态,此时从器件输出低电平拉低数据总线即为应答信号。应答信号的时序,如图 13-5 所示。

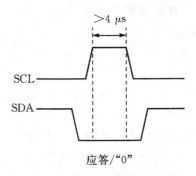

图 13-5 应答信号时序图

如果采用汇编语言进行设计,代码如下:

```
ACK:SETB P2.1        ; P2.1 = 1,SDA = 1
    SETB P2.0        ; P2.0 = 1,SCL = 1
    NOP
    NOP
    NOP
```

```
        NOP
        NOP
        NOP
        CLR P2.0        ; P2.0 = 0,SCL = 0
        NOP
        NOP
        SETB P2.1       ; P2.1 = 1,SDA = 1
        RET
```

程序中是通过 SETB 和 CLR 指令来分别实现置位和清零操作。

如果采用 C51 语言来进行程序设计,则其代码如下所示:

```
void ack(void)                    //应答信号
{
    uchar i;
    SCL = 1;
    SDA = 1;
    delay();
    while((SDA = = 1)&&(i<200))
    {
        i+ + ;
    }
    SCL = 0;
    delay();
}
```

该程序直接对 SDA 和 SCL 赋值来实现发送应答信号。通过延时来满足数据传输时间要求。

13.2.4　非应答信号

非应答信号是在数据传输完毕后出现异常情况下产生的。在传输一个直接的数据后,在第 9 个时钟位上从器件输出高电平作为非应答信号。非应答信号产生有两种情况。

（1）当从器件正在进行其他处理而无法接收总线上的数据时,从器件不产生应答,此时从器件释放总线,将数据线置为高电平。这样,主器件可产生一个停止信号来终止总线数据传输。

（2）当主器件接收来自从器件的数据时,接收到最后一个数据字节后,必须给从器件发出一个非应答信号,使从器件释放总线。这样,主器件才可以发送停止信号,从而终止数据传输。

（3）非应答信号的时序图如图 13-6 所示。

如果采用汇编程序设计,其发送非应答信号的子程序

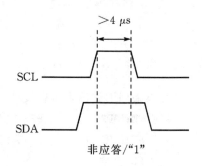

图 13-6　非应答信号时序图

如下：

```
NOACK：SETB P2.1          ;非应答信号
       SETB P2.0
       NOP
       NOP
       NOP
       NOP
       NOP
       CLR P2.0
       NOP
       NOP
       CLR P2.1
       RET
```

程序中是通过 SETB 和 CLR 指令来分别实现置位和清零操作。

如果采用 C51 语言来进行程序设计，则其代码如下所示：

```
void noack(void)          //非应答信号
{
    SDA = 1;
    delay();
    SCL = 1;
    delay();
    SCL = 0;
    delay();
    SDA = 0;
}
```

13.2.5　应答位检查

应答位检查用于检测接收的是否为正常的应答信号，以便于判断数据接收是否正常，方便后期处理。

如果采用汇编语言进行程序设计，则检查应答位子程序示例如下：

```
CACK：SETB P2.1        ; P2.1 = 1,SDA = 1
      NOP
      SETB P2.0        ; P2.0 = 1,SCL = 1
      NOP
      CLR F0           ;预设 F0 = 0,表示正常应答信号
      MOV A,P2         ;读端口 P2,输入 P2.1/ SDA 引脚状态
      JNB ACC.1,CND    ;检查 SDA 状态,正常状态转向 CND
      SETB F0          ;无正常应答,F0 = 1,表示非应答信号
  CND：CLR P2.0        ;结束子程序,使 P1.0 = 0
```

```
        NOP
        RET
```

在该程序中,F0 存储应答标志位,当检查到外围器件的正常应答后,置标志位 F0＝0,表示从器件接收到了主机发送的数据,否则 F0＝1。

如果采用 C51 语言进行程序设计,则检查应答位子程序示例如下:

```
bit check_ack()                     //应答位检查子程序
{
        bit errbit;
        SDA = 1;
        delay();
        SCL = 1;
        delay();
        errbit = SDA;               //读入数据线上的应答信号
        delay();
        SCL = 0;
        delay();
        return(errbit);             //返回应答信号,0 为正常,1 为非正常
}
```

该程序中,定义了 errbit 作为应答检查位,用于存储数据线 SDA 上的应答信号检查结果,最后通过 return 语句返回值。

13.3　I²C 总线数据传输

13.3.1　字节格式

发送到 SDA 线上的每个字节必须为 8 位,每次传输可以发送的字节数量不受限制,每个字节后必须跟一个响应位。首先传输的是数据的最高位 MSB,如图 13-7 所示。如果从机要完成一些其他功能后(例如一个内部中断服务程序)才能接收或发送下一个完整的数据字节,可以使时钟线 SCL 保持低电平迫使主机进入等待状态,当从机准备好接收或发送下一个数据字节并释放时钟线 SCL 后,数据传输继续。

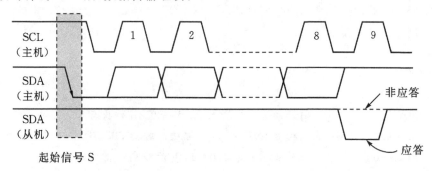

图 13-7　数据发送格式

13.3.2　数据响应

数据传输必须带响应,相关的响应时钟脉冲由主机产生,在响应时钟脉冲期间,发送器释放 SDA 线,即将 SDA 置为高。在响应时钟脉冲期间,接收器必须将 SDA 线拉低,使它在这个时钟脉冲的高电平期间保持稳定的低电平。当然,必须考虑建立和保持时间。

通常,被寻址的接收器在接收到每个字节后,除了用 CBUS 地址开头的报文,必须产生一个响应。

当从机不能响应从机地址时,如它正在执行一些实时函数不能接收或发送,从机必须使数据线保持高电平,然后主机产生一个停止条件终止传输或者产生重复起始条件开始新的传输。

如果从机接收器响应了从机地址,但是在传输了一段时间后不能接收更多数据字节,主机必须再一次终止传输,这种情况用从机在第一个字节后没有产生响应来表示,从机使数据线保持高电平,主机产生一个停止或重复起始条件。

如果传输中主机为接收器,则主体在从机发送完最后一个字节数据后通过不发生数据响应(非应答信号)来向从机通知数据传输结束,从机发送器必须释放数据线,以允许主机发送一个停止或重复起始条件。

13.3.3　写数据

I²C 总线协议规定了完整的数据传送格式。按照协议规定,数据传输的开始以主器件发出起始信号为准,然后发送寻址字节。寻址字节共 8 位,高 7 位是被寻址的从器件地址,最低一位是方向位,方向位表示主器件与从器件之间的数据传送方向,方向位为"0"时表示主器件向从器件发送数据(写)。在寻址字节后是将要传送的数据字节与应答位,数据可以多字节连续发送。在数据传送完毕后,主器件必须发送终止信号以释放总线控制权。如果主器件希望继续占用总线,则可以不产生终止信号,马上再次发送起始信号,并对另一从器件进行寻址,便可进行新的数据传送。

主器件向从器件发送 $n(n \geqslant 1)$ 个数据,数据的传输方向在整个过程中是不变的,其数据传输格式如下,其中 A 和 $\overline{A}$ 为应答信号和非应答信号,是由从器件发送的,其余的均由主器件发送。

开始	从机地址+0	A	数据 1	A	…	数据 n	A/$\overline{A}$	终止信号

下面将介绍如何用 C 语言来实现 I²C 总线的写数据操作,写一个字节的数据流程图如图 13-8所示,写 n 个字节数据流程图如图 13-9 所示。

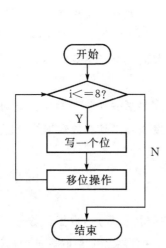

图 13-8　写一个字节数据　　　　　图 13-9　写 n 个字节数据

1. 写一个字节数据子程序

```
void iicwr_byte(uchar dat)              //写一个字节数据子程序
{
    uchar i;
    scl = 0;
    for(i = 0;i<8;i + +)                //循环8次,用于传输8位数据
    {
      if(dat&0x80)
      {
        SDA = 1;
      }
      else
      {
        SDA = 0;
      }
      dat = dat<<1;
      delay();
```

```
        SCL = 1;
        delay();
        SCL = 0;
        delay();
    }
    SDA = 1;
    delay();
}
```

其中参数 dat 为需要传输的 8 位数据。

2. 写 n 个字节数据子程序

如果主器件需要传送 n 个字节的数据,则首先需发送起始位,接着发送地址位,外围器件此时产生一个正确的应答信号,然后传送 n 个字节数据,当 n 个数据传送完成后,最后传送终止位。

采用 C 语言传送 n 个字节数据子程序如下:

```
void write_nbyte(uchar * wdata,uchar add,uchar number)
{                                         //写 n 个字节数据
    start();                              //启动
    iicwr_byte(writedeviceaddress);       //写写器件的寻址地址
    checkack();                           //应答检查
    iicwr_byte(add);                      //写入 I²C 器件内部的数据存储首地址
    checkask();                           //应答检查
    for(;number! = 0;number − −)          //循环,逐字发送
    {
        iicwr_byte( * wdata);
        checkack();
        wdata + +;                        //指向下一个数据
    }
    stop();                               //数据传输完毕,停止传输
    delay();
}
```

13.3.4　读数据

I²C 总线进行读数据时,数据传输的开始以主器件发出起始信号为准,然后发送寻址字节。寻址字节共 8 位,高 7 位是被寻址的从器件地址,最低一位是方向位,方向位表示主器件与从器件之间的数据传送方向,方向位为"1"时表示主器件从从器件中接收数据(读)。在寻址字节后是将要传送的数据字节与应答位,数据可以多字节连续发送。在数据传送完毕后,主器件必须发送终止信号以释放总线控制权。如果主器件希望继续占用总线,则可以不产生终止信号,马上再次发送起始信号,并对另一从器件进行寻址,便可进行新的数据传送。

主器件由从器件处读取 n(n≥1) 个数据,在整个传输过程中除寻址字节外,都是从器件发

送、主器件接收,其数据传送格式如下,其中最后一个非应答信号由主器件发送,其余应答信号和数据是从器件发送的。

开始	从机地址+0	A	数据1	A	…	数据 n	$\overline{A}$	终止信号

比较 I^2C 总线数据读和写的传送格式,可以看出有如下特点。

(1)无论进行何种数据传输,寻址字节都是由主器件发送,数据字节的传送方向由寻址字节中方向位选择来确定。

(2)寻址字节只表明从器件地址及数据传送方向,从器件内部的 n 个数据地址,是由编程人员在传送的第一个数据中指定的,即第一个数据为器件内存储单元的子地址,随后会自动增加、减少,这样就可以达到寻址的目的。

(3)每个字节传送完毕,后面都必须有一个应答信号或非应答信号。

下面将用 C 语言介绍如何读取一个字节以及如何读取 n 个字节的程序操作。读一个字节数据的流程图如图 13-10 所示,读 n 个字节数据的流程图如图 13-11 所示。

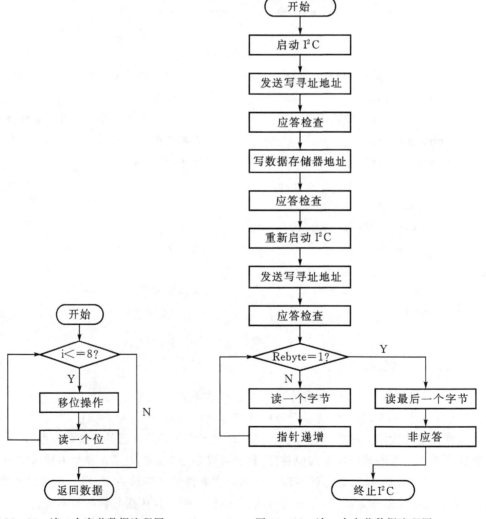

图 13-10　读一个字节数据流程图　　　　图 13-11　读 n 个字节数据流程图

1. 读一个字节数据子程序

采用 C 语言程序设计,代码如下:

```
uchar iicre_byte(void)              //读一个字节数据
{
    uchar i;
    uchar dat;                      //用来存储一个字节数据
    SCL = 0;
    delay();
    SDA = 1;
    delay();
    for(i = 0;i<8;i + + )           //循环 8 次,读取 8 位数据
    {
        SCL = 1;
        delay();
        dat = dat<<1;
        if(SDA)
        {
            dat + + ;               //将 SDA 引脚上的数据读进 dat 变量
        }
        SCL = 0;
        delay();
    }
    return dat;
}
```

该程序中,通过 for 循环语句来进行移位操作读取数据,其返回值为接收到的字节数据。

2. 读 *n* 个字节数据程序

```
void read_nbyte(uchar  ∗ ramaddr,uchar romaddr,uchar rebyte)
{
    start();
    iicwr_byte(writedeviceaddr);    //写器件地址
    check_ack();                    //应答检查
    iicwr_byte(romaddr);            //写 rom 器件地址
    check_ack();                    //应答检查
    start();                        //启动信号
    iicwr_byte(readdeviceaddr);     //写入所读器件地址
    check_ack();                    //应答检查
    while(rebyte!  = 1)             //判断是不是最后一个字节
    {
```

```
        * ramaddr = iicre_byte();        //读入一个字节
        ack();
        ramdaar + +;                     //地址指针增加
        rebyte - -;                      //数据个数减少
    }
    * ramaddr = iicre_byte();            //存储所读入的所有数据
    noack();
    stop();
}
```

该程序中调用了启动信号函数 start()，终止信号函数 stop()，应答检查函数 check_ack()，以及写字节数据函数 iicwr_byte()和读字节数据函数 iicre_byte()。在该程序中指针 ramaddr 表示数据被读出后的存储位置，romaddr 为 I^2C 器件内部数据读取的首地址，rebyte 为读入的数据个数。

13.4　51 单片机读写 I^2C 总线的 EEPROM

I^2C 总线接口器件以体积小、接口简单、读写操作方便等优点，使其在单片机系统中有着广泛的应用。目前常用于存储系统必要的参数，如密码、启动代码、设备标识等。例如，计算机主板中的 BIOS 使用的就是一个带有 I^2C 总线的 EEPROM，其中保存了系统的重要信息和系统参数的设置程序。

目前 USB 接口及其设备越来越被广泛使用，大有取代其他老式接口的趋势。然而，如何区分计算机上连接的众多 USB 外围设备呢？其实，绝大部分的 USB 接口芯片都通过上电读一个带有 I^2C 总线的串行 EEPROM 来载入该设备的 ID(包括 Vendor ID、Product ID 和 Device ID)，根据这些 ID 来区分各个 USB 设备，并加载相应的驱动程序。

本节通过一个具体的实例来讲解通过 I^2C 总线接口来读写 24C02 型号的 EEPROM。

13.4.1　串行 EEPROM 简介

串行 EEPROM 存储器是一种采用串行总线的存储器，这类存储器具有体积小、功耗低、允许工作电压范围宽等特点。目前，单片机系统中使用较多的 EEPROM 芯片是 24 系列串行 EEPROM。其具有型号多、容量大、支持 I^2C 总线协议、占用单片机 I/O 端口少，芯片扩展方便、读写简单等优点。

目前，Atmel、MicroChip、National 等公司均提供各种型号的 I^2C 总线接口的串行 EEPROM 存储器。下面以 Atmel 公司的产品为例进行介绍。

AT24C01/02/04/08 系列是 Atmel 公司典型的 I^2C 串行总线的 EEPROM，这里以 AT24C02 为例介绍。AT24C02 具有 1024×2 位的存储容量，工作于从器件模式，可重复擦写 100 万次，数据可以掉电保存 100 年。8 引脚 DIP 封装 AT24C02 的封装结构，如图 13-12 所示。

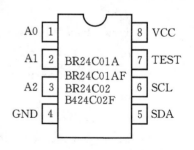

图 13-12　24C02 封装结构

其中,各个引脚定义如下:

A0、A1、A2:从器件的地址设置引脚;

GND、VCC:电源引脚;

TEST:接地;

SCL:串行数据时钟;

SDA:串行数据输入输出。

13.4.2　电路设计

下面给出单片机与 AT24C02 连接电路图,如图 13 - 13 所示。

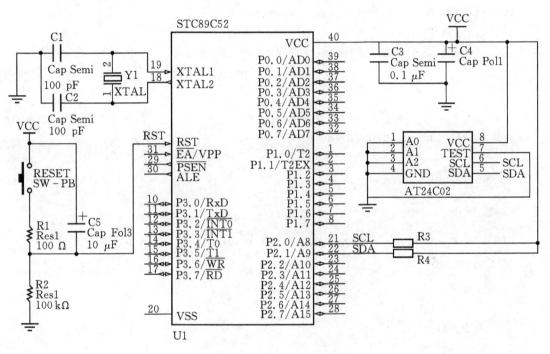

图 13 - 13　单片机与 24C02 连接图

其中,单片机具有复位电路和时钟电路,构成单片机的最小系统。单片机与 AT24C02 的接口只有两根线,即 SDA 和 SCL。A0~A2 接低电平,此时器件地址为 1010000,其中高四位的 1010 为器件代码,具体参考 24C02 手册。因此读器件的寻址字节为 10100001,写器件的寻址字节为 10100000。

I²C 总线的引脚配置如下:

SCL:串行时钟线与单片机的 P2.0 引脚相连;

SDA:串行数据线与单片机的 P2.1 引脚相连。

从上面的引脚配置可以看出,I²C 总线的数量较少,连接简单。因此,对于通信速度要求不高而对体积要求较高的应用来说,采用 I²C 总线是一个很好的选择。

13.4.3　程序设计实例

本实例程序是对 AT24C02 的一个简单的读写,首先将数据写进,然后再将之读取出来,显示在数码管上。具体代码如下。

```c
#include  "reg52.h"
#include  "intrins.h"
#include  "absacc.h"
#define  MAX_ADD  512;
unsigned char bdata send_data;      //要发送数据
sbit DATA_H = send_data^7;
sbit DATA_L = send_data^0;
sbit SDA = P2^1;                    //数据位
sbit SCL = P2^0;                    //时钟
sbit CHK = P0^7;                    //信号检测
unsigned char code table[] = {0x3f,0x06,0x5B,0x4F,0x66,      //0~4
                              0x6D,0x7D,0x07,0x7F,0x6F};   //5~9

//* * * * * * * * * * * *延时函数* * * * * * * * * * * * * * * * *
void  delay(unsigned int delay_time)
{
    while(delay_time - - );
}


//* * * * * * * * * * * *启动函数* * * * * * * * * * * * * * * * *
void start(void)
{
    SDA = 1;
    _nop_();
    SCL = 1;
    delay(8);
    SDA = 0;
    delay(8);                  //启动条件
    SCL = 0;
}


//* * * * * * * * * * * *停止函数* * * * * * * * * * * * * * * * *
void stop(void)
{
    SDA = 0;
    _nop_();
    SCL = 1;
    delay(8);
```

```
    SDA = 1;
    _nop_(); //停止条件
}


// * * * * * * * * * * * * * *写字节函数* * * * * * * * * * * * * * * *
bit byte_write(unsigned char data_1)
{
    unsigned char i;
    bit ack_bit;
    send_data = data_1;
    for(i = 0;i<8;i + +)
    {
        SCL = 0;
        SDA = DATA_H;              //传送数据
        _nop_();
        SCL = 1;                   //上升沿有效
        _nop_();
        _nop_();
        SCL = 0;
        send_data<< = 1;
        _nop_();
    }
    SCL = 0;
    SDA = 1;                       //读取应答
    _nop_();
    _nop_();
    SCL = 1;
    _nop_();
    _nop_();
    _nop_();
    _nop_();
    ack_bit = SDA;
    SCL = 0;
    return ack_bit;                // 返回应答位
}


// * * * * * * * * * * * *读一字节函数* * * * * * * * * * * * * * * * * *
unsigned char  byte_read(void)
{
```

```
        unsigned char i;
        for(i = 0;i<8;i + +)
        {
            SCL = 1;
            send_data<< = 1;
            _nop_();                    //等待数据稳定
            DATA_L = SDA;               //读数据
            SCL = 0;                    //下降沿有效
        }
        return(send_data);
    }


//***********随机数据读************************
unsigned char random_read(unsigned char data_addr)
{
    unsigned char   bdata   data_2 = 0;
    unsigned char data_add   ;
    data_add = data_addr;
    start();                        //启动条件
    byte_write(0xA0);               //器件地址,写
    byte_write(data_add);           //数据地址
    start();                        //启动条件
    byte_write(0xA1);               //器件地址,读
    data_2 = byte_read();
    _nop_();
    stop();
    return   data_2 ;
}


//*************字节数据写*********************
void byte_data_w(unsigned char data_addr,unsigned char data_w)
{
    unsigned char   data_w_1,data_addr1;
    data_addr1 = data_addr;
    data_w_1 = data_w;
    start();
    byte_write(0xA0);
    byte_write(data_addr1);         //写入数据地址
    byte_write(data_w_1);           //写入数据
```

```
    stop();
    delay(1200);
}


//＊＊＊＊＊＊＊＊＊＊＊＊页写函数＊＊＊数据清零＊＊＊＊＊＊＊＊＊＊＊＊
void page_write(void)
{
    unsigned   char i;
    byte_data_w(0,69);
    start();
    byte_write(0xA0);
    byte_write(1);                  //地址 0 开始
    for(i = 0;i＜7;i + +)
    {
        byte_write(0);              //数据清除
    }
    stop();
    delay(1200);                    //释放总线
}


//＊＊＊＊＊＊＊＊＊＊＊＊  主函数＊＊＊＊＊＊＊＊＊＊＊＊＊＊＊＊＊＊
void main(void)
{
    unsigned char   bdata j;
    CHK = 1;
    SCL = 1;
    SDA = 1;
    _nop_();
    _nop_();
    while(1)
    {
        if(CHK = = 0)
        {
            byte_data_w(0,49);   //写数据 9
            byte_data_w(1,48);   //写数据 8
            byte_data_w(2,48);   //写数据 8
            byte_data_w(3,49);   //写数据 9
            byte_data_w(3,69);   //写数据 E
            byte_data_w(251,68); //写数据 D
```

```
        page_write();
        j = random_read(0);    //读数据
        j = j - 48;
        P2 = table[j];
        P1 = 0x00;
        CHK = 1;
    }
}
}
```

习　题

13－1　什么是 I^2C 总线？

13－2　I^2C 总线有什么特点？

13－3　I^2C 总线的寻址方式是什么？

13－4　请详述 I^2C 总线的时序？

13－5　如何解释 I^2C 总线的数据格式？

第14章　机器人循迹系统设计

机器人设计是 21 世纪技术前沿课题,随着科学技术的发展,机器人在社会各领域的作用越来越大,对机器人的研究已成为热点。智能循迹机器人是一种被广泛研究的机器人,而且国内外都有许多重要的智能循迹机器比赛。它能沿着轨迹完成对各个目标点的访问,其主要指标是速度和顺利完成访问得分点的能力。智能循迹机器人涉及到传感器技术、单片机控制、信号处理、电机驱动、人工智能、驱动电源的设计等诸多领域。本设计仅介绍基于 STC89C52 单片机的智能循迹机器人的循迹编程应用,并简单介绍循迹机器人的机械结构设计。

14.1　机器人的机械设计结构总体设计

机械系统是机器人系统中的执行者,但其作用又不限于此。机械系统对机器人整体性能有着重要意义。在机器人总体及机械设计上,应满足如下的一般性的要求。

(1)**几何参数**　机器人的各项外观尺寸要满足工作环境、工作目标的要求。

(2)**坚固性**　自主移动机器人在运动过程中,会经常与其他物体或机器人互相碰撞。这就要求机器人坚固耐用,线缆的插头不脱落,各零部件紧固不脱落。

(3)**便于维护**　在保证坚固性的前提下,应提高机器人的可维护性。在进行机械设计时,必须掌握至少一种机械设计软件,比如 AutoCAD 与 Solidworks。市场上有很多这方面介绍,请读者自行选购学习。

14.2　轮式机器人循迹的思想

本设计实例中的循迹是指轮式机器人行走在用 30 mm 宽的无光不干胶纸贴出的十字纵横交叉的地面上,采用的方法是利用颜色传感器 TCS230 检测机器人所在的位置。

TCS230 是 TAOS 公司最新推出的业界首款带数字兼容接口的 RGB 彩色光/频率转换器,它内部集成了可配置的硅光电二极管阵列和一个电流/频率转换器,其结构框图如图 14-1 所示。TCS230 输出占空比为 50% 的方波,且输出频率与光强度成线性关系。该转换器对光响应范围为 250000～1,典型输出频率范围为 2 Hz～500 kHz,用户可通过两个可编程引脚来选择 100%、20% 或 2% 的输出比例因子(见表 14.1)。TCS230 的输入输出引脚可直接与微处理器(STC89C52)端口相连,通过输出使能端 OE 将输出置于高阻状态可使多个器件共享一条微处理器输入线。

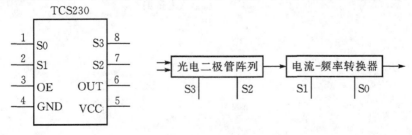

图 14-1　TCS230 的引脚图和功能框图

表 14.1　S0、S1 和 S2、S3 的组合选项

S0	S1	输出频率	S2	S3	滤波器类型
0	0	关断电源	0	0	红色
0	1	2%	0	1	蓝色
1	0	20%	1	0	无滤波器
1	1	100%	1	1	绿色

　　传感器 TCS230 在机器人上的安装布局也是很关键的环节。一般选取 5 个 TCS230 传感器,按照一定间距分开排列(这里每个间距是 2 cm,如图 14-2 所示),其中以中间的那个传感器为中心,并使其垂直于下方的白色导航线、两方的传感器依次排列。

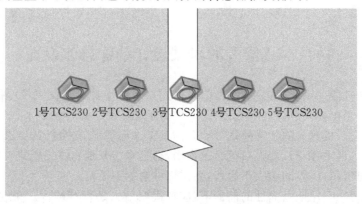

1号TCS230 2号TCS230 3号TCS230 4号TCS230 5号TCS230

图 14-2　TCS230 安装布局示意图

　　因此,我们就可以根据这 5 个传感器返回的频率值来判定它们各自偏离白色导航线的状态,进而判定当前机器人偏离中心导航线的位置,然后通过微处理器来调整两边轮子的速度,最终达到调整偏移的目的。如图 14-3~14-6 所示是四种典型偏离状态。

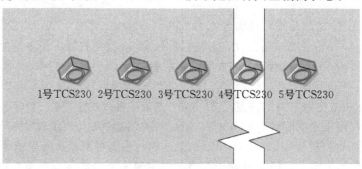

1号TCS230 2号TCS230 3号TCS230 4号TCS230 5号TCS230

图 14-3　机器人左微偏

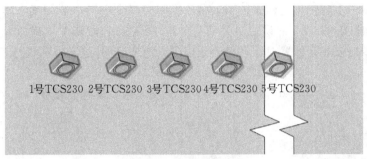

图 14 - 4　机器人左大偏

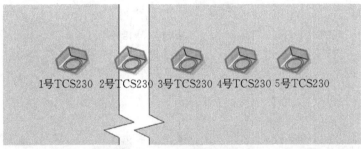

图 14 - 5　机器人右微偏

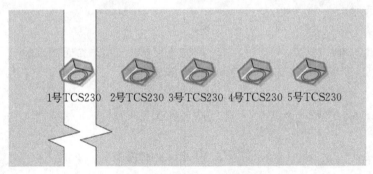

图 14 - 6　机器人右大偏

下面介绍基于 STC89C52 单片机的 TCS230 频率采集程序控制。本书提出了一种利用普通 I/O 口测量频率的方法：用软件设置一个标志位 flag，当需要测量每一位 I/O 口的频率时，先将 flag 置 1，然后开启定时器 T1（这里定时 1 ms），在此期间，用软件的方法读取 I/O 口上的高低电平变化，每经过一个高低电平，让变量 temp 自加一次，直到定时时间 1 ms 到了之后，置 flag 为 0，保存本次 temp 累加后的值，如图 14 - 7 所示，依次循环测量其他端口。

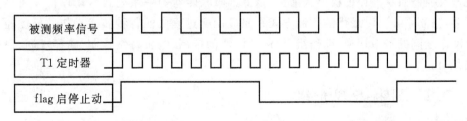

图 14 - 7　频率采集原理

在实际调试中发现仅仅这样做还不太精确。因为每个端口在开始读取瞬间,电平的状态是不一样的,这样就会有±1的误差。为了避免这一误差,采取软件等待的方法,规定只有在端口是低电平的时候才开始置flag和开启定时器。事实证明,这种方法很好。

核心程序如下:

```
uchar gain_tcs230(uchar i)        //这里传入需要读取的传感器标号
{
    uint temp = 0;
    P1 = 0xFF;
    TH1 = 0xFC;
    TL1 = 0x66;                    //方式 2,定时 1 ms
    do{}while(P1&(1<<i));          //等待下降沿
    TR1 = 1;                       //开启定时器
    flag = 1;
    while(flag)
    {
        while(P1&(1<<i));          //等待上升沿
        while(! (P1&(1<<i))) ;     //等待下降沿
        temp + + ;
    }
    return temp;                   //因为定时 1 ms,这里返回的 temp 值就是采集的
                                   //频率 xx kHz
}
void Timer1() interrupt 3         //定时器 1 中断
{
    TR1 = 0;                       //关闭定时器 1
    flag = 0;
}
```

根据采集到的频率,就可以判断出当前机器人的姿态,做出正确的路线纠正。

14.3　机器人的运动控制

机器人控制系统是保证机器人前进、倒退、制动、转弯等一系列技术动作得以完美实现的关键环节,控制系统要以最优的控制方式来完成比赛过程中的各种技术动作。最优控制就是指两个动作之间的平稳切换、动作组合、运动惯性的控制、电机特性控制、路径规划、快速准确的定点移动。

14.3.1　H桥原理介绍

为实现电机的方向控制和速度调节,驱动电路采用经典的 H 桥驱动,如图 14-8 所示。H 桥基本原理如下:

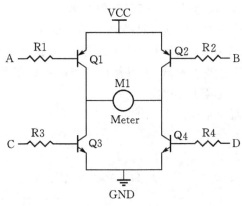

图 14-8 H 桥原理

一个 H 桥电机驱动电路提供了电机所有的工作模式:顺时针旋转、逆时针旋转、惰行和制动。

当三极管 Q1 和 Q4 导通,Q2 和 Q3 截止时,这样就为电流提供了一条从 VCC 电源经过 Q1、电机和 Q4 到地线的通路。可以把它当作是将电机的正极与 H 桥中的晶体管 Q1 连接,电机则顺时针旋转。

当三极管 Q2 和 Q3 导通,Q1 和 Q4 截止时,这样就为电流提供了一条从 VCC 电源经过 Q2、电机和 Q3 到地线的通路。可以把它当作是将电机的正极与 H 桥中的晶体管 Q2 连接,电机则逆时针旋转。

当三极管 Q1 和 Q2 导通导通时,此时电机的两根线都与 VCC 相连,即电机的两端被连接到了一起,这样电机中的能量会快速被消耗,从而实现了电机的制动控制。

尽管电制动不如物理上的制动有效,但是对于一个运动中的机器人来说,还是能够起到快速减速的作用。

在 H 桥电路中还有另外一个电制动回路,即当三级管 Q3 和 Q4 导通,同时 Q1 和 Q2 截止时,电机的两端同时连接到了 GND,这种控制方式同样可以实现电机的制动。

运动控制中,为了实现系统的实时稳定性控制,常运用 PID 算法来进行控制调整。本书不作介绍,读者如果感兴趣可以参考其他资料。

14.3.2 PWM 脉宽调制

脉冲宽度调制(PWM,Pulse-Width Modulation),也简称为脉宽调制,是一项功能强大的技术,它是一种对模拟信号电平进行数字化编码的方法。在脉宽调制中使用高分辨率计数器来产生方波,并且可以通过调整方波的占空比来对模拟信号电平进行编码。PWM 通常使用在开关电源和电机控制中。

PWM 中相关概念:

(1)**占空比** 即输出的 PWM 中,高电平保持的时间与该 PWM 时钟周期的时间之比。

例如,一个 PWM 的频率是 1 kHz,它的周期就是 1 ms,如果高电平出现的时间是 500 μs,那么低电平的时间肯定是 500 μs,则占空比就是 500:1000,也就是说 PWM 的占空比就是 50%。

那么,如果我们对模拟信号的电平进行调制,假如模拟信号电平是 12 V,那么 50% 的占空比调制之后就为 6 V。

(2)**分辨率** 也就是占空比最小能达到多少,如 8 位的 PWM,理论的分辨率就是 1:255

（单斜率），16 位的的 PWM 理论就是 1∶65535（单斜率）。

（3）**双斜率/单斜率**   假设 PWM 从 0 计数到 100，之后又从 0 计数到 100，…，这个就是单斜率；假设 PWM 从 0 计数到 100，之后从 100 计数到 0，…，这个就是双斜率。

可见，双斜率的计数时间多了一倍，所以输出的 PWM 频率就小了一半，但分辨率却是 1∶（80＋80）＝1∶160，就是提高了一倍。

下面举个例子解释上面的原理。

```
void Timer0() interrupt 1
{
    if(PWM = = 1)                    //如果 PWM 为高电平
    {
      PWM = 0；                       //设置 PWM 为低电平
      TH0 = (65535 − 500)/256；       //给定时器装入初值
      TL0 = (65535 − 500)%256；       //初值为 T0 = 65035
    }
    else                            //如果 PWM 为低电平
    {
      PWM = 1；                       //设置 PWM 为高电平
      TH0 = (65535 − 1500)/256；      //给定时器装入初值
      TL0 = (65535 − 1500)%256；      //初值为 T0 = 64035
    }
}
```

程序的第 4 和第 10 行实现了 PWM 的高低电平的转换，也就实现了脉冲的输出，程序中的占空比为 500/（500＋1500）＝25％，因为本单片机运行在 11.0592 MHz 的晶振上，因而计数器每次计数约为 1 μs，则频率为 1 s/（500 μs＋1500 μs）＝2 kHz。

14.4   系统程序流程图

图 14-9 所示为本实例中机器人循迹的软件流程。

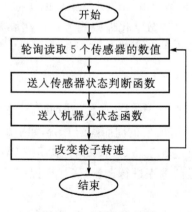

图 14-9   系统流程图

14.5　源程序

```
#include "reg52.h"
#include "intrins.h"
#define uchar unsigned char
#define uint unsigned int
sbit Left_1 = P0^2;                //左轮控制引脚
sbit Left_2 = P0^3;                //左轮控制引脚,00 制动、01 前进、10 后退、11 制动
sbit Right_1 = P0^4;               //右轮控制引脚
sbit Right_2 = P0^5;               //右轮控制引脚,00 制动、01 前进、10 后退、11 制动
sbit PWM_Left = P0^6;              //左轮 PWM 输出
sbit PWM_Right = P0^7;             //右轮 PWM 输出
uchar Left_count = 0,Right_count = 0;  //用来计数,和 L_Set/R_Set 进行匹配
uchar L_Setspeed = 0,R_Setspeed = 0;   //用来设定左右两路的 PWM 占空比,如设置
                                   //为 50 和 80,那么占空比分别是 50% 和 80%
uchar flag = 0;                    //定义读取 TCS230 的标志
uchar Fre[5] = {0,0,0,0,0};        //用于存储 5 个传感器的频率值
uchar Reference = 0;               //白色导航线与周围颜色的中间值,根据此值来判定
                                   //每个传感器是否在白色导航线上
uchar TCS_State[5] = {0,0,0,0,0};  //存储 5 个传感器的当前状态。0 表示不在白线,
                                   //1 表示在白线
#define   L_Go      Left_1 = 0;Left_2 = 1;
#define   L_Stop    Left_1 = 0;Left_2 = 0;
#define   L_Back    Left_1 = 1;Left_2 = 0;
#define   R_Go      Right_1 = 0;Right_2 = 1;
#define   R_Stop    Right_1 = 0;Right_2 = 0;
#define   R_Back    Right_1 = 1;Right_2 = 0;
/*
函数:void Init_Time0()
功能:初始化定时器 0 为定时模式 1,定时 15 ms
启动方式:初始化时即启动
参数:无
*/
void Init_Time0()
{
    TMOD| = 0x01;                  //设定定时器 0 为模式 1
    TH0 = (65535 - 5000)/256;      //给定时器装入初值
    TL0 = (65535 - 5000)%256;      //初值为 T0 = 65035
    ET0 = 1;                       //开启定时器 0 的中断
```

```
    TR0 = 1;                      //开启定时器 0
}
/*
函数:void Init_Time1()
功能:初始化定时器 1 为模式 1,定时 1 ms
启动方式:程序中启动
参数:无
*/
void Init_Time1()
{
    TMOD| = 0x10;                 //设定定时器 1 为模式 1
    TH1 = (65535 - 5000)/256;     //给定时器装入初值
    TL1 = (65535 - 5000)%256;     //初值为 T0 = 65035
    ET1 = 1;                      //开启定时器 1 的中断
    TR1 = 0;                      //关闭定时器 1
}
//下面是与 14.3.2 节中使用定时器/计数器 0 产生 PWM 波的不同方法
TH0 = (65535 - 5000)/256;         //给定时器装入初值
TL0 = (65535 - 5000)%256;         //初值为 T0 = 65035
Right_count + + ;
Left_count + + ;
if(Right_count<R_Setspeed)        //R_Set speed 为要设置的占空比
{
    PWM_Right = 1;                //设置右轮 PWM 为高电平
}
else
{
    PWM_Right = 0;                //设置右轮 PWM 为低电平
    if(Right_count>99)
    {
        Right_count = 0;
    }
}
    if(Left_count<L_Setspeed)     //L_Setspeed 为要设置的占空比
    {
        PWM_Left = 1;             //设置左轮 PWM 为高电平
    }
    else
    {
```

```
        PWM_Left = 0;              //设置左轮 PWM 为低电平
        if(Left_count>99)
        {
           Left_count = 0;
        }
      }
}
/ *
函数:void Timer1() interrupt 3
功能:主要完成采集 TCS230 的标志位转变,这里选取每 1 ms 中断一次并清 flag = 0
参数:无
* /
void Timer1() interrupt 3
{
    TR1 = 0;                       //关闭定时器 1
    flag = 0;
}
/ *
函数:gain_tcs230(uchar i)
功能:读取每个 TCS230 返回的频率值
参数:这里传入需要读取的传感器标号 0~4
* /
uchar gain_tcs230(uchar i)
{
    uchar   temp = 0;
    P1 = 0xFF;
    TH1 = 0xFC;
    TL1 = 0x66;                    //方式 2,定时 1 ms
    do{}while(P1&(1<<i));          //等待下降沿
    TR1 = 1;                       //开启定时器
    flag = 1;
    while(flag)
    {
        while(P1&(1<<i));          //等待上升沿
        while(! (P1&(1<<i)));      //等待下降沿
        temp + + ;
    }
    return temp;                   //因为定时 1 ms,这里返回的 temp 值就是采集的
                                   //频率 xx kHz
```

```
}
/ *
函数:Read_TCS()
功能:轮询读取每个 TCS230 值
硬件连接如下:
P1^0 - - - - - - - - - - - TCS230_1
P1^1 - - - - - - - - - - - TCS230_2
P1^2 - - - - - - - - - - - TCS230_3
P1^3 - - - - - - - - - - - TCS230_4
P1^4 - - - - - - - - - - - TCS230_5
 * /
void Read_TCS()
{
    uchar i;
    for(i = 0;i<5;i + +)
    {
        Fre[i] = gain_tcs230(i);
    }
}
/ *
函数:void Calcu_Ref(uchar temp[5])
功能:计算参考值(即白色导航线与周围颜色的中间区分值),
    采用冒泡排序法,将 5 个值从小到大排序
参数:传入存储了 5 个传感器采集值的数组
 * /
void Calcu_Ref(uchar temp[5])
{
    uchar i,j;
    uchar t;
    for(i = 0;i<5;i + +)
    {
      for(j = 0;j<4 - i;j + +)
      {
          if(temp[j]>temp[j + 1]) //如果比下一个大,则交换数据
          {
              t = temp[j];
              temp[j] = temp[j + 1];
              temp[j + 1] = t;
          }
```

```
        }
    }
    Reference = (temp[0] + temp[4])/2;//取最大和最小值做中间参考值
}
/*
    函数:Judge_TCS_State()
    功能:判定每个 TCS230 状态
    参数:无
*/
void Judge_TCS_State()
{
    uchar i;
    for(i = 0;i<5;i+ +)
    {
        if(Fre[i]>Reference)
            TCS_State[i] = 1;
        else
            TCS_State[i] = 0;
    }
}
/*
函数:void Judge_Robot_State()
功能:判断机器人当前状态,并修改两轮速度
参数:无
硬件配置:从左到右,TCS230 排序为 0、1、2、3、4
注:这里更改的速度值需要读者根据具体机器人硬件更改
*/
void Judge_Robot_State()
{
    if(TCS_State[1] = = 0&&TCS_State[2] = = 1&&TCS_State[3] = = 0)//中心
    {
      L_Setspeed = 50;
      R_Setspeed = 50;
    }
    if(TCS_State[2] = = 0&&TCS_State[3] = = 1&&TCS_State[4] = = 0)//左微偏
    {
      L_Setspeed = 60;
      R_Setspeed = 50;
    }
```

```
    if(TCS_State[2] = = 0&&TCS_State[3] = = 0&&TCS_State[4] = = 1)//左大偏
    {
      L_Setspeed = 70;
      R_Setspeed = 50;
    }
    if(TCS_State[0] = = 0&&TCS_State[1] = = 1&&TCS_State[2] = = 0)//右微偏
    {
      L_Setspeed = 50;
      R_Setspeed = 60;
    }
    if(TCS_State[0] = = 1&&TCS_State[1] = = 0&&TCS_State[2] = = 0)//右大偏
    {
    L_Setspeed = 50;
        R_Setspeed = 70;
    }
}
/////////main 函数////////
void main()
{
    EA = 0;                    //关闭所有中断
    Init_Time0();              //初始化 Time0
    Init_Time1();              //初始化 Time1

    R_Setspeed = 50;           //初始右轮的占空比为 50%
    L_Setspeed = 50;           //初始左轮的占空比为 50%
    EA = 1;                    //开启总中断
    Read_TCS();                //轮询读取 5 个 TCS230
    Calcu_Ref(Fre);            //计算参考值(即白色导航线与周围颜色的中
                               //间区分值)
    L_Go
    R_Go                       //默认一直前行
    while(1)
    {
        Read_TCS();            //轮询读取 5 个 TCS230
        Judge_TCS_State();     //判定每个 TCS230 状态
        Judge_Robot_State();   //判定机器人位置状态并改变速度
    }
}
```

第15章 综合应用示例

综合应用一：定时器/计数器的资源管理应用

本应用设计的目的是引导初学者在使用 MCS51 系列单片机时注重内部资源的管理。由于 51 单片机内部资源非常有限，因此高效地应用这些有限的资源完成多种任务也是程序员需要掌握的技能。

由于 51 单片机定时器资源很少，并且当定时器 1 用作波特率发生器时一般不再用于其他功能，因此如何使用一个定时器/计数器资源完成多个定时任务就显得较为重要了。本应用设计以定时器 0 为例讲解一种定时器资源共享使用的方法。

本设计采用定时管理块数组 blockList[NUM] 来进行定时资源的共享管理，该数组的成员类型是结构体类型 TimeManageBlock ，声明如下：

```
typedef struct timeManageBlock
{
    unsigned char isUsed;
    unsigned char mode;
    unsigned char flag;
    unsigned int limit;
    unsigned int timer;
    void ( * function)(void);
} TimeManageBlock;
```

在 TimeManageBlock 结构体中：

isUsed 表示该管理块是否被占用。0：未被使用；1：已被使用。

mode 表示管理块的操作模式。0：轮询操作方式；1：中断操作方式。

flag 表示在轮询操作方式中定时时间是否到达。0：时间未到；1：时间已到。

limit 表示注册管理块的时间限制值，以定时器 0 的中断次数表示。

timer 表示定时器 0 的中断次数计数器。

function 在中断操作方式中，用于指向与该管理块相关的定时时间服务程序。

使用 blockList 数组进行资源共享管理的程序流程如图 15 - 1 和 15 - 2 所示。

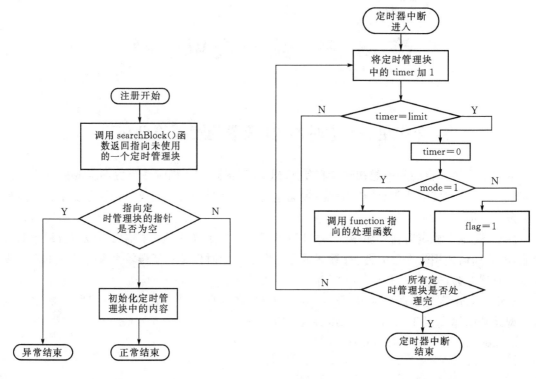

图 15-1　注册过程　　　　　　　　图 15-2　定时器中断过程

　　当一个任务处理模块需要定时功能时,首先需要通过调用 searchBlock 函数申请一个指向未被使用的定时管理块,然后初始化所申请到的定时管理块中的成员。定时时间功能的实现是在定时器中断服务程序中完成的,进入定时器中断服务程序后,首先将已经注册的定时管理块中的 timer 程序加 1,然后判断是否等于定时门限值 limit,如果相等则表示定时时间已到,然后再根据操作模式 mode 成员的设置或者将 flag 成员标志置 1 或者调用定时处理函数。

　　如果任务处理模块在初始化定时管理块时将 mode 设置为 0(即表示采用轮询操作方式)时,如果定时时间到达,则 flag 标志会在定时器的中断处理函数中被置 1,当任务处理模块检查到 flag 为 1(即定时时间到)后,首先应该把 flag 标志清 0,然后执行后续的处理任务。

　　本应用设计的定时器共享管理程序模块如下:

```
# include<reg52.h>
# define NUM 5          //NUM 表示定时管理块的数量
//机器周期为 1 μs 时,每 1 ms 一次中断
# define TH0_VALUE     0xFC //TH0 初值
# define TL0_VALUE     0x18 //TL0 初值
typedef struct timeManageBlock
{
    unsigned char isUsed;
    unsigned char mode;
    unsigned char flag;
```

```
    unsigned int limit;
    unsigned int timer;
    void ( * function)(void);
}TimeManageBlock;
TimeManageBlock blockList[NUM];
```

获取一个未被占用的定时管理块的函数如下：

```
TimeManageBlock * getOneBlock()
{
    unsigned char i;
    for(i = 0;i<NUM;i + +)
    {
        if(blockList[i].isUsed = = 0)
            break;
    }
    if(i<NUM)
    {
        return &blockList[i];
    }
    else
    {
        (TimeManageBlock * )0;
    }
}
```

在轮询操作方式下,检查定时时间是否到达的函数如下：

```
unsigned char checkTime(TimeManageBlock * block)
{
    if(block - >flag = = 1)
    {
        block - >flag = 0;
        return 1;
    }
    else
    {
        return 0;
    }
}
```

初始化定时器/计数器 0 的函数如下,该函数在第一个定时时间之前调用。

```
void initTimer0()
{
```

```
    TMOD& = 0xF0;
    TMOD| = 0x01;                    //设置 T0 为 16 位定时器方式
    TH0 = TH0_VALUE;
    TL0 = TL0_VALUE;
    EA = 1;
    ET0 = 1;
    TR0 = 1;
}
```

定时器的共享管理处理是在定时器 0 的中断服务函数中进行,中断服务函数如下:

```
void timer0(void) interrupt 1
{
    unsigned char i;
    TH0 = TH0_VALUE;
    TL0 = TL0_VALUE;
    for(i = 0;i<NUM;i + + )
    {
        if(blockList[i].isUsed = = 1)
        {
            if( + + blockList[i].timer = = blockList[i].limit)
            {
                blockList[i].timer = 0;
                if(blockList[i].mode = = 0)
                {
                    blockList[i].flag = 1;
                }
                else
                {
                    ( * blockList[i].function)();
                }
            }
        }
    }
}
```

下面是一个利用定时器共享方式实现定时中断处理的示例,在该示例中,有一个定时处理任务,实现通过 P0.0 输出 10 ms 的周期脉冲,P0.1 输出 20 ms 的周期脉冲。任务处理函数和主函数如下:

```
sbit P00 = P0^0;
sbit P01 = P0^1;
void task1()
```

```
{
    if(P00 = = 0)
    {
        P00 = 1;
    }
    else
    {
        P00 = 0;
    }
}
void task2()
{
    if(P01 = = 0)
    {
        P01 = 1;
    }
    else
    {
        P01 = 0;
    }
}


void main()
{
    TimeManageBlock * myBlock1, * myBlock2;
    myBlock1 = getOneBlock();
    myBlock2 = getOneBlock();
    myBlock1 - >isUsed = 1;
    myBlock1 - >mode = 1;
    myBlock1 - >limit = 5;
    myBlock1 - >timer = 0;
    myBlock1 - >function = task1;
    myBlock2 = getOneBlock();
    myBlock2 - >isUsed = 1;
    myBlock2 - >mode = 1;
    myBlock2 - >limit = 10;
    myBlock2 - >timer = 0;
    myBlock2 - >function = task2;
    initTimer0();
```

```
    while(1);
}
```

在测试程序中,task1 和 task2 两个函数分别为 10 ms 和 20 ms 周期脉冲的输出函数,并且采用中断处理方式来执行输出函数,也就是将两个定时管理块 myBlock1 和 myBlock2 中的 mode 成员设置为逻辑 1,并将输出函数入口地址赋值给 function 函数指针成员。使用 Proteus 软件的仿真结果如图 15 - 3 所示。

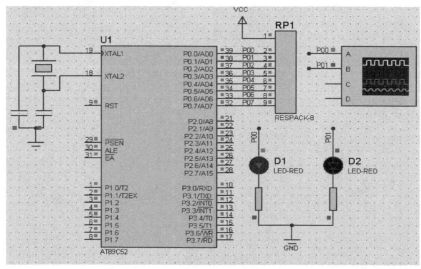

图 15 - 3　仿真效果图

使用虚拟数字示波器观察的脉冲波形如图 15 - 4 所示。

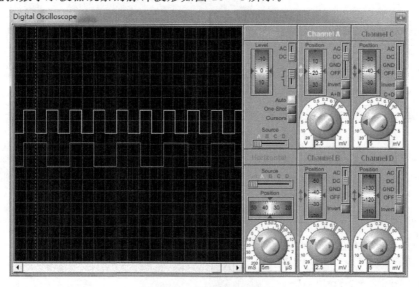

图 15 - 4　脉冲输出波形图

综合应用二:基于 DS18B20 的温度采集

DS18B20 是达拉斯(Dallas)公司推出的单总线数字温度传感器芯片,与热敏电阻的模拟信号输出不同,DS18B20 直接将温度值转换为串行的数字信号。该器件具有微型化、低功耗、高性能的特点。

DS18B20 的引脚分布如图 15-5 所示。

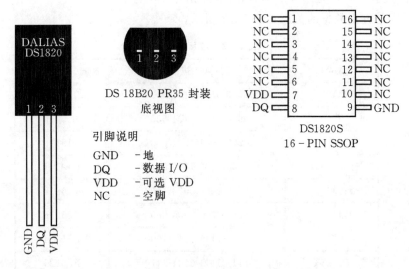

图 15-5　DS18B20 的引脚分布图

DS18B20 之所以被称为单总线器件,是因为接收和发送信息只使用一个 DQ 引脚来完成,因此在中央处理器和 DS18B20 之间仅需一条连接线,并由于每个 DS18B20 都有一个独特的片序列号,所以多个 DS18B20 可以同时连在一根单线总线上,这样就可以把温度传感器放在许多不同的地方。

DS18B20 主要包含有三个部件:①64 位激光 ROM,②温度传感器,③非易失性温度报警触发器 TH 和 TL。

DS18B20 具有唯一的 64 位 ROM 编码,存放在 64 位激光 ROM 中,最前面 8 位是单线系列编码(DS18B20 的编码是 28H),之后是 48 位的产品序列号,最后 8 位是前面 56 位的 CRC 码,如表 15.1 所示。

表 15.1　DS18B20 的 64 位 ROM 编码

激光 ROM 中的内容		
8 位 CRC 校验码	48 位产品序列号	8 位产品系列编码

CRC 校验码的生成多项式为

$$CRC = X^8 + X^5 + X^4 + 1$$

64 位 ROM 编码的输出需要通过"读 ROM"命令来完成。该命令是 ROM 操作中的一种。

DS18B20 的核心功能部件是它的数字温度传感器。它具有可配置的 9、10、11 或 12 位分辨率(出厂默认为 12 位分辨率),对应的温度分辨值为 0.5℃、0.25℃、0.125℃和 0.0625℃。DS18B20 采集后的温度值由两个字节表示,具体形式如下:

	MSB							LSB
低位字节:	2^3	2^2	2^1	2^0	2^{-1}	2^{-2}	2^{-3}	2^{-4}

	MSB							LSB
高位字节:	S	S	S	S	S	2^6	2^5	2^4

S 为符号位,当配置为低分辨率时,对应的无意义位为 0。

实测温度与输出数据的关系如表 15.2 所示。

表 15.2　温度-数据关系

温度℃	数据(二进制)	数据(十六进制)
+125℃	0000 0111 1101 0000	07D0H
+85℃	0000 0101 0101 0000	0550H
+25.0625℃	0000 0001 1001 0001	0191H
+10.125℃	0000 0000 1010 0010	00A2H
+0.5℃	0000 0000 0000 1000	0008H
0℃	0000 0000 0000 0000	0000H
−0.5℃	1111 1111 1111 1000	FFF8H
−10.125℃	1111 1111 0101 1110	FF5EH
−25.0625℃	1111 1110 0110 1111	FF6FH
−55℃	1111 1100 1001 0000	FC90H

非易失性温度报警触发器 TH 和 TL 用于与转换完成的温度值进行比较,如果温度值高于 TH 或者低于 TL 时,会将告警标志置位。只要告警标志置位,DS18B20 就可以响应告警搜索命令。

1. 主机操作 DS18B20 必须遵循下面的顺序

(1)初始化操作

通过单线总线的所有执行(处理)都从一个初始化序列开始。初始化序列包括一个由主机发出的复位脉冲和其后由从机发出的存在脉冲。存在脉冲让主机知道 DS18B20 在总线上且已准备好操作。

初始化过程如下:主机首先拉低总线 480 μs 以上,然后释放总线,由于总线上接有上拉电阻,因此释放总线后会产生上升沿,DS18B20 收到上升沿后,会在 15~60 μs 内通过拉低总线 60~240 μs 作为回应。当主机收到回应信号后,说明器件已经准备好。

(2)ROM 操作命令

当初始化正确完成后,就可以发起 ROM 操作命令。ROM 操作命令如表 15.3 所示。

表 15.3　ROM 操作命令

命令类型	命令字节数据	说明
Read ROM (读 ROM)	33H	该命令用于读取 DS18B20 的 64 位 ROM 编码。只有当总线上只存在一个 DS18B20 时才能使用这个命令
Match ROM (匹配 ROM)	55H	该命令后接 64 位 ROM 编码,用于在多个 DS18B20 器件中进行寻址。只有完全匹配了 ROM 编码的器件才能响应随后的存储器操作命令。未被寻址到的器件等待复位脉冲
Skip ROM (跳过 ROM)	CCH	该命令允许总线控制器不提供 64 位 ROM 编码就可以进行后续的存储器操作
Search ROM (搜索 ROM)	F0H	该命令使用排除法来识别总线控制器上的所有从器件 ROM 编码
Alarm Search (告警搜索)	ECH	该命令与 Search ROM 相同,但只有满足告警触发条件的 DS18B20 才会响应该命令

(3)内存操作命令

在成功执行了 ROM 操作命令后,才可以使用内存操作命令。主机可以使用六种内存操作命令,如表 15.4 所示。

表 15.4　内存操作命令

命令类型	命令字节数据	说明
Write Scratchpad (写暂存器)	4EH	用于把数据写入暂存器的地址 2 到 4(TH、TL 以及配置寄存器)
Read Scratchpad (读暂存器)	BEH	用于读取暂存器中的内容
Copy Scratchpad (复制暂存器)	48H	把暂存器内容拷贝到非易失性存储器中
Convert T (转换温度)	44H	开始温度转换
Recall E2 (重调 E2 存储器)	B8H	把非易失性存储器中的值召回暂存器(温度报警触发)
Read Power Supply (读供电方式)	B4H	用于读取 DS18B20 的供电模式

(4)数据处理

DS18B20 需要严格的协议以确保数据的完整性。协议包括几种单线信号类型:复位脉冲、存在脉冲、写 0、写 1、读 0 和读 1。所有这些信号,除存在脉冲外,都是由总线控制器发出的。数据处理是由读时隙和写时隙来完成。下面对这两种时隙进行说明。

①读时隙。当主机从 DS18B20 读数据时,把数据线从高电平拉至低电平,即产生读时隙,

数据线 DQ 必须保持低电平至少 1 μs，DS18B20 的输出数据在读时隙下降沿之后 15 μs 内有效，因此在此 15 μs 内，主机必须停止将 DQ 引脚置低。在读时隙结束时，DQ 引脚将通过外部上拉电阻拉回至高电平。所有的读时隙最短必须持续 60 μs，各个读时隙之间必须保证最短 1 μs 的恢复时间。DS18B20 仅在主机发出读数据命令时才向主机传输数据，所以，当主机向 DS18B20 发出读数据命令后，必须马上产生读时隙，以便 DS18B20 能传输数据。

②写时隙。当主机将数据线从高电平拉至低电平时产生写时隙。有两种类型的写时隙：写"1"和写"0"。所有写时隙必须保持 60 μs 以上（即由高拉低后持续 60 μs 以上），各个写时隙之间必须保证最短 1 μs 的恢复时间。DS18B20 在 DQ 线变低后的 15μs 至 60 μs 的窗口时间内对 DQ 线进行采样，如果为高电平就写为"1"，如果为低电平就写为"0"。对于主机产生写"1"时隙的情况，数据线必须先被拉低，然后释放，在写时隙开始后的 15 μs 内允许 DQ 线拉至高电平。对于主机产生写"0"时隙的情况，DQ 线必须被拉至低电平且至少保持低电平 60 μs 时间。

2. DS18B20 的操作程序模块如下：

(1)头文件包含和宏定义部分

```
# include "reg52.h"
# include "intrins.h"
# define   SKIP_ROM0xCC          //跳过 ROM 命令
# define   CONVERT_T0x44         //转换温度命令
# define   READ_SCR0xBE          //读暂存器命令
sbit DQ = P2^7;//DS18B20 的 DQ 引脚连接到 P2.7
```

(2)延时函数，实现 $(8 + delay\_time * 6)$ μs 的延时时间

```
void delay(unsigned char delay_time)
{
    while(delay_time)
        delay_time - - ;
}
```

(3)DS18B20 的初始化操作

```
void init_DS18B20(void)
{
    DQ = 0;          //复位信号
    delay(100);      //延时 600 μs 左右
    DQ = 1;
    delay(4);        //延时 30 μs 左右
    while(DQ = = 1);
    while(DQ = = 0);
    _nop_();
}
```

(4)向 DS18B20 写一个字节

```
void writeByte(unsigned char wdata)
```

```
{
    unsigned char n;
    for(n = 0;n<8;n + +)
    {
        DQ = 0;
        if(wdata&0x01 = = 1)
            DQ = 1;
        delay(15);        //延时 80 μs
        wdata = wdata>>1;
        DQ = 1;
        _nop_();
    }
}
```

(5)从 DS18B20 读取一个字节数据

```
unsigned char readByte(void)
{
    unsigned char m,bb = 0;
    bit b;
    for(m = 0;m<8;m + +)
    {
        DQ = 0;
        delay(1);            //延时 10 μs 左右
        DQ = 1;
        _nop_();
        _nop_();
        b = DQ;
        delay(5);            //延时 40 μs 左右
        if(b = = 1)
            bb| = 0x01<<m;
        DQ = 1;
        _nop_();
    }
    return(bb);
}
```

(6)从 DS18B20 中读温度值,将结果存储于 buffer 字符数组中

```
char buffer[6];// buffer 为温度值存储字符数组(以 ASCII 码方式存储)其中:
//buffer[0]为存储符号;buffer[1~3]为整数;buffer[4]为小数点;buffer[5]为小数点
//后一位
void read_DS18B20(void)
```

```
{
    unsigned char msb,lsb;
    unsigned char t1 = 0;
    float t2 = 0;
    init_DS18B20();                         //初始化 DS18B20
    writeByte(SKIP_ROM);                    //跳过 ROM
    writeByte(CONVERT_T);                   //转换温度
    delay(5);                               //等待温度转换完成
    init_DS18B20();                         //初始化 DS18B20
    writeByte(SKIP_ROM);                    //跳过 ROM
    writeByte(READ_SCR);                    //读暂存器
    lsb = readByte();                       //读取低字节数据
    msb = readByte();                       //读取高字节数据
    if((msb&0xf0)>1)
    {
        buffer[0] = ´-´;
        msb = ~msb;
        lsb = ~lsb + 1;
    }
    else
    {
        buffer[0] = ´+´;
    }
    t1 = (msb<<4)|(lsb>>4);                 //整数部分
    t2 = (lsb&0x0f) * 0.0625;               //小数部分
    buffer[1] = t1 % 1000/100 + 48;         //获取百位值 ASCII 码
    buffer[2] = t1 % 100/10 + 48;           //获取十位值 ASCII 码
    buffer[3] = t1 % 10 + 48;               //获取个位值 ASCII 码
    buffer[4] = ´.´;                        //获取小数点 ASCII 码
    buffer[5] = ((unsigned char)(t2 * 10)) + 48; //获取小数点后一位值的 ASCII 码
}
```

如图 15-6 所示是基于 DS18B20 的温度采集示例。显示部分器件采用 LCD1602。在下面的主函数中用到了 11.3 节中关于 LCD1602 的操作函数。

```
void main(void)
{
    unsigned char i;
    writeCommand(0x0C);                     //开 LCD1602 液晶的显示功能
    while(1)
    {
```

```
read_DS18B20();                          //采集温度数据
writeCommand(0x01);                      //清除显示
for(i = 0;i<6;i + +)
{
    writeData(buffer[i]);                //将温度值显示到 LCD1602 中
}
    }
}
```

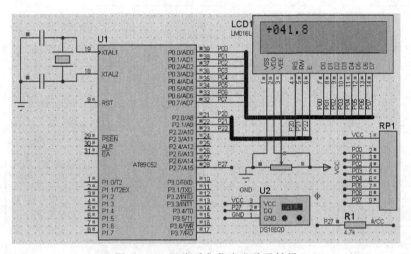

图 15 - 6　温度采集仿真电路及结果

附录 A   ASCII 表

Dec	Hex	缩写/字符	Dec	Hex	缩写/字符	Dec	Hex	缩写/字符	Dec	Hex	缩写/字符
0	00	* NUL	32	20	(space)	64	40	@	96	60	`
1	01	* SOH	33	21	!	65	41	A	97	61	a
2	02	* STX	34	22	"	66	42	B	98	62	b
3	03	* ETX	35	23	#	67	43	C	99	63	c
4	04	* EOT	36	24	$	68	44	D	100	64	d
5	05	* ENQ	37	25	%	69	45	E	101	65	e
6	06	* ACK	38	26	&	70	46	F	102	66	f
7	07	* BEL	39	27	'	71	47	G	103	67	g
8	08	* BS	40	28	(	72	48	H	104	68	h
9	09	* HT	41	29	)	73	49	I	105	69	i
10	0A	* LF	42	2A	*	74	4A	J	106	6A	j
11	0B	* VT	43	2B	+	75	4B	K	107	6B	k
12	0C	* FF	44	2C	,	76	4C	L	108	6C	l
13	0D	* CR	45	2D	—	77	4D	M	109	6D	m
14	0E	* SO	46	2E	.	78	4E	N	110	6E	n
15	0F	* SI	47	2F	/	79	4F	O	111	6F	o
16	10	* DLE	48	30	0	80	50	P	112	70	p
17	11	* DC1	49	31	1	81	51	Q	113	71	q
18	12	* DC2	50	32	2	82	52	R	114	72	r
19	13	* DC3	51	33	3	83	53	S	115	73	s
20	14	* DC4	52	34	4	84	54	T	116	74	t
21	15	* NAK	53	35	5	85	55	U	117	75	u
22	16	* SYN	54	36	6	86	56	V	118	76	v
23	17	* TB	55	37	7	87	57	W	119	77	w
24	18	* CAN	56	38	8	88	58	X	120	78	x
25	19	* EM	57	39	9	89	59	Y	121	79	y
26	1A	* SUB	58	3A	:	90	5A	Z	122	7A	z
27	1B	* ESC	59	3B	;	91	5B	[	123	7B	{
28	1C	* FS	60	3C	<	92	5C	\	124	7C	|
29	1D	* GS	61	3D	=	93	5D	]	125	7D	}
30	1E	* RS	62	3E	>	94	5E	^	126	7E	~
31	1F	* US	63	3F	?	95	5F	_	127	7F	* DEL

注:带"*"的字符属于控制字符

附录 B 51 单片机指令系统汇总表

序号	指令	操作数目	长度	周期	对 PSW 的影响 CY	AC	P	OV	机器码格式
\multicolumn{10}{c}{以累加器 A 为目的操作数的 MOV 类指令}									
1	MOV A,♯Data	(A)←♯Data	2	1	×	×	√	×	74H Data
2	MOV A,Rn	(A)←(Rn)	1	1	×	×	√	×	E8H～EFH
3	MOV A,Direct	(A)←(Direct)	2	1	×	×	√	×	E5H Direct
4	MOV A,@Ri	(A)←((Ri))	1	1	×	×	√	×	E6H～E7H
\multicolumn{10}{c}{以寄存器 Rn 为目的操作数的 MOV 类指令}									
5	MOV Rn,♯Data	(Rn)←♯Data	2	1	×	×	×	×	78H～7FH Data
6	MOV Rn,A	(Rn)←(A)	1	1	×	×	×	×	F8H～FFH
7	MOV Rn,Direct	(Rn)←(Direct)	2	2	×	×	×	×	A8H～AFH Direct
\multicolumn{10}{c}{以直接地址为目的操作数的 MOV 类指令}									
8	MOV Direct,♯Data	(Direct)←♯Data	3	2	×	×	×	×	75H Direct Data
9	MOV Direct,A	(Direct)←(A)	2	1	×	×	×	×	F5H Direct
10	MOV Direct,Direct	(Direct)←(Direct)	3	2	×	×	×	×	85H Direct direct
11	MOV Direct,Rn	(Direct)←(Rn)	2	2	×	×	×	×	88H～8FH Direct
12	MOV Direct,@Ri	(Direct)←((Ri))	2	2	×	×	×	×	86H～87H
\multicolumn{10}{c}{以间接地址为目的操作数的 MOV 类指令}									
13	MOV @Ri,♯Data	((Ri))←♯Data	2	1	×	×	×	×	76H～77H Data
14	MOV @Ri,A	((Ri))←(A)	1	1	×	×	×	×	F6H～F7H
15	MOV @Ri,Direct	((Ri))←(Direct)	2	2	×	×	×	×	A6H～A7H Direct
\multicolumn{10}{c}{以 DPTR 为目的操作数的 MOV 指令}									
16	MOV DPTR,♯Data16	(DPTR)←♯Data16	3	2	×	×	×	×	90H Data16
\multicolumn{10}{c}{MOVX 类指令}									
17	MOVX A,@DPTR	(A)←((DPTR))	1	2	×	×	√	×	E0H
18	MOVX A,@Ri	(A)←((Ri))	1	2	×	×	√	×	E2H～E3H
19	MOVX @DPTR,A	((DPTR))←(A)	1	2	×	×	×	×	F0H
20	MOVX @Ri,A	((Ri))←(A)	1	2	×	×	×	×	F2H～F3H

		MOVX 类指令							
21	MOVC A,@A+PC	$(A) \leftarrow ((A)+(PC))$	1	2	×	×	√	×	83H
22	MOVC A,@A+DPTR	$(A) \leftarrow ((A)+(DPTR))$	1	2	×	×	√	×	93H
		堆栈操作类指令							
23	PUSH Direct	$(SP) \leftarrow (SP)+1$ $((SP)) \leftarrow (Direct)$	2	2	×	×	×	×	C0H Direct
24	POP Direct	$(Direct) \leftarrow ((SP))$ $(SP) \leftarrow (SP)-1$	2	2	×	×	×	×	D0H Direct
		数据交换类指令							
25	XCH A,Rn	$(A) \leftrightarrow (Rn)$	1	1	×	×	√	×	C8H～CFH
26	XCH A,Direct	$(A) \leftrightarrow Direct)$	2	1	×	×	√	×	C5H Direct
27	XCH A,@Ri	$(A) \leftrightarrow (Ri))$	1	1	×	×	√	×	C6H～C7H
28	XCHD A,@Ri	$(A)_{0-3} \leftrightarrow ((Ri))_{0-3}$	1	1	×	×	√	×	D6H～D7H
		算术加法类指令							
29	ADD A,♯Data	$(A) \leftarrow (A)+♯Data$	2	1	√	√	√	√	24H Data
30	ADD A,Rn	$(A) \leftarrow (A)+(Rn)$	1	1	√	√	√	√	28H～2FH
31	ADD A,Direct	$(A) \leftarrow (A)+(Direct)$	2	1	√	√	√	√	25H Direct
32	ADD A,@Ri	$(A) \leftarrow (A)+((Ri))$	1	1	√	√	√	√	26H～27H
33	ADDC A,♯Data	$(A) \leftarrow (A)+♯Data+(C)$	2	1	√	√	√	√	34H Data
34	ADDC A,Rn	$(A) \leftarrow (A)+(Rn)+(C)$	1	1	√	√	√	√	38H～3FH
35	ADDC A,Direct	$(A) \leftarrow (A)+(Direct)+(C)$	2	1	√	√	√	√	35H Direct
36	ADDC A,@Ri	$(A) \leftarrow (A)+((Ri))+(C)$	1	1	√	√	√	√	26H～27H
		算术减法类指令							
37	SUBB A,♯Data	$(A) \leftarrow (A)-♯Data-(C)$	2	1	√	√	√	√	94H Data
38	SUBB A,Rn	$(A) \leftarrow (A)-(Rn)-(C)$	1	1	√	√	√	√	98H～9FH
39	SUBB A,Direct	$(A) \leftarrow (A)-(Direct)-(C)$	2	1	√	√	√	√	95H Direct
40	SUBB A,@Ri	$(A) \leftarrow (A)-((Ri))-(C)$	1	1	√	√	√	√	96H～97H
		算术自加类指令							
41	INC A	$(A) \leftarrow (A)+1$	1	1	×	×	√	×	04H
42	INC Rn	$(Rn) \leftarrow (Rn)+1$	1	1	×	×	×	×	08H～0FH
43	INC Direct	$(Direct) \leftarrow (Direct)+1$	2	1	×	×	×	×	05H Direct
44	INC @Ri	$((Ri)) \leftarrow ((Ri))+1$	1	1	×	×	×	×	06H～07H
45	INC DPTR	$(DPTR) \leftarrow (DPTR)+1$	1	2	×	×	×	×	A3H

			算术自减类指令							
46	DEC A	(A)← (A)−1	1	1	×	×	√	×	14H
47	DEC Rn	(Rn)← (Rn)−1	1	1	×	×	×	×	18H~1FH
48	DEC Direct	(Direct)← (Direct)−1	2	1	×	×	×	×	15H Direct
49	DEC @Ri	((Ri))← ((Ri))−1	1	1	×	×	×	×	16H~17H
			算术乘法指令							
50	MUL AB	(A)←(A) * (B)％256； (B)←(A) * (B)/256	1	4	0	×	√	√	A4H
			算术除法指令							
51	DIV AB	(A)←(A)/(B) (B)←(A)％(B)	1	4	0	×	√	√	84H
			十进制调整指令							
52	DA A	进行十进制的调整运算	1	1	√	√	√	√	D4H
			按位逻辑与算术类指令							
53	ANL A, ♯Data	(A)←(A) & ♯Data	2	1	×	×	√	×	54H
54	ANL A,Rn	(A)←(A) & (Rn)	1	1	×	×	√	×	58H~5FH
55	ANL A,Direct	(A)←(A) & (Direct)	2	1	×	×	√	×	55H Direct
56	ANL A,@Ri	(A)←(A) & ((Ri))	1	1	×	×	√	×	56H~57H
57	ANL Direct,A	(Direct)←(Direct) & (A)	2	1	×	×	×	×	52H Direct
58	ANL Direct, ♯Data	(Direct)←(Direct) & ♯Data	3	2	×	×	×	×	53H Direct Data
			按位逻辑或算术类指令							
59	ORL A, ♯Data	(A)←(A) ｜ ♯Data	2	1	×	×	√	×	44H
60	ORL A,Rn	(A)←(A) ｜ (Rn)	1	1	×	×	√	×	48H~4FH
61	ORL A,Direct	(A)←(A) ｜ (Direct)	2	1	×	×	√	×	45H Direct
62	ORL A,@Ri	(A)←(A) ｜ ((Ri))	1	1	×	×	√	×	46H~47H
63	ORL Direct,A	(Direct)←(Direct) ｜ (A)	2	1	×	×	×	×	42H Direct
64	ORL Direct, ♯Data	(Direct)←(Direct) ｜ ♯Data	3	2	×	×	×	×	43H Direct Data
			按位逻辑异或算术类指令							
65	XRL A, ♯Data	(A)←(A) ^ ♯Data	2	1	×	×	√	×	64H
66	XRL A,Rn	(A)←(A) ^ (Rn)	1	1	×	×	√	×	68H~6FH
67	XRL A,Direct	(A)←(A) ^ (Direct)	2	1	×	×	√	×	65H Direct
68	XRL A,@Ri	(A)←(A) ^ ((Ri))	1	1	×	×	√	×	66H~67H
69	XRL Direct,A	(Direct)←(Direct) ^ (A)	2	1	×	×	×	×	62H Direct
70	XRL Direct, ♯Data	(Direct)←(Direct) ^ ♯Data	3	2	×	×	×	×	63H Direct Data

		字节清除指令							
71	CLR A	$(A) \leftarrow \sharp 00H$	1	1	×	×	0	×	E4H
		字节取反指令							
72	CPL A	$(A) \leftarrow \sim (A)$	1	1	×	×	×	×	F4H
		移位运算类指令							
73	RL A		1	1	×	×	×	×	23H
74	RLC A		1	1	√	×	√	×	33H
75	RR A		1	1	×	×	×	×	03H
76	RRC A		1	1	√	×	√	×	13H
77	SWAP A	$(A)_{0\sim3} \leftrightarrow (A)_{4\sim7}$	1	1	×	×	×	×	C4H
		位传送指令类指令							
78	MOV C,Bit	$(C) \leftarrow (Bit)$	2	1	√	×	×	×	A2H Bit
79	MOV Bit,C	$(Bit) \leftarrow (C)$	2	2	×	×	×	×	92H Bit
		位置位操作类指令							
80	SETB C	$(C) \leftarrow 1$	1	1	1	×	×	×	D3H
81	SETB Bit	$(Bit) \leftarrow 1$	2	1	×	×	×	×	D2H Bit
		位清除操作类指令							
82	CLR C	$(C) \leftarrow 0$	1	1	0	×	×	×	C3H
83	CLR Bit	$(Bit) \leftarrow 0$	2	1	×	×	×	×	C2H Bit
		位取反操作类指令							
84	CPL C	$(C) \leftarrow ! (C)$	1	1	√	×	×	×	B3H
85	CPL Bit	$(Bit) \leftarrow ! (Bit)$	2	1	×	×	×	×	B2H Bit
		位与操作类指令							
86	ANL C,Bit	$(C) \leftarrow (C) \&\& (Bit)$	2	2	√	×	×	×	82H Bit
87	ANL C,/Bit	$(C) \leftarrow (C) \&\& (/Bit)$	2	2	√	×	×	×	B0H Bit
		位或操作类指令							
88	ORL C,Bit	$(C) \leftarrow (C) \| (Bit)$	2	2	√	×	×	×	72H Bit
89	ORL C,/Bit	$(C) \leftarrow (C) \| (/Bit)$	2	2	√	×	×	×	A0H Bit

		位跳转类指令							
90	JC Rel	if((C)==1) (PC)←Rel; else 执行下一条指令;	2	2	×	×	×	×	40H Rel
91	JNC Rel	if((C)==0) (PC)←Rel; else 执行下一条指令;	2	2	×	×	×	×	50H Rel
92	JB Bit Rel	if((Bit)==1) (PC)←Rel; else 执行下一条指令;	3	2	×	×	×	×	20H Bit Rel
93	JNB Bit Rel	if((Bit)==0) (PC)←Rel; else 执行下一条指令;	3	2	×	×	×	×	30H Bit Rel
94	JBC Bit Rel	if((Bit)==1){(PC)←Rel; (Bit)←0;} else 执行下一条指令;	3	2	×	×	×	×	10H Bit Rel
		无条件跳转类指令							
95	LJMP Addr16	(PC)←Addr16	3	2	×	×	×	×	02H Addr16
96	AJMP Addr11	$(PC)_{0\sim10}$←Addr11	2	2	×	×	×	×	①
97	SJMP Rel	(PC)←(PC)+Rel	2	2	×	×	×	×	80H Rel
98	JMP @A+DPTR	(PC)←((A)+(DPTR))	1	2	×	×	×	×	73H
		条件跳转类指令							
99	JZ Rel	if((A)==1) (PC)← (PC)+Rel; else 执行下一条指令;	2	2	×	×	×	×	60H Rel
100	JNZ Rel	if((A)==0) (PC)← (PC)+Rel else 执行下一条指令	2	2	×	×	×	×	70H Rel
101	CJNE A,♯Data,Rel	if((A)!=♯Data)(PC) =(PC)+Rel else 执行下一条指令	3	2	√	×	×	×	B4H Data Rel
102	CJNE A,Direct,Rel	同上	3	2	√	×	×	×	B5H Direct Rel
103	CJNE Rn,♯Data,Rel	同上	3	2	√	×	×	×	B8H～BFH Data Rel
104	CJNE @Ri,♯Data,Rel	同上	3	2	√	×	×	×	B6H～B7H Data Rel
105	DJNZ Rn,Rel	1、(Rn)←(Rn)−1 2、if((Rn)!=0)(PC)← (PC)+Rel else 执行下一条指令	2	2	×	×	×	×	D8H～DFH Rel
106	DJNZ Direct,Rel	同上	3	2	×	×	×	×	D5 Direct Rel

		函数调用及返回类指令							
107	ACALL Addr11	1. $(PC) \leftarrow (PC)+2$ 2. $(SP) \leftarrow (SP)-1$ 3. $((SP)) \leftarrow (PC)_{0\sim7}$ 4. $(SP) \leftarrow (SP)-1$ 5. $((SP)) \leftarrow (PC)_{8\sim15}$ 6. $(PC) \leftarrow Addr11$	2	2	×	×	×	×	②
108	LCALL Addr16	1. $(PC) \leftarrow (PC)+3$ 2. $(SP) \leftarrow (SP)-1$ 3. $((SP)) \leftarrow (PC)_{0\sim7}$ 4. $(SP) \leftarrow (SP)-1$ 5. $((SP)) \leftarrow (PC)_{8\sim15}$ 6. $(PC) \leftarrow Addr16$	3	2	×	×	×	×	12H Addr16
109	RET	函数返回	1	2	×	×	×	×	22H
		中断返回指令							
110	RETI	中断返回	1	2	×	×	×	×	32H
		空操作指令							
111	NOP	什么也不执行	1	1	×	×	×	×	00H

注:① AJMP 指令机器码二进制值如下:

$A_{10} A_9 A_8 0\ 0001\ A_7 A_6 A_5 A_4\ A_3 A_2 A_1 A_0$

其中:$A_0 \sim A_{10}$ 为寻址地址值(机器码最高字节中的高 3 位加上低 2 字节的内容)。

② ACALL 指令机器码二进制值如下:

$A_{10} A_9 A_8 1\ 0001\ A_7 A_6 A_5 A_4\ A_3 A_2 A_1 A_0$

其中:$A_0 \sim A_{10}$ 为寻址地址值(机器码最高字节中的高 3 位加上低 2 字节的内容)。